JN411267

방산안보와 국가정보연구

김영기 저

도서출판 진영사

방산안보와 국가정보연구

김영기 저

2024년 4월 3일 초판 인쇄
2024년 4월 5일 초판 발행

발행인 박 진 영

발행처 도서출판 진영사
인천광역시 부평구 주부토로 236 인천테크노밸리 U1 지식산업센터 B동 1507호
전화 : 032)505-4207
팩스 : 032)505-4206
E-mail : 0183734207@hanmail.net
등록 : 제2007-000001호

ISBN 978-89-6541-653-1 93390
값 24,500원

서 문

남해안 득량도에서 군 생활을 시작하여 30여 년간 무기체계를 접할 수 있었으며, 8사단 장갑수색중대장으로 선봉섬멸작전 화력전투시범 준비를 하면서 육군과 공군 무기의 위력을 실감하였고, 합참정보본부 군정위단에서 유엔사/중감위협조담당으로 6.25 참전 유엔군 연락장교단 겸 유엔사측 군사정전위원회 고문단 및 중립국감독위원회 대표단 대상 방위산업 시찰을 협조하면서 방위산업체의 역할을 이해할 수 있었다.

1 · 3 · 8군단 정보대대에서 지상감시/전자전/공중정찰(TOD/GSR/ES/EA/UAV) 무기체계 야전시험평가 · 운영 · 감독과 인사 · 군수지원, 1군단 전출처정보센터(ASIC)와 1 · 3군사령부에서 정보분석업무를 수행하였으며, 국방정보본부에서 정보전력체계정책담당으로 군사정보통합처리체계(MIMS) 개발관리와 해 · 공군 · 연합훈련 참여, 합참 전장아키텍처 정보분야 구축, 합동정보모의모델 연구지원, 주한무관정보정책담당으로 한국주재 외국무관을 대상으로 한 방위산업체 시찰과 방산 전시회에 참가하면서 대한민국 무기체계의 우수성과 정책홍보의 중요성을 체험하였다.

2015년부터 국가안보와 국가정보, 무기체계, 국방 AI와 드론, 보안, 방산안보 및 법제를 강의하면서 방위산업을 보호하는 방산보안과 방산기술보호, 방산방첩, 방산침해 대응에 관심을 가지고 한국국가정보학회 학술회의 등에서 발표와 토의를 통하여 국가정보와 방산안보의 중요성을 제고 하였으며 관련 연구를 다수 수행하였다.

방위사업과 방위산업을 '방산'으로 국가안보와 국가정보를 '안보'로 줄인 것을 융합하여 '방산안보'라고 정의했다. 따라서 방위사업과 방위산업 관련된 다양한 분야의 국가 안전보장 문제가 연구대상이나, 신생융합학문으로 선행연구 부족으로 법제 및 정책적 관점에서 기술하였다.

방산안보와 국가정보연구는 총 7개 편으로 구성하고 각 편을 2개의 장으로 구성하였다. 제1편 방산안보 개념과 전략정책에서는 제1장 방산안보 개념과 연혁, 제2장 방산안보전략과 방산국방정책을 다룬다. 제2편에서는 방위사업과 방위산업을 제3장과 제4장으로 구성하였다. 제3편은 국가안보와 국가정보, 제4편은 국방정보와 국군방첩, 제5편은 방산보안과 방산기술보호, 제6편은 방산방첩과 침해대응을 기술하였다. 마지막 제7편 융합안보와 연구사례에서는 융합보안안보와 저자의 연구물 개요와 근거 및 세부목차를 수록하여 방산안보와 국가정보학 연구에 도움이 되고자 하였다.

저자의 방산안보와 국가정보연구에 물심양면으로 도움을 주신 명지대학교 보안·안보 대학원 방산안보학과 류연승 주임교수님과 동료 선후배 교수님, 방산안보와 국가정보 강의 때마다 적극적인 토론에 임해주신 석 · 박사과정 원우님들, 출판을 도와주신 진영사 박진영 대표님과 박찬 대리님께 감사드린다.

2024 푸른 용의 해　김 영 기

목 차

제1편 방산안보 개념과 전략정책

제2편 방위사업과 방위산업

제3편 국가안보와 국가정보

제4편
국방정보와 국군방첩

제5편
방산보안과 방산기술보호

제6편
방산방첩과 침해대응

제7편
융합안보와 연구사례

세부 목차

제1편

방산안보 개념과 전략정책

제1장 방산안보 개념과 연혁

제1절 광의의 방산안보
제2절 협의의 방산안보
제3절 방산안보 연구의 연혁

제2장 방산안보 전략과 정책

제1절 방산안보전략
제2절 방산국방정책
제3절 K-방산정책 추진계획
제4절 미국의 방산전략

제1편 방산안보 개념과 전략정책

제1편에서는 방산안보의 개념과 연혁, 방산 관련 안보전략과 방산 관련 국방정책을 기술하였다.

제1장 방산안보 개념과 연혁

제1장에서는 방산안보를 광의의 방산안보와 협의의 방산안보로 구분하여 개관하고 방산안보연구의 연혁을 살펴본다.

제1절 광의의 방산안보

대한민국 헌법은 국군에게 국가 안전보장의 의무를 부과하고 있다.[1] 국가안전보장회의(이하 "안보회의"라 한다)는 대통령, 국무총리, 외교부장관, 통일부장관, 국방부장관 및 국가정보원장과 대통령령으로 정하는 위원(행정안전부장관, 대통령비서실장, 국가안보실장, 국가안전보장회의 사무처장 및 국가안보실 제2차장)으로 구성한다.[2] 헌법상 안보회의의 주된 분야는 외교, 통일, 국방(방산 포함)이다.

2024년 1월 11일 정부는 국가안보실을 1실 3차장 체제로 개편했다. 1 · 2 · 3차장이 각각 외교안보, 국방안보, 경제안보를 담당한다. 제1차장은 외교 · 안보 분야 현안 및 국가안보실 정책 전반을 조정 · 관리하며, 국가안전보장회의(NSC) 사무처장을 겸직하고, 제2차장은 국군통수권을 보좌하면서 국방안보

1) 대한민국헌법 [시행 1988. 2. 25.] [헌법 제10호, 1987. 10. 29., 전부개정] 제5조제2항.
2) 국가안전보장회의법 [시행 2014. 1. 10.] [법률 제12224호, 2014. 1. 10., 일부개정] 제2조 제1항 및 국가안전보장회의 운영 등에 관한 규정 [시행 2022. 5. 12.] [대통령령 제32648호, 2022. 5. 12., 타법개정] 제2조.

역량을 구축하고, 국방정책 현안관리와 국가위기관리 체제를 상시 가동한다.

신설 제3차장은 경제안보 · 과학기술 · 사이버 안보를 포함한 신흥안보업무를 담당한다. 기존에 공급망, 수출통제, 원전 등을 담당하던 경제안보비서관실의 기능에 핵심 · 신흥기술협력, 기술 보호 등 과학기술안보업무를 추가 · 강화하고, 제2차장 산하에 있던 사이버안보비서관실이 제3차장실로 이관한다.[3)]

2023년 6월 국가안보실이 공개한 정부의 '국가안보전략'에서 국방안보 분야 방위산업 관련 내용은 다음과 같다.

대한민국은 지속적인 기술 혁신을 통해 최첨단 무기체계를 독자 개발하여 수출하는 방위산업 강국으로 도약하였다. 특히, 2022년에는 최근 5년 수출액 평균의 5배 수준인 총 173억 달러를 기록하며 방산 수출 역사상 최대규모의 성과를 달성하였다.

정부는 방위산업을 국가안보와 경제를 견인할 수출전략사업으로 육성하고 첨단전력 건설과 방산 수출 확대의 선순환 구조를 마련하기 위하여 범정부 차원의 지원체계를 강화해 나갈 것이다. 이를 위해 범정부 차원의 방산수출 지원체계를 수립하고, 방산수출 방식을 다변화하며, 맞춤형 지원으로 수출경쟁력을 강화한다.[4)]

방위산업은 방위산업물자등의 연구개발 또는 생산(제조 · 수리 · 가공 · 조립 · 시험 · 정비 · 재생 · 개량 또는 개조를 말한다)과 관련된 산업을 말한다.[5)] 대한민국 방산은 2010년대 약 30억 달러 수준이던 방산수출 수주실적이 2021년에는 약 72.5억 달러로 대폭 증가하였으며, 2022년에는 최근 5년 평균의 5배 수준인 173억 달러(약 21조6,000억원)로 획기적으로 증가하였다.[6)]

---

3) 국가안보실, 국가안보실 직제 개편(제3차장 신설) 보도자료, 2024.1.9.
4) 윤석열 정부의 국가안보전략, 국가안보실, 2023.6, pp.62-63.
5) 방위산업 발전 및 지원에 관한 법률(약칭: 방위산업발전법) [시행 2023. 11. 9.] [법률 제19583호, 2023. 8. 8., 일부개정] 제2조제1항제2호.
6) 국방부, 2022 국방백서, 2022.12, pp.147-148.

국회도 2024년 2월 29일 본회의에서 한국수출입은행(수은)의 법정자본금 한도를 10조원 더 늘리는 한국수출입은행법(수은법) 개정안을 가결해 방산수출을 지원하고 있다. 개정안은 수은의 법정자본금 한도를 현행 15조원에서 25조원으로 늘려 금융지원 한도를 확대하는 게 골자다.[7)]

방산업계는 그동안 '방산 잭폿'으로 불리며 지난 2022년 대규모 수주에 성공한 폴란드와의 추가 무기계약을 앞두고 정책금융 한도가 모자라 계약체결에 어려움을 겪고 있었다.[8)]

이와 관련 한화에어로스페이스는 2022년 폴란드와 K-9 자주포 672문, 다연장로켓 천무 288대 수출을 위한 기본계약을 체결하고 2022년 8월 K-9 212문, 11월 천무 218대의 1차 수출계약을 맺은 데 이어 2023년 12월에는 K-9 152문 등의 2차 수출계약을 맺었다. 2차 계약 당시 수은의 보증 한도가 모자라 시중은행을 통해 '신디케이트론'[9)] 지원을 받았으나 고금리 문제로 금융계약은 체결하지 않은 것으로 전해졌다.

한화에어로스페이스는 이와 함께 폴란드와 K-9 자주포 308문의 잔여 계약을 남겨두고 있어 수은법 개정안 통과가 절실했었다. 법안 통과 직후 한화에어로스페이스는 “이번 개정안은 대한민국 방위산업이 치열한 글로벌 경쟁 속에서 한 단계 도약하는 데 큰 힘이 될 것이라고 생각한다”고 환영하며, "든든한 안보를 위한 자주국방은 물론 방산이 대한민국의 미래 먹거리가 될 수 있도록 최선을 다하겠다"고 했다.

LIG넥스원과 한국항공우주산업(KAI) 등도 수은법 개정안 통과를 반겼다. 폴란드와 K-2 전차 180대 공급을 약속한 1차 계약에 이어 K-2 전차 820대 규모의 2차 계약을 추진하고 있는 현대로템도 수은법 개정이 잔여 계약에 유리한 조건으로 작용하길 기대하는 것으로 전해졌다.

---

7) 김수현, K방산 수출 지원 '수은법 개정안', 국회 본회의 통과, 뉴스1, 2024.2.29. (https://www.news1.kr/articles/5336568)
8) 김동규, 방산업계, 수은법 개정안 국회 통과에 일제히 환영 · 기대, 연합뉴스, 2024,2,29. (https://www.yna.co.kr/view/AKR20240229157100003?input=1195m)
9) 신디케이트론이란 최소 2개 이상의 은행이 차관단(신디케이션 · Syndication)을 구성해 공통의 조건으로 일정 금액을 차주(돈을 빌리는 사람)에게 융자하는 일종의 집단 대출을 말한다.

방산물자는 국가안보와 직결됨에 따라 수출하기 전에 방위사업법 제57조(수출허가 등)에 따라 방사청 국방기술보호국 기술심사과의 수출허가를 받아야 한다. 지난 2022년도에 방산물자에 대한 117건의 수출허가와 군용전략물자에 대한 1,666건의 수출허가가 있었다.10)

그러나, 국가안보와 직결되는 방산기술을 수출허가 없이 불법 해외에 유출하는 현상도 나타나고 있다. 2023년 11월 경찰은 방위산업체에서 취득한 방산기술, 영업비밀을 불법 유출한 전직 피해업체 임원 등 5명을 검거하고 1,800만원 상당을 기소전 몰수했으며, 방위사업 분야에서 정부 기관과 공급 계약을 체결한 후 지급보증을 받은 착수금 27억원을 편취한 피의자 5명도 검거했다. 방산기술 이외에도 국내외 업체에 국내 대기업의 공장자동화 솔루션을 유출하고, LCD 공정 레시피 등 국가핵심기술을 은닉해 외국에 유출하려던 협력업체 대표 등 5명도 검거했다.11)

2024년 3월 28일 관세청 부산세관은 2019년 9월부터 2023년 3월까지 280차례에 걸쳐 266억원 상당의 총기부품 및 부속품, 생산장비 등 48만개에 달하는 군수물자를 중동국가 방산업체에 불법으로 판매하여 관세법 및 대외무역법 위반 혐의로 2명을 불구속 송치했다. 이들은 방위사업청장의 수출허가를 받지 못할 수도 있다는 점을 확인하고, 기계 공구 부품이나 일반 철강 제품으로 위장해 밀수출한 것으로 확인됐다.12)

'정책'은 공공문제를 해결하고자 정부에 의해 결정된 행동방침을 말하며, 정책은 보통 법률 · 정책 · 사업 · 사업계획 · 정부방침 · 정책지침 · 결의 사항과 같이 여러 형태로 표현된다.13) '법제'는 법률의 제도 또는 체제를 말하고, '법률'은 국가의 강제력을 수반하는 사회규범으로 국가 및 공공기관이 제정한 법률 · 명령 · 규칙 · 조례 등이 이에 속한다. 법률 · 명령의 통칭인 '법령'은 보통 편 · 장 · 절 · 조 · 항 · 호 · 목으로 구성한다.14)

---

10) 방사청, 2023년 방위사업 통계연보, 2023.6.16. p.160.
11) 이찬우, 국내 방산기술 빼돌린 '해외 기술유출' 21건 송치, 매일일보, 2023.11.14. (https://www.m-i.kr/news/articleView.html?idxno=1066344)
12) 오성택, 방산업체에서 빼돌린 도면으로 총기부품 제작해 중동으로 밀수출한 일당 적발, 세계일보, 2024.3.28. (https://m.segye.com/view/20240328507876)
13) 정책 [政策, policy, Politik] (행정학사전, 2009. 1. 15., 이종수)

‘방산안보’는 광의로 방위사업과 방위산업 발전지원 및 대외무역과 관련된 ‘방산분야’와 국가 안전보장과 관련된 ‘안보 및 정보분야’가 있고, 협의의 ‘방산안보분야’로 대별된다. 방위산업을 보호하는 협의의 방산안보는 방산보안과 방산기술보호 및 방산방첩과 침해대응 분야가 있다. 방산안보 관련 정책 및 법제체계를 분류하면 다음과 같다.

〈방산안보의 분류〉

<table>
<tr><th colspan="4">구 분</th><th>관련 법제</th></tr>
<tr><td rowspan="8">방산안보</td><td rowspan="4">광의의 방산안보</td><td rowspan="2">방산</td><td>방위사업</td><td>방위사업법 및 동법 시행령
국방전력발전업무훈령</td></tr>
<tr><td>방위산업</td><td>방위산업 발전 및 지원에 관한 법률
국방과학기술혁신 촉진법
대외무역법, 전략물자 수출입 고시
방산 수출입 심사업무 훈령
군용전략물자 수출허가 처리지침</td></tr>
<tr><td rowspan="2">안보</td><td>국가안보</td><td>국가안전보장회의법, 국가안보실 직제
국가안보전략, 국방백서</td></tr>
<tr><td>국가정보</td><td>국가정보원법, 군사기밀보호법
국정원 정보 및 보안업무 기획 · 조정 규정
국방정보본부령, 국군방첩사령부령</td></tr>
<tr><td rowspan="4">협의의 방산안보</td><td rowspan="4">방산 안보</td><td>방산보안</td><td>국정원 보안업무규정 및 시행규칙
국방부 방위산업보안업무훈령</td></tr>
<tr><td>방산기술 보호</td><td>방위산업기술보호법, 동법 시행령
방사청 방위산업기술보호지침</td></tr>
<tr><td>방산방첩</td><td>국정원 방첩업무규정, 국방부 군방첩업무규정
방사청 방첩업무규정</td></tr>
<tr><td>방산침해 대응</td><td>국정원 안보침해 범죄 및 활동 대응업무규정
경찰청과 그 소속기관 직제(안보수사)
국군방첩사령부령</td></tr>
</table>

2023년 12월 개정된 국가정보원법 위임 대통령령인 ‘정보 및 보안 업무 기획 · 조정 규정’ 제2조에서 ‘안보위해정보’에 산업경제정보 유출, 해외연계 경제질

14) 네이버 국어사전(https://ko.dict.naver.com/#/search?query=%EB%B2%95%EC%A0%9C)

서 교란 및 방위산업침해에 대한 방첩정보와 정보사범 등에 관한 정보를 포함하고 있다.

여기서 '정보사범 등'이라 함은 형법 제2편 제1장(내란) 및 제2장(외환)의 죄, 군형법 제2편 제1장(반란) 및 제2장(이적)의 죄, 동법 제80조(군사기밀 누설) 및 제81조(암호 부정사용)의 죄, 군사기밀보호법 및 국가보안법에 규정된 죄를 범한 자와 그 혐의를 받는 자를 말하고, '정보·수사기관'이란 국가정보원, 검찰청, 경찰청, 해양경찰청, 국군방첩사령부 및 그 밖에 정보 및 보안업무를 수행하는 국가기관 중 국가정보원장이 지정하는 국가기관을 말한다.[15]

'안보침해 범죄 및 활동 등에 관한 대응업무규정' 제2조 제1호에서는 국가정보원의 '대응업무'를 규정하고 있다. 동호 나목에서는 산업경제정보 유출, 해외연계 경제질서 교란 및 방위산업침해에 대한 방첩에 관한 정보 중 북한에 의하여 또는 북한과 연계하여 이루어지는 모든 활동에 관한 정보를 명시하고 있다.[16]

'방첩업무규정'에서는 '방첩'의 개념에서 북한을 제외한 '국가안보와 국익에 반하는 외국 및 외국인·외국단체·초국가행위자 또는 이와 연계된 내국인(이하 "외국등"이라 한다)의 정보활동을 찾아내고 그 정보활동을 확인·견제·차단하기 위하여 하는 정보의 수집·작성 및 배포 등을 포함한 모든 대응활동을 말한다'고 명시적으로 구분하였다.[17]

---

15) 정보 및 보안 업무 기획·조정 규정 [시행 2023. 12. 19.] [대통령령 제33987호, 2023. 12. 19., 일부개정] 제2조 제2호, 제5호 및 제6호.

16) 안보침해 범죄 및 활동 등에 관한 대응업무규정[시행 2024. 1. 1.] [대통령령 제33988호, 2023. 12. 19., 제정] 제2조 제1호 나목.

17) 방첩업무 규정 [시행 2024. 1. 1.] [대통령령 제33988호, 2023. 12. 19., 타법개정] 제2조 제1호 및 부칙 제2조(방첩업무규정 제2조 제1호 중 "북한, 외국"을 "외국"으로 한다).

제2절 협의의 방산안보

국방기술 발전과 더불어 우리의 방위산업은 눈부신 발전을 하고 있으며, 방산물자등에 대한 수출도 획기적으로 증가하고 있다. 방위산업 발전과 수출증대는 외국등이 우리 방위산업에 대한 첩보수집 활동도 증가하여 방위산업에 대한 위협도 증가하고 있다.

그러나 방위산업을 보호하는 방산안보 법제는 분산되어 제각각 시행되고 있으며 부분적인 취약점도 내포하고 있어 이에 대한 연구와 발전이 시급한 시점이다. 방위산업을 보호하는 협의의 방산안보는 방산보안분야와 방산기술보호분야 방산방첩분야 및 방산침해대응분야로 대별된다.

방산보안분야는 국가정보원법에 근거를 둔 대통령령인 보안업무규정과 대통령 훈령인 보안업무규정 시행규칙 및 보안업무규정의 위탁과 보안업무규정 시행규칙의 위임을 받아 국방부(국방정보본부)에서 관리하고 있는 방위산업보안업무훈령이 있다. 방위산업보안업무훈령은 방위사업법과 군사기빌보호법의 위임 및 시행에 필요한 부분도 포함하고 있다.

방산기술보호분야는 방위산업기술보호법과 동법 시행령, 동법 시행규칙 및 방사청 방위산업기술보호지침이 있다.

방산방첩분야는 국가정보원법에 근거를 둔 대통령령인 방첩업무규정과 국방부 훈령인 군방첩업무훈령(비공개) 및 방사청 방첩업무규정이 있다.

방산침해대응분야에는 국가정보원법에 근거를 둔 안보침해 범죄 및 활동 대응업무규정, 경찰청과 그 소속기관 직제(안보수사) 및 국군방첩사령부령 등이 있다.

방산업체는 방위산업물자를 생산하는 업체로서 방위사업법 제35조(방산업체의 지정 등)에 의하여 지정된 업체를 말하며,[18] 방산물자를 생산하고자 하

18) 방위사업법 제3조(정의) 제9호.

는 자는 대통령령이 정하는 시설기준과 보안요건 등을 갖추어 산업통상자원부장관으로부터 방산업체의 지정을 받아야 한다. 산자부장관은 방산업체를 지정함에 있어서 미리 방사청장과 협의하여야 한다.[19]

이와 같은 방산업체에 대하여 방산보안법제와 방산기술보호법제가 있어 방산보안과 방산기술보호 업무를 수행하고 있으나, 방첩업무 관계기관에[20] 방산업체가 미포함되어 있어 방산업체 임직원 등이 외국인 접촉 시 국가기밀 등의 보호나 특이사항 신고 및 외국정보기관 구성원 접촉 시 주의사항 등 방첩 교육이나 홍보 규정 적용에 제한이 있다. 또한, 방산업체에 대한 외국등의 우리 방산기술 탈취시도 등 방위산업침해에 대한 방첩업무가 미 정립되어 취약한 상태이다.

제3절 방산안보 연구의 연혁

1977년 9월 15일 국방부에서 '방위산업보안업무훈령'을 국방부 훈령 제223호로 제정하여[21] 시행하면서 방산보안이 제도화되었다. 현재 '방위산업보안업무훈령'은 국방정보본부에서 개정 · 보완 등의 훈령관리를 하고 있으며, 국군방첩사령부에서 방산업체 등을 대상으로 방산보안 업무를 지원하고, 보안감사(통합실태조사)를 시행한다.[22]

2014년 5월 명지대학교 류연승 교수가 방산보안협의회와 방산보안 교육협력을 위한 MOU를 체결하고, 동년 9월 산업대학원에 융합보안학과를 개설하면서 방산보안이 학문으로 시작되었다.[23]

---

19) 방위사업법 제35조(방산업체의 지정 등) 제1항.
20) 방첩 "관계기관"이란 방첩기관(국가정보원, 법무부, 관세청, 경찰청, 해양경찰청, 국군방첩사령부) 외의 기관으로서 국가기관과 지방자치단체와 공공기관 중 국가정보원장이 방첩업무규정 제10조에 따른 국가방첩전략회의의 심의를 거쳐 지정하는 지방자치단체와 기관을 말한다(방첩업무규정 제2조 제4호 및 제4호)..
21) 방위산업보안업무훈령 [국방부훈령 제223호, 1977. 09. 15., 제정]
22) 국군방첩사령부 홈페이지-주요업무-방산보안(https://www.dcc.mil.kr/dssckr/459/subview.do)
23) 명지대학교 보안 · 안보학과 홈페이지-소개-연혁(https://www.mju.ac.kr/gss/8175/subview.do)

2015년 1월 명지대학교에 방산보안연구소를 설립하고, 동년 3월에 방산보안 전문인력 양성을 위해 일반대학원에 석·박사과정 보안경영공학과를 학과간 협동과정으로 개설하였다.

2015년 12월 방위산업기술이 복제되거나 대응·방해 기술이 개발되어 그 가치와 효용이 저하되는 것을 방지할 필요와 국제사회의 구성원으로서 부적절한 수출 방지를 위한 보호의 필요가 있어 '방위산업기술보호법'이 제정되었다.[24)]

2020년 3월 융합보안이 물리보안(경비업)과 정보보안을 융합하고 보안관제까지 포함하고 있으나, 방산보안이나 방산기술보호 및 방산방첩 업무를 충분히 반영하지 못하고 있어 안보 차원에서의 방산융합도 필요하여 명지대학교 산업대학원 융합보안학과 학과명을 융합보안안보학과로 변경하여 교육 및 연구영역을 확장하였다. 아울러 안보학 과목 추가 개설로 비상대비업무담당자 서류심사 가산점도 받을 수 있게 되었다.[25)]

2020년 12월에는 국가정보원의 직무 중 방첩의 범위에 '방위산업침해에 대한 방첩을 포함한다.'고 명시하였다.[26)]

2022년 1월 방위산업은 방산수출 확대 등으로 인하여 국내문제에서 국외문제로 방산의 범위가 확대됨에 따라 방산보안도 방산안보로 개념이 확대되고, 방산안보에 대한 발전의 필요성과 방산업계와 정보·수사기관과의 공동연구 필요성이 있어 방산보안연구소 명칭을 방산안보연구소로 변경하고, 동년 3월 명지대학교 일반대학원 석·박사과정에 방산안보학과를 학과간 협동과정으로 개설하였다.

---

24) 방위산업기술 보호법 [시행 2016. 6. 30.] [법률 제13632호, 2015. 12. 29., 제정]
25) 비상대비업무담당자 인사관리규정 [시행 2023. 9. 1.] [행정안전부예규 제262호, 2023. 9. 1., 일부개정] [별표 4] 서류전형배점표 4. 관련분야 석사 학위 이상 취득 기준, 나. 학위증명서에 안보 등의 관련분야 학과명 또는 전공명 등이 명시되어 석사학위 이상을 취득한 경우 및 상기 관련 분야 논문을 작성하여 석사학위 이상 취득했다고 서류전형 위원이 인정한 경우로 한다.
26) 국가정보원법 [시행 2021. 1. 1.] [법률 제17646호, 2020. 12. 15., 전부개정] 제4조(직무) 제1항제1호나목.

방산안보학은 신생융합학문으로 방위산업과 방위사업의 육성과 지원을 포함하여 방위산업과 방위사업을 국가안보 차원에서 보호하는 학문이다. 보호의 대상도 방산업체나 국내문제 뿐만 아니라 외국등의 국·내외 정보활동에 대한 방산업체와 방산기술 보호도 필요하다. 방산수출 증대 등으로 인하여 국내문제에서 방산물자 수출국과 인접국과도 밀접한 관련이 있는 국외문제로 대두되었다. 이에 방산안보학은 국제관계와 외교 및 경제안보 차원에서도 발전시켜야 할 필요성이 증대되고 있다.

방산수출 확대에 따른 방산기술 유출위협 증대 등 안보환경 변화가 급속히 전개되어 방위사업과 방위산업은 방산안보와 국가정보 차원의 대응이 필요하다.[27] 방산 수출이 획기적으로 증대됨에 따라 국내·외 안보문제가 증대되는 시기에 방위산업을 보호하기 위한 '방산안보'에 대한 연구는 초기 단계로 다음과 같다.

2021년 12월 '방산안보'를 주제로 열린 국내 최초의 세미나로 방산·보안 업계 관계자와 보안 전문가 상당수 참석한 제7회 방산기술보호 및 보안 워크숍에서[28] '방산안보와 정보수사기관의 역할'에 대하여 발표·토론이 있었고, 한국국가정보학회 2021 연례학술회의에서 '방산안보와 방첩기관의 역할'에 대한 발표·토론을 하면서 '방산안보'라는 용어가 사용되었다. 방위산업을 방산으로, 안전보장을 안보로 줄여 방산과 안보를 융합하여 시너지 효과를 극대화하고자 '방산안보'라는 용어를 사용하고 방위산업과 안보, 안보수사와 정보, 방산보안 및 기술보호를 포괄하는 개념으로 방산안보 용어를 정의하였다.[29]

2022년 6월에는 한국국가정보학회 2022 하계학술회의에서 '한국의 방산방첩·보안·기술보호 등 방산안보기관 협력방안'을 발표하면서 '방산안보' 개념

---

27) 김영기, 방산안보 환경변화에 따른 국가정보의 역할, 한국국가정보학회 2022 연례학술회의 논문집, 2022.12.21., pp.143-145.
28) 김한경, 방진회·방산학회, '제7회 방산기술보호 및 보안워크숍' 개최, 뉴스투데이, 2021.12.11. (https://www.news2day.co.kr/article/20211211500019)
29) 김영기, 방산안보와 정보수사기관의 역할, 제7회 방산기술보호 및 보안워크숍, 한국방위산업진흥회와 한국방위산업학회 주최, 방산기술보호연구회 주관, 2021.12.10.(https://www.youtube.com/watch?v=dnN7MlDyjlQ); 김영기, 방산안보와 방첩기관의 역할, 한국국가정보학회 2021 연례학술회의 논문집, 2021.12.17. p.82.

에 방산방첩을 추가하여 방산안보를 방위산업과 안전보장을 줄여서 방산안보라 칭하고, 방위산업과 방위사업, 안보와 국가정보, 방산방첩과 방산보안 및 방산기술보호 등을 포함하는 개념으로 사용하였다.[30]

'방산안보법제' 관련연구로는 한국국가정보학회 2022 연례학술회의에서 '방산안보 환경변화에 따른 국가정보의 역할'과[31] 한국국방기술학회 2023 추계학술대회에서 '방위산업 보호를 위한 방산안보법제 발전방안' 학술발표가 있었으며,[32] 국가정보원이 주최로 '한미동맹 70년, 국제 방산안보 환경과 글로벌 공급망 재편'을 주제로 '제1회 방산안보 국제 컨퍼런스'가 있었다. '방산안보 국제 컨퍼런스는' 2023년 처음 열린 국제행사로서, 변화하는 국제안보 환경에 따라 동맹국 간 방산공급망 협력 강화방안과 방산침해에 대한 예방·대응역량 강화를 위해 마련되었다.[33]

'방산안보' 논문은 2022년에 '방위산업 안보환경 변화에 따른 방산안보정책 검토'와[34] 2023년에 '방위산업과 방산안보 발전방안'이[35] 있다.

---

30) 김영기, 한국의 방산방첩·보안·기술보호등 방산안보기관 협력방안, 한국국가정보학회 2022 하계학술회의 논문집, 2022.6.30., p.95.

31) 방산안보 환경변화에 따른 국가정보의 역할, 한국국가정보학회 2022 연례학술회의 논문집, 2022.12.21., pp.135-158.

32) 김영기, 방위산업 보호를 위한 방산안보법제 발전방안, 한국국방기술학회 2023 추계학술대회 논문집, 2023.11.3., pp.167-173.

33) 김한경, 국정원, '제1회 방산안보 국제 컨퍼런스' 개최, 뉴스투데이, 2023.9.19. (https://www.news2day.co.kr/article/20230919500021)

34) 류연승, 김영기, 송은희, 방위산업 안보환경 변화에 따른 방산안보정책 검토, 한국국회학회, 한국과 세계 제4권2호, 2022.3, pp.207-232.

35) 김영기, 방위산업과 방산안보 발전방안, 동중앙아시아연구, 제33권제1호(2022), 2023.4. pp.23-39.

방산안보 전략과 정책

제2장에서는 방산 관련 국가안보전략과 방산 관련 국방정책, K-방산정책 추진계획 및 미국의 방산전략을 살펴본다.

제1절 방산안보전략

'방산안보전략'은 방위사업과 방위산업 등과 관련한 국가안보전략을 말한다.

1. 개 요

2023년 6월 국가안보실은 정부의 외교안보전략을 소개하는 '윤석열 정부의 국가안보전략-자유, 평화, 번영의 글로벌 중추국가'(이하 '국가안보전략')를 발간했다. '국가안보전략'은 외교 · 통일 · 국방 등 외교안보 분야 정책 방향을 제시하는 지침서로, 정부 출범시마다 변화된 안보 환경과 국정 기조를 담아 발간하고 있다.

'국가안보전략'은 총 8개 장(107쪽 분량)으로 구성되어 있으며, 미 · 중간 전략경쟁의 심화, 북한의 핵 · 미사일 능력 고도화, 신안보 이슈(공급망 불안 · 기후변화 · 팬데믹 · 사이버 위협 등)의 부상과 같은 급변하는 안보환경을 심도있게 평가했다. '국가안보전략'은 이 같은 안보환경 변화에 대응하여 정부의 외교안보 비전인 '자유, 평화, 번영에 기여하는 글로벌 중추국가'를 실현하기 위한 국가안보 목표, 전략기조, 분야별 과제를 구체적으로 제시했다.[36]

다음은 국가안보전략 서문 내용의 일부이다.[37]

36) 대통령실 보도자료, 국가안보실, '윤석열 정부의 국가안보전략' 발간, 2023.6.7.
37) 국가안보실, 국가안보전략, 2023. 6. 서문

국가안보는 이제 더 이상 외부의 침략을 막는 소극적이고 제한적인 개념에만 머물러서는 안 된다. 다가올 변화의 흐름을 미리 읽어내고 국가와 국민의 이익을 극대화하는 국가안보 전략을 수립하는 것이야말로 국가 미래를 좌우할 열쇠이기 때문이다. 지금 대한민국은 국가안보와 국가이익을 능동적으로 확보하기 위해 내일을 설계하고 준비하는 적극적이고 포괄적인 전략이 필요하다.

글로벌 중추국가 대한민국은 자유와 연대의 정신을 바탕으로 급변하는 안보 환경에 능동적으로 대응해 나가고자 합니다. 이번에 발간한 〈국가안보전략〉은 정부의 대한민국 국가안보와 미래 비전에 대한 구상과 고찰을 담았다.

2. 국가안보전략의 구성

국가안보전략은 서문과 총 8개 장으로 다음과 같이 구성되어 있으며, 방산안보 관련 내용은 'Ⅴ. 과학기술 강군 육성'에 포함되어 있다.[38)]

Ⅰ. 국가안보전략 개관
Ⅱ. 안보환경평가
Ⅲ. 자유와 연대의 협력외교 전개
Ⅳ. 자유민주주의 수호와 지구촌 번영 기여
Ⅴ. 과학기술 강군 육성
Ⅵ. 한반도 평화 구축과 남북관계 정상화
Ⅶ. 글로벌 경제안보 대응체제 확립
Ⅷ. 신안보 이슈에 능동 대응

3. 국가안보전략의 세부구성

구 분	내 용
Ⅰ. 국가안보전략 개관	1. 국가안보전략 기본 방향 2. 국가안보 목표 3. 국가안보전략 기조 4. 국가안보전략 체계
Ⅱ. 안보환경평가	1. 세계 정세

38) 국가안보실, 국가안보전략, 2023.6.

구 분	내 용
	2. 인도-태평양 정세 3. 한반도 정세
Ⅲ. 자유와 연대의 협력외교 전개	1. 한미 글로벌 포괄적 전략동맹 강화 2. 새로운 수준으로 한·미·일 협력 제고 3. 인류보편적 가치와 공동 이익에 기반한 동아시아 외교 4. 지역별 협력 네트워크 구축
Ⅳ. 자유민주주의 수호와 지구촌 번영 기여	1. 국제사회에서 책임 있는 역할 강화 2. 지구촌 번영에 기여하는 한민족 네트워크 구축 3. 자유민주주의 수호를 위한 정보역량 강화
Ⅴ. 과학기술 강군 육성	1. 국방혁신으로 AI 과학기술 기반 방위역량 강화 2. 첨단전력 건설과 방산수출 확대의 선순환 창출 3. 장병 정신전력 강화와 미래세대 병영환경 조성
Ⅵ. 한반도 평화구축과 남북관계 정상화	1. 북한 핵·WMD 위협 대응능력의 획기적 보강 2. 북한 비핵화 추진과 한반도 평화 정착 3. 남북관계 정상화 추진 4. 남북간 인도적 문제 해결 5. 국민, 국제사회와 함께하는 통일 준비
Ⅶ. 글로벌 경제안보 대응체제 확립	1. 능동적 경제안보 외교 추진 2. 핵심 공급망 위기 대응능력 확보 3. 핵심·신흥기술 보호와 협력 강화 4. 기후변화 대응과 저탄소경제전환 가속화
Ⅷ. 신안보 이슈에 능동 대응	1. 국가 사이버안보 역량 강화 2. 보건안보 체계 개선 3. 국가 대테러 역량 강화 4. 국가 차원의 재난 위기관리체계 강화

4. 방산안보전략

'방산안보전략'은 방산 관련 국가안보전략으로 다음은 2023년 6월 국가안보실이 발행한 '국가안보전략' Ⅴ(과학기술 강군육성)-2(첨단전력 건설과 방산수출 확대의 선순환 창출)의 내용이다.[39]

39) 국가안보실, 국가안보전략(Ⅴ. 과학기술 강군 육성, 2. 첨단전력 건설과 방산수출 확대의 선순환 창출), 2023.6, pp.62-63.

첨단전력 건설과 방산수출 확대의 선순환 창출
(2023 국가안보전략 Ⅴ-2)

대한민국은 지속적인 기술 혁신을 통해 최첨단 무기체계를 독자 개발하여 수출하는 방위산업 강국으로 도약하였다. 특히, 2022년에는 최근 5년 수출액 평균의 5배 수준인 총 173억 달러를 기록하며 방산수출 역사상 최대규모의 성과를 달성하였다.

〈최근 5년간 연도별 방산 수출액 현황〉

■ 최근 5년간 연도별 방산 수출액 현황
단위 : 억불
31.2 27.7 24.7 29.7 72.5 173
2017년 2018년 2019년 2020년 2021년 2022년

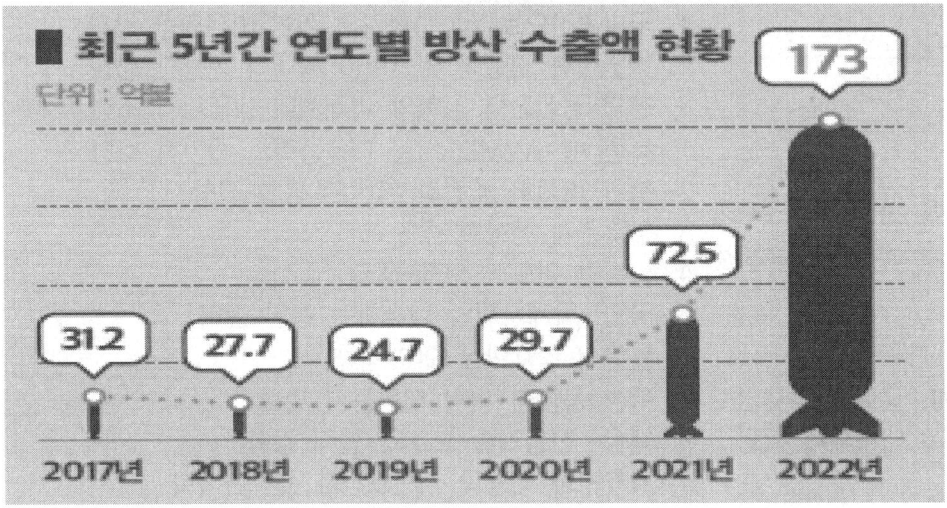

정부는 방위산업을 국가안보와 경제를 견인할 수출전략사업으로 육성하고 첨단전력 건설과 방산수출 확대의 선순환 구조를 마련하기 위하여 범정부 차원의 지원체계를 다음과 같이 강화해 나갈 것이다.

가. 범정부 방산수출 지원체계를 수립한다.

방산수출은 상대국과의 안보 · 외교 · 정치 등과 밀접하게 연관된 사안으로 국가간 신뢰를 바탕으로 이루어진다. 이에 방산수출 확대를 위한 정부 차원의 체계적 수출지원정책이 중요하다.

정부는 2022년 사상 최대의 방산수출 성과를 기반으로 강력한 수출지원 정책을 추진하고자 한다. 방산 수출을 확대하면 방위산업을 둘러싼 기반 여건이

강화될 것이다. 이는 다시 첨단전력 건설의 탄탄한 토대가 되어 또 다른 방산수출을 견인할 것이다. 정부는 이와 같은 첨단전력 건설과 방산수출이 선순환하는 구조를 구축하기 위해 적극 노력할 것이다.

〈첨단전력 건설과 방산수출의 선순환 구축전략〉

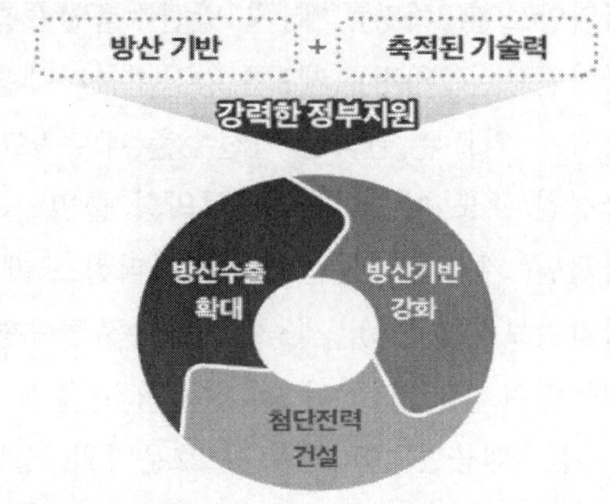

나. 방산수출 방식을 다변화한다.

국내 방위산업이 발전하면서 수출대상 국가도 증가하였다. 구매국이 늘어나면서 국가별 요구사항도 다양해지고 수출 품목도 확대되는 추세이다.

이에 따라 수출방식도 구매국과 공동 연구개발을 진행하는 방안, 현지에서 생산하는 방안, 다른 산업과 협력하는 방안 등으로 다양화해 나갈 계획이다.

이와 함께 구매국에 장비운용 노하우와 교육을 제공하고 후속 군수지원까지 패키지로 지원하는 포스트 세일즈를 강화하여 추가구매도 이끌어낼 것이다.

다. 맞춤형 지원으로 수출 경쟁력을 강화한다.

정부는 기술력이 우수한 유망 중소·벤처기업이 글로벌 경쟁력을 확보할 수 있도록 성장 단계에 맞게 컨설팅·자금·R&D를 종합 패키지로 지원하고자 한다.

또한, 수출형 무기체계의 성능 개량과 부품 국산화를 적극 지원하고 민·군 기술 협력을 강화하여 국방기술이 국가 첨단산업의 성장을 견인하도록 할 것이다.

〈방산안보 활동 개관〉

- 2022.10.31. 국방부에 방위산업수출기획과 신설
- 2022.11.24. 대통령실, 제1차 방산수출전략회의 주재
- 2023.02. 국가안보실(2차장)에 방산수출기획팀 신설
- 2023.04.26. 국가안보실(2차장), 제1차 방산수출전략평가회의 실시
- 2023.07.20. 국가안보실(2차장), 제2차 방산수출전략평가회의 실시
- 2023.07.19. 국방부-외교부 권역별 방산수출 네트워크회의 출범
- 2023.09.11. 국정원 주도 방산침해대응협의회 출범
- 2023.09.18. 국정원, 제1회 방산안보 국제컨퍼런스 개최
- 2023.11.22. 국가안보실(2차장), 제3차 방산수출전략평가회의 실시
- 2023.12.07. 대통령실, 제2차 방산수출전략회의 주재
- 2023.12. 방산침해대응협의회에 기술보호운영위, 정보지원운영위 구성
- 2023.12.11. 방산침해대응협의회 제1차 정기총회 개최
- 2024.02.15. 산업통상자원부에 첨단민군협력지원과 신설
  (자율기구 첨단민군협력지원과 설치 및 운영 규정)
- 2024.02.21. 국가안보실(2차장), 제4차 방산수출전략평가회의 실시

〈대통령, 제2차 방산수출전략회의 주재〉

대통령은 2023년 12월 7일 경기 성남시 판교에 소재한 방산업체 한화에어로스페이스에서 「제2차 방산수출전략회의」를 주재했다. 2022년 경남 사천 한국항공우주산업에서 개최된 「2022년 방산수출전략회의」에 이어 대통령이 주재한 두 번째 민·관·군 합동회의이다.[40]

대통령은 방위산업을 첨단전략산업으로 육성해 지금의 방산수출 성장세를 지속 확대해 나갈 수 있도록 정부가 적극 지원할 것임을 약속했다. 또한, 방위산업은 우리의 안보와 경제를 뒷받침하는 국가전략산업임을 강조하며, 방위산업

---

40) 대통령실 보도자료, 윤석열 대통령, K-방산이 세계시장에서 우위 선점하도록 적극 지원할 것, 2023.12.7. (https://www.president.go.kr/search#).

이 미래의 신성장 동력이 되도록 정부가 적극 지원하겠다는 의지를 표명했다.

정부는 2027년까지 세계 4대 방산 강국으로 도약하기 위한 '지속가능한 방산수출 추진전략'을 발표했다. 특히 우주, AI, 유·무인 복합체계, 반도체, 로봇이라는 첨단전략산업 5대 분야를 집중 육성하는 촘촘한 정책 지원을 약속했다.

정부 발표 이후에는 독자적인 기술개발투자를 통한 대기업의 수출 성공 사례, 정부 지원을 통해 성장할 수 있었던 중소기업의 성공 사례를 공유하고, 방산업계의 다양한 의견과 애로사항을 청취했다. 대통령은 방산업계가 직면한 여러 어려움을 해소하기 위해 민·관·군의 협업과 범정부 역량 결집을 강조했다.

회의에는 국방부 장관, 산업통상자원부 장관, 방위사업청장 등 방위산업 관련 정부 인사와 육·해·공군 참모총장, 해병대 사령관, 40여 개의 방위산업체 대표뿐만 아니라 국방 신산업 분야를 이끌어가는 방산 혁신기업과 청년 방위산업 종사자 등 100여 명이 참석했다.

방산수출전략회의 종료 후, 대통령은 인근에 있는 방산업체인 LIG넥스원으로 이동해 2030세대 청년 방위산업 종사 직원들과 격의 없는 소통의 시간을 가졌다. 대통령은 간담회를 시작하며 K-방산의 미래가 여러분에게 달려있다고 격려했으며, 참석자들은 K-방산의 미래와 비전, 방위산업에 종사하면서 느낀 자부심, 현실적인 애로사항 등을 자유롭게 공유했다. 대통령은 청년 방위산업 종사자들이 국가안보를 책임지며 국가 경제에도 기여하고 있는 만큼 이들이 보람을 느끼며 정당한 처우와 보상을 받을 수 있도록 지원을 아끼지 않겠다고 약속했다.

제2절 방산국방정책

'방산국방정책'은 방위사업과 방위산업 등과 관련된 국방정책을 말한다.

1. 개 요

오늘날 우리 군은 지난 70여 년과 다름없이 당면한 위협으로부터 국가를 보위하는 사명을 지속 수행하는 가운데, 급변하는 안보환경에 효과적으로 대처하기 위해 도약적인 혁신을 이뤄내야 하는 중대한 전환점을 맞고 있다.

기존의 전통적 위협에 비전통적 위협이 더해지고, 끊임없는 '경쟁(Competition)'과 함께 회색지대 분쟁이 일상화되는 등 안보환경은 갈수록 복잡하고 엄중해지고 있다. 미·중 간 전략적 경쟁의 심화, 러시아의 우크라이나 침공 등으로 국제질서의 유동성이 커지고, 주요 군사강국 간의 군비경쟁이 심화되고 있으며, 인도·태평양 지역에 대한 국제사회의 전략적 관여가 증대되고 있다. 이런 가운데 북한은 핵·미사일 능력을 지속적으로 고도화하면서 다양한 수단과 방법으로 전략적·전술적 도발을 서슴지 않고 있다.

한편, 재난, 테러, 신종 감염병 등 비전통적 안보위협의 중요성이 대두되고 있으며, 우주·사이버·전자기 등 새로운 영역에서의 우위를 향한 경쟁도 심화되고 있다. 특히, 첨단과학기술의 발전은 안보의 패러다임 변화를 촉발하고 있다. 대내적으로는 병역자원이 급감하고, 적정 수준의 국방예산 확보가 어려워지고 있으며, 군에 대한 국민적 기대와 요구는 증가하고 있다.

이러한 안보환경 속에서 우리 군은 전략적 우선순위에 입각한 '선택과 집중'을 통해 '기회요인'을 최대한 활용하고 '도전요인'을 극복하기 위한 노력을 강화하고 있다.

국방부는 '방위산업을 국가전략산업으로 육성' 하기 위해 우리 방산기업의 글로벌 경쟁력 강화를 적극 지원하고 있다. 도전적 국방 R&D 환경을 조성하고 범정부적인 방산수출 지원에 앞장섬으로써 첨단전력건설과 방산수출 확대

가 선순환되는 구조를 정착시켜 나갈 것이다.[41)]

2. 국방백서 구성

제1장 안보환경
제2장 국가안보전략과 국방전략
제3장 전방위 국방태세 확립, 대응역량 확충
제4장 국방혁신 4.0을 통한 첨단과학기술 강군 육성
제5장 한미동맹의 도약적 발전과 국방협력 심화 확대
제6장 안전, 투명, 민군상생의 국방운영
제7장 미래세대에 부합하는 국방문화 조성

3. 국방백서 세부 구성

2022 국방백서 제4장(국방혁신 4.0을 통한 첨단과학기술 강군 육성)에 방위산업 관련 내용이 포함되어 있다.

제1장 안보환경
제1절 세계 안보정세
제2절 인도 · 태평양 지역 안보정세
제3절 북한 정세 및 군사 위협

제2장 국가안보전략과 국방전략
제1절 국가안보전략
제2절 국방전략

제3장 전방위 국방태세 확립, 대응역량 확충
제1절 확고한 군사대비태세 유지
제2절 한국형 3축체계 능력 확보
제3절 포괄적 안보위협 대응능력 강화
제4절 민 · 관 · 군 · 경 · 소방 통합방위태세 확립
제5절 전투임무 위주의 교육훈련 및 정신전력 강화
제6절 한반도 평화정착을 위한 군사적 보장

41) 국방부, 2022 국방백서, 2023.2, 발간사.

제4장 국방혁신 4.0을 통한 첨단과학기술 강군 육성
제1절 「국방혁신 4.0」 기본계획
제2절 AI기반의 유·무인 복합전투체계로 단계별 전환
제3절 국방 AI·디지털 전환 추진
제4절 합동성에 기반한 국방우주력 발전
제5절 첨단과학기술 기반 군 구조 개편
제6절 예비전력 정예화
제7절 방위산업을 국가전략산업으로 육성

제5장 한미동맹의 도약적 발전과 국방협력 심화 확대
제1절 한·미 글로벌 포괄적 전략동맹 발전
제2절 한·미의 북한 핵·미사일 억제·대응 능력 강화
제3절 확고한 한미 연합방위태세 구축
제4절 조건에 기초한 전시작전통제권 전환 추진
제5절 국방교류협력 심화·확대
제6절 국제평화유지활동 참여 및 재외국민 보호

제6장 안전, 투명, 민군상생의 국방운영
제1절 안전한 군 복무여건 조성
제2절 투명하고 효율적인 국방운영
제3절 국민과 상생하는 군 운영
제4절 적정 국방예산 확보 및 합리적 배분

제7장 미래세대에 부합하는 국방문화 조성
제1절 장병 기대 수준에 맞는 의식주 개선
제2절 군인의 희생과 헌신에 합당한 예우 및 보상 강화
제3절 사회변화를 반영한 복무환경 개선
제4절 군 인권보호체계 강화

4. 방산국방정책

'방산국방정책'은 방산 관련 국방정책으로 2023년 2월 국방부가 발행한 '2022 국방백서' 제4장(국방혁신 4.0을 통한 첨단과학기술 강군육성) 제7절(방위산업을 국가전략산업으로 육성)의 내용이다.[42]

---

42) 국방부, 2022 국방백서 제4장 제7절(방위산업을 국가전략산업으로 육성), 2023.2, pp.139-148.

〈방위산업을 국가전략산업으로 육성〉
(2022 국방백서 제4장 제7절)

가. 국방 R&D 혁신 고도화
1) 국방 R&D 수행체계 개선
2) 전략적 국방 R&D 투자 확대
3) 기술개발과 소요의 연계 강화
4) 민 · 관 · 군 협력체계 강화

나. 방위산업 경쟁력 강화
1) 방위산업의 도약적 성장기반 구축
2) 방위산업 육성을 위한 범정부 협력 강화
3) 합리적이고 효율적인 의사결정 및 협업체계 구축
4) 신속 · 효율성에 기초한 무기체계 획득절차 개선
5) 국방획득인력의 전문역량 강화

다. 방산수출 활성화
1) 정부지원을 통한 수출 경쟁력 강화
2) 방산수출 방식 다변화
3) 방산수출 확대 성과
4) 한 · 미 방산협력 심화 · 확대

국방부와 방위사업청은 급속도로 변화하는 첨단과학기술을 무기체계에 신속하게 적용하기 위하여 획득절차를 간소화하는 등 국방획득체계를 효율적으로 개선하고 있다. 미래전장의 판도를 바꿀 수 있는 혁신적인 기술을 국방에 접목하기 위해 국방 R&D 투자를 확대하고, 군 · 산 · 학 · 연을 아우르는 협력체계를 강화해 나가고 있다.

나아가 우리 방위산업의 경쟁력 강화를 위한 법적 기반을 마련함과 동시에, 방위산업을 국가전략산업으로 육성하기 위한 각종 지원을 확대하였고 방산 수출의 양적 성장과 수출 지역 · 품목 다변화 등 질적 성장을 동시에 달성하며 글로벌 방산강국으로서의 입지를 다져나가고 있다.

가. 국방 R&D 혁신 고도화

1) 국방 R&D 수행체계 개선

국방부와 방위사업청은 예측하기 어려운 미래전장에 대비하고 나아가 국가경쟁력을 강화하기 위해 국방연구개발(R&D) 체계를 혁신적으로 개선하고 있다.

국방부와 방위사업청은 첨단 과학기술의 중요성이 커지고 있는 환경변화에 발맞추어, 국방연구개발사업을 추진할 때에 군에 필요한 무기체계 기술개발에 중점을 두는 추격형(Fast-follower) 전략에서 선도형(First-mover) 전략으로 전환하여 첨단 국방과학기술을 확보하는 데 주력하고 있다.

선도형 국방연구개발 전략의 목표는 소요기반(Demand Pull) 연구개발에 기술주도(Technology Push) 연구개발을 추가하여 무기체계의 소요가 결정되지 않았거나 소요가 예정되지 않았을지라도 미래 혁신적 기술을 적극 개발할 수 있도록 도전적 국방연구개발 환경을 조성하는 것이다.

국방연구개발 분야의 획기적인 제도개선 추진을 위하여 국방부와 방위사업청은 2020년 3월「국방과학기술혁신 촉진법」을 제정하였다. 이를 통해 무기체계의 소요가 결정되지 않은 경우라도 도전적으로 연구개발을 추진하여 미래 신기술 소요를 창출할 수 있는 '미래도전국방기술' 연구개발의 근거를 마련하게 되었다. 또한, 국가와 연구기관 간 '계약'이 아닌 '협약' 방식을 통해 국방연구개발을 추진할 수 있는 제도를 도입하여 업체의 부담을 감소시키고 유연한 사업관리가 가능하도록 하였다.

산·학·연 주관의 핵심기술 개발에 대해서만 제한적으로 적용되어 왔던 '성실수행 인정' 제도를 협약 체결을 통해 추진하는 국방연구개발사업 전체에 대하여 적용할 수 있도록 제도의 적용 범위를 대폭 확대하였다. '성실수행 인정'이란 연구개발을 성실히 수행했음에도 기술적 한계 등으로 인해 성과를 달성하지 못한 경우 연구개발자에게 부과되는 제재를 감면하는 것으로, 이 제도의 적용 범위 확대를 통해 실패를 두려워하지 않고 혁신적으로 연구개발을 추진할 수 있는 선진적 연구개발 여건을 정착시켜 나가고자 한다.

국방부와 방위사업청은 2021년 4월 「국방과학기술혁신 촉진법」에서 위임된 세부적인 사항을 구체화한 시행령 및 시행규칙을 제정하였다. 이후 「국방과학기술혁신 촉진법」과 관련된 방위사업청의 「지식재산권 관리지침」, 「국방과학 기술료 산정 · 징수방법 및 징수절차 등에 관한 고시」, 「국방기술 연구개발 업무처리지침」에 대한 개정을 완료하는 등 국방과학기술 역량을 제고하기 위한 제도적 기반을 강화하였다.

2023년에는 미래도전국방기술 연구를 활성화하여 혁신 · 도전적 기술개발에 집중하는 한편, 5년 주기로 작성하는 「2023-2037 국방과학기술혁신 기본계획」을 수립하여 국방과학기술의 중장기 발전목표 및 방향을 제시하고 국방기술개발사업 추진 시에 적용할 기본지침을 제공하고자 한다.

앞으로도 국방부와 방위사업청은 '개방'과 '융합'을 특징으로 하는 첨단과학기술을 보다 효율적이고 신속하게 국방분야로 도입하기 위하여 정책적 역량을 집중해 나갈 것이다. 이를 위해, '국방과학기술'의 범주를 무기체계를 넘어 전력발전업무까지 포함하도록 범위를 확대하고, '무기체계-전력지원체계-정보화체계' 간 연계성을 강화하여 국방연구개발 추진전략을 수립해 나갈 계획이다.

또한, 군의 미래전장 난제에 대해 민간 공모로 혁신적 · 도전적인 아이디어 및 기술을 발굴하여 개발하는 일명 '룬샷 프로젝트(LoonShot Project)'를[43] 2023년 이후부터 도입하여 민간의 우수한 기술 역량을 국방에 적극적으로 적용하는 동시에, 한계를 뛰어넘는 혁신적인 기술을 미래전장에서 활용할 수 있도록 할 계획이다.

나아가, 민간에서 참여한 국가 R&D의 성과 중 국방 활용성이 높은 과제를 발굴하여 국방 R&D로 후속연구를 추진하는 등 민간의 신기술을 국방분야로 적극 도입하고 개방적인 국방 R&D 환경을 조성하기 위해 지속적인 노력을 기울일 것이다.

---

43) 사피 바칼의 저서 『룬샷』에서 언급된 개념으로, 일반적으로 실현 불가능할 것으로 여겨지나, 전쟁, 의학, 비즈니스의 판도를 바꾸는 혁신적인 아이디어 · 프로젝트를 의미한다.

2) 전략적 국방 R&D 투자 확대

미래에는 전쟁 패러다임의 변화와 함께 전장이 우주 공간까지 다층화·다변화될 것이다. 기술패권 경쟁이 심화됨에 따라 선진국은 첨단기술 개발에 박차를 가하고 있으며 자국의 안보전략기술에 대한 보호정책을 강화하고 있다.

첨단 무기체계의 독자개발 능력을 확보하기 위하여 국방연구개발비를 비약적으로 확대해오고 있다. 2023년도 국방R&D 예산은 약 5조 800억원으로 2018년 약 2조 9,000억원 대비 연평균 12% 증가한 규모이다. 국방비 중 국방연구개발비가 차지하는 비중은 8.8%이며, 장기적으로 그 비중을 10%까지 높이기 위해 투자를 계속 확대할 예정이다.

미래에는 첨단과학기술을 기반으로 한 군사력이 전쟁의 승패를 가르는 요인이 될 것이다. 이에 따라, '우주, 인공지능, 양자, 에너지' 등 미래전장의 판도를 바꿀 '게임체인저' 기술 분야에 있어서는 선택과 집중을 통해 원천 기술을 조기에 확보하기 위해 노력하고 있다. 특히, 차기 정찰·통신 위성에 필요한 핵심 구성품의 국내 개발과 기술 고도화를 꾀하는 등 개발에 장기간·고비용이 필요한 전략부품을 선제적으로 개발해 나가고 있다.

앞으로도 국방부와 방위사업청은 세계적인 기술강국으로 도약할 수 있도록 인공지능, 유·무인 복합, 양자, 우주, 에너지 등 전략적 연구개발 분야에 집중투자하고, 월등한 기술력으로 격차를 벌려 경쟁국을 압도하는 초격차 기술력 확보를 위한 연구개발에 총력을 기울일 계획이다.

3) 기술개발과 소요의 연계 강화

국방부와 방위사업청은 군과의 긴밀한 협력을 통해 국방 R&D를 추진하고 있으며, 군의 미래 전략·전술 발전과 신개념 무기체계 창출을 뒷받침하기 위해 노력하고 있다.

먼저, 국방 R&D의 과제기획 단계에서부터 과제 선정 등 주요 의사결정 과정에 소요군의 참여를 확대시키고 있다. 특히, 무기체계에 필요한 핵심기술 개발사업뿐만 아니라 무기체계 소요에 기반하지 않은 도전적인 미래도전국방기술개발사업을 추진할 때에도 각군의 참여가 보장되도록 하였다. 또한, 국방 R&D 수행기관과 군 내 관련 부서를 매칭하여 연구개발 결과가 실제로 군에 활용될 수 있도록 기술개발과 전력 소요 간의 연계를 강화하고 있다.

다음으로, 각 군의 수행조직 및 인력을 보강함으로써 군의 자체적인 연구개발 능력 강화에도 힘쓸 예정이다. 각 군의 연구개발 현상진단을 통해 각 군별 조직구성과 인력확보 방향을 구체화하는 등 국방과학기술 인력의 체계적 활용 및 인사관리방안을 수립하고, 민·군 융합형 연구개발 사업을 시범 추진하는 등 각 군이 적극적으로 연구개발을 수행 할 수 있는 여건을 마련하기 위해 다양한 방안을 추진할 계획이다.

4) 민·관·군 협력체계 강화

국방부와 방위사업청은 2020년 3월 제정한 「국방과학기술혁신 촉진법」을 기반으로 AI 과학기술 강군을 육성하기 위하여 민·관·군 역량 결집에 힘쓰고 있다.

급속도로 발전하고 있는 첨단과학기술을 보다 효과적이고 신속하게 군에 도입하기 위해서는 민간전문가의 국방 R&D 참여 및 역할 확대가 매우 중요하다. 이에 2021년 4월 국방기술 품질원 산하 국방기술진흥연구소는 민간전문가로 구성된 '국방기술 혁신협의체'를 구성·운영함으로써 국방 R&D 관련 상시 자문체계를 구축하였다.

'국방기술 혁신협의체'에서는 정부 출연 연구기관을 비롯하여, 대학, 방산업체 전문가들이 상시적으로 AI, 가상현실, 신소재, 신에너지 등 첨단 신기술 분야에 대한 과제발굴과 기획연구 등에 적극적으로 참여하고 있으며, 앞으로도 '국방기술 혁신협의체'의 민간전문가 풀을 지속적으로 확장함과 동시에 기술평가 및 성과 확산, 방위산업 지원사업 등 다양한 사업 전반으로 그 기능을 확대해 나갈 것이다.

또한, 국방부와 방위사업청은 민간의 연구개발 성과물을 탐색·활용하여 국방핵심기술을 확보하는 국방 분야 기초·원천 가교 R&D를 과기부와 협력하여 2019년부터 추진하고 있다. 향후에는, 군 적용을 고려한 과제기획을 추진하고, 가교 R&D 성과물이 무기체계에 적용될 수 있도록 민·관·군 협업을 보다 강화할 예정이다.

나 방위산업 경쟁력 강화

1) 방위산업의 도약적 성장기반 구축

우리나라는 1970년대 자주국방 강화에 기반한 방위산업 육성 정책을 천명한 이후 오늘날 최첨단 무기체계를 독자 개발하여 수출하는 방위산업 강국으로 도약하였다. 방위산업의 발전은 국방력 강화로 직결될 뿐만 아니라 수입대체, 고용 창출, 과학기술 발전의 경제적 가치를 지닌다.

국방부는 첨단 방위산업 육성을 통한 국방 신산업 성장 동력 마련을 위해 2022년 5월부터 방산혁신기업 100 선정에 착수하고, 2022년 7월부터 국방벤처 인큐베이팅 사업 등을 수행하여 우수 방산기업 및 신규 진입 중소벤처기업에 풀패키지 지원을 하였다.

2022년 11월에 민간주도 국내 우주산업 생태계 조성을 위해 국방우주 전문기업 육성 전략을 수립하였고, 국방 첨단분야 학과를 설치하여 전문인력을 양성하고 있다. 방산분야 경영여건 개선을 위해 방산업체의 애로사항 청취 및 방위산업 주요 정책 소개 등 방산업체와의 현장 체감형 소통을 활성화하였다.

민간의 방산분야 투자 확대를 위해 2022년 9월에 방산기술혁신펀드를 조성하였고, 중소벤처기업 융자 문턱 완화, 긴급경영안정자금 지원 및 실질적 융자지원을 강화하기 위한 금융지원제도 개선을 지속하고 있다. 글로벌 공급망 불안정 등에 능동적으로 대응하기 위해 방산분야 경제안보 핵심품목 선정 및 수급 안정화를 위한 맞춤형 전략을 수립하였다.

민간의 우수한 중소·벤처기업의 국방 분야 진출을 촉진하고 성장잠재력을 확충할 수 있는 지원책도 강화하고 있으며, 그 일환으로 지역 중심의 방위산업 생태계를 구성하기 위한 '방산혁신클러스터' 사업을 시행하고 있다. 2021년 4월 조성된 '경남·창원 방산혁신 클러스터'는 지역 내 5개 회사의 창업과

212억 원 상당의 계약추진을 지원하는 등의 성과를 거두었다.

2022년 7월 미래 시장을 주도할 수 있는 드론 산업 혁신성장 생태계 조성을 위해 대전시를 드론특화형 방산혁신클러스터로 신규 지정하고, 2026년까지 점진적으로 지역을 확대하여 지역특화 첨단 방위산업을 집중 육성하고, 이를 기반으로 국가전략산업으로 육성할 발판을 마련할 계획이다.

2) 방위산업 육성을 위한 범정부 협력 강화

방산수출은 경제적 이익뿐 아니라 구매국 및 주변국의 외교·안보상황, 정치적 안정도, 경제적 지원 제공 필요성 등을 종합적으로 고려하여 추진해야 하고, 최근에는 구매국들이 계약 협상 시 산업협력, 금융지원 등을 함께 요구하고 있다. 그러므로 방산수출 활성화를 위해서는 범정부 차원의 종합적인 지원방안을 마련할 필요가 있다.

이에 국방부는 방위산업 육성 및 방산수출 활성화를 위한 범정부 차원의 지원방안을 논의하기 위해 '방위산업발전협의회'를 운영하고 있다. 2011년 신설된 '국방산업발전협의회'를 「방위산업발전 및 지원에 관한 법률」에 따라 개편한 것으로, 반기별로 정례회의를 개최하고 있다.

국방부장관과 산업부장관이 공동 위원장이고 방위사업청장 및 산업통상자원부, 기획재정부, 과학기술정보통신부, 외교부 등 관계부처 실장급이 위원으로 참여하고 있다. 국방부는 방위산업발전협의회의 참석범위를 중소벤처기업부, 국가정보원, 방위산업진흥회, 각 군까지 확대하여 구매국의 분야별 관심사항을 사전에 발굴하고 부처 간 협력체계를 강화하여 우리 방위산업의 글로벌 경쟁력을 지속적으로 향상시켜 나갈 것이다.

3) 합리적이고 효율적인 의사결정 및 협업체계 구축

국방부와 방위사업청은 사업추진 간 발생하는 현안을 신속하게 해결하기 위해 방위사업협의회를 운영하고 있다. 방위사업협의회는 국방부 차관과 방위사업청장이 공동 주관하고, 합참, 각 군, 국방과학연구소, 국방기술품질원 등 관련 기관이 모두 참여하는 협의체다. 국방부는 방위사업협의회 운영을 통해 주요 무기체계의 신속한 전력화 및 획득제도개선 분야의 개선을 추진하고 있고, 앞으로도 효율적인 업무수행체계 구축을 위해 관련 기관과의 소통·협업을 강화해 나갈 것이다.

4) 신속·효율성에 기초한 무기체계 획득절차 개선

국방부와 방위사업청은 급변하는 안보환경에 신속하게 대응하고 4차 산업혁명 기술을 무기체계에 빠르게 적용하기 위해 무기체계 획득절차를 지속적으로 개선하고 있다.

먼저, 민간의 첨단기술이 접목된 무기체계를 구매하여 군이 시범 운용한 후 적합한 품목을 신속하게 확보하는 '신속시범획득사업'을 2020년에 도입하였고, 2021년부터는 기존 구매형태의 사업에 추가하여 일부 성능을 개선하는 연구개발사업까지 수행할 수 있도록 제도를 확대하였다.

획득절차 효율성을 제고하기 위하여 방위사업 절차 중 소요검증, 선행연구 등을 간소화하였다. 기존 획득제도의 경직성을 개선하고, 행정 소요기간을 단축하기 위해 소요검증 기간을 6개월에서 4개월로 줄이고, 검증 대상을 총사업비 1,000억 원 이상에서 2,000억 원 이상으로 상향하였으며, 선행연구 분석 항목 수를 32개 항목에서 14개 항목으로 조정하였다.

이와 더불어, 체계개발 기간 중 양산물량 일부를 생산하여 야전운영시험(FT)을 할 수 있게 하여 개발완료 후 2년 이상 소요되는 양산 준비기간을 대폭 단축시켰다. 앞으로도 불필요한 행정절차를 생략하고, 중복업무는 통합하는 등 무기체계 획득절차를 간소화하여 우수한 첨단기술을 적기에 전력화해 나갈 것이다.

5) 국방획득인력의 전문역량 강화

국방부와 방위사업청은 4차 산업혁명과 국방 우주시대에 주도적 역할이 필요한 방산 전문인력과 핵심인재 양성을 위해 2021년 획득분야 전문 교육기관인 방위사업교육원을 개원하였다. 방위사업교육원은 무기체계 총수명주기 관점에서 소요부터 전력화, 운영·유지까지 방위사업 전반에 대한 체계적인 교육시스템을 구축하였다.

그리고, 무기체계 획득분야에 대한 기본적 교육은 물론, 방위산업 육성, 수출 진흥, 기술보호 등 방위산업 정책과 관련된 교육부터 급변하는 기술·산업 트렌드에 따른 AI·우주·로봇 등 미래첨단기술 교육까지 전 영역을 아우를 수 있도록 교육과정을 진행하고 있다.

방위사업교육원은 개원 이후 사업 현장의 문제 상황 및 해결방안을 진단·분석하는 교육과정을 개발하였고, 2023년부터는 이를 더욱 발전시켜 직무 교육의 내실성을 더하고 민·관·군 사업 참여자에 대한 전방위적 교육 지원을 강화할 예정이다.

또한, 획득분야 전문지식의 선진화를 위해 미 국방획득대학(DAU) 등 국내·외 유수의 교육기관과의 공동 워크숍, 교수인력 교류 등 학술자원 공유를 확대할 계획이다. 아울러, 방위사업교육원이 운영 중인 '국방사업관리사 전문자격'의 검정체계를 고도화하기 위해 관련 법령을 재정비하고, 자격 취득으로 검증된 전문인력이 산업 현장 전반에서 역량을 발휘할 수 있도록 정책적 지원을 준비하고 있다.

다. 방산수출 활성화

우리나라는 국방 수요만으로 방위산업의 기반을 유지·성장하기 어려운 것이 현실이기 때문에 방산수출은 방위산업 기반을 유지하기 위해 필수적인 선택이다. 또한, 방산수출이 늘어나게 되면, 방산업체의 가동률이 높아지고, 양질의 일자리를 창출하여 경제 활성화에 기여할 뿐만 아니라, 대량생산을 통한 가격 인하를 통해 무기체계 획득·운용·유지 비용이 절감되고, 적시적인 군수지원이 가능해지는 효과가 있다.

이러한 이유로 국방부를 비롯한 우리 정부는 방산수출 활성화를 위해 고위급 협력채널 마련, 방산수출지원제도 운영, 범부처 방산수출 지원체계 구축, 우리 무기체계의 우수성 홍보 등 각고의 노력과 관심을 기울이고 있다.

2022년 사상 최대의 방산수출 성과를 기반으로 정부의 강력한 수출지원정책을 적용하여 방산수출을 더욱 확대하면 이것이 우리의 방위산업 기반 강화로 연결되고, 이는 다시 첨단전력 건설의 탄탄한 토대가 되어 또 다른 방산수출을 견인하는 첨단전력 건설과 방산수출이 선순환 하는 구조를 구축해 갈 것이다.

〈첨단전력 건설과 방산수출의 선순환 구축전략〉

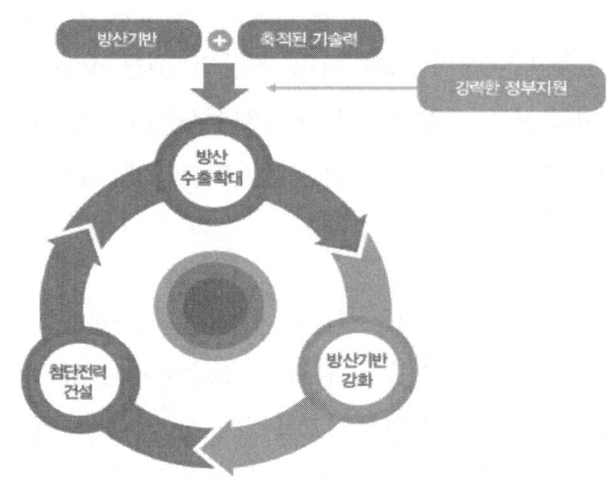

1) 정부지원을 통한 수출 경쟁력 강화

방산협력은 상대국과의 안보·외교·정치 등과 밀접하게 연관된 사안으로 국가 간 신뢰를 바탕으로 이루어지므로, 정부 차원의 지원이 매우 중요하다. 이에 따라, 국방부와 방위사업청은 방산수출 활성화를 위해 호주, UAE 등 주요 우방국과 방산협력 양해각서를 체결하고 방산군수공동위원회 등 국가간 상시 협력채널을 구축하여 운영해 왔다.

또한, 2022년 5월 한-폴란드 국방장관회담 등 고위급 회담을 수시로 실시하여 방산협력 증진 방안을 논의하고 있다.

2019년부터 시작된 코로나19의 세계적인 유행 상황에서도, 서울 국제 항공우주 및 방위산업 전시회(Seoul ADEX), 대한민국 방위산업전(DX-Korea), 국제해양방위산업전(MADEX) 등 국제 전시회를 철저한 방역 통제 아래 성공적으로 개최하여 우리 무기체계의 우수성을 홍보하는 국제 방산협력의 장을 마련하였다.

특히, 2022년 대한민국 방위산업전시회는 전 세계 40개국 188개 기업이 참가하여 8천 2백만불 이상의 수주상담 실적을 달성하였으며, K2전차 등 21종의 군과 업체 수출 장비를 전시하고 유·무인 복합전투체계를 적용한 기동화력 시범을 통해 한국 무기체계의 우수성을 홍보하는 등 K-방산의 세일즈 외교를 전개하였다.

정부는 우리나라 기업의 글로벌 경쟁력 향상을 위해 수출용 무기체계를 개조·개발하고, 해외시장 개척을 지원하는 등 맞춤형 수출지원사업을 지속적으로 운영하고 있다. 2019년부터 2022년까지 수출 시 정부에 납입해야 하는 기술료를 한시적으로 면제해주었고, 기술료 경감을 통해 업체의 부담을 줄일 수 있는 방안을 지속 검토 중에 있다.

또한, 2020년부터는 기업이 수출 목적으로 개발한 무기체계를 우리 군에서 시범 운용함으로써 무기체계의 대외 신뢰성을 향상시키는 '수출용 무기체계 군 시범운용 제도'를 시행하고 있다.

2021년에는 호주로 수출하기 위한 '레드백 장갑차'를 시범 운용하였으며, 앞으로 무기체계뿐만 아니라 전력지원체계까지 대상을 확대하고, 시범 범위를 확대하여 방산업체의 수출경쟁력 강화를 위해 지속 지원할 것이다.

2) 방산수출 방식 다변화

지금까지의 방산수출은 대부분 무기체계 완제품을 수출하는 경우가 많았다. 그러나, 국내 방위산업이 발전하면서 수출대상 국가가 증가하고 대상 국가별로 요구하는 사항이 다양해지고 있으며, 수출품목도 FA-50, 천궁-II 등 첨단 무기체계로 확대되고 있다. 이에 따라, 방산수출 협상에 공동연구개발, 현지생산, 산업협력 등을 적용하여 다양한 방식의 수출방식을 마련해야 할 필요성이 증대되고 있다.

이를 위해 국방부와 방위사업청은 국가별·사업별로 맞춤형 수출전략을 연구하여 다양한 국가의 관심사항을 사전에 발굴하고 있으며, 방위산업과 원전산업의 동반 수출 진흥을 위해 2022년 7월 한국원자력연구원과 업무협약을 체결하는 등 선제적으로 협력체계를 구축하고 있다.

또한, 주요 방산수출 사업과 민간산업 분야를 연계하는 방산·민간산업 수출 패키지를 산업통상자원부와 협의하고, 수출입은행과의 긴밀한 협조를 통해 구매 희망국의 금융지원을 적기에 제공할 수 있도록 노력하고 있다. 앞으로는 교육훈련, 정비 등 후속군수지원이 포함된 방산협력 패키지를 마련하여 구매국의 장비 운영 시 발생하는 문제를 최소화함으로써 구매국과 상호 신뢰·협력관계를 형성하는 방향을 모색 할 예정이다.

3) 방산수출 확대 성과

방산수출 활성화를 위한 범정부 차원의 노력의 결과, 2010년대 약 30억 달러 수준이던 방산수출 수주실적이 2021년에는 약 72.5억 달러로 대폭 증가하였으며, 2022년에는 최근 5년 평균의 5배 수준인 173억 달러를 달성하여 13만 개의 일자리 창출효과 및 46조 원의 생산유발효과를 거두었다.

수출대상 지역은 아시아, 중동, 북미, 유럽, 오세아니아, 아프리카 등으로 확대되었고, 품목도 탄약·총포 위주에서 육·해·공군을 아우르는 다양한 무기체계와 유도무기 등 첨단무기체계까지 저변을 넓혀가고 있다.

특히, 2022년에는 고정밀 유도미사일, 다기능레이더, 발사대, 교전통제소가 결합된 첨단 복합무기체계인 '천궁-Ⅱ' 중거리 요격체계를 UAE에 최초로 수출하였고, 폴란드에 우리 군의 대표 무기체계인 K2전차, K9자주포, FA-50, 천무를 대규모로 수출하고 협력사업을 진행하는 등 우리 무기체계의 우수성과 높은 기술력을 대내·외적으로 널리 알렸다.

앞으로 우리 정부는 세계적 경쟁우위를 갖춘 기술혁신형 방위산업을 육성하고, 범정부 역량을 결집한 가운데 수출대상 국가별 특성에 맞는 시장진출 전략을 구사하여 방산수출 성장세를 유지함으로써 우리나라가 세계 방산시장에서 미국, 러시아, 프랑스에 이은 4대 강국으로 도약할 수 있도록 지속적으로 노력할 것이다.

4) 한 · 미 방산협력 심화 · 확대

한 · 미 방산협력은 1950년부터 1990년까지 미국으로부터 일방적으로 무기를 도입했던 1세대 방산협력 시기를 지나, 1990년부터 현재까지는 절충교역 등을 통한 부품 납품협력이 이뤄진 2세대 시기로 발전해 왔다.

앞으로는 한 · 미 양국이 초기 단계 연구개발부터 생산 · 마케팅까지 공동으로 수행하는 3세대 방산협력 시기로 나아갈 것이다.

한국의 방위산업은 무기체계를 자체 생산하는 수준을 넘어 세계시장에서 활발하게 수출할 정도로 역량이 크게 확대되었다.

〈연도별 방산수출 수주액〉

한국은 2017-2021년 세계 수출시장 점유율의 2.8%를[44] 차지하는 등 세계에서 8번째로 수출을 많이 하고 있으며, 국방과학기술은 세계 9위를[45] 기록하고 있다. 이러한 우리의 기술발전을 바탕으로, 2022년 5월『한 · 미 정상 공동성명』을 통해 방산 분야 공급망과 공동개발, 제조 등 분야에서 파트너십을 강화하기로 합의함으로써 방위산업에서의 한 · 미 협력이 더욱 확대되는 계기를 마련하였다.

---

44) SIPRI(스톡홀름국제평화연구소), 2022년 SIPRI Arms Transfers Database.
45) 국방과학기술연구소, 2021년 국방과학기술수준조사서.

한편, 국방부는 한미 국방상호조달협정(RDP Agreement) 체결을 추진함으로써 미국 글로벌 공급망에 우리 기업의 참여기회를 확대하고, 첨단기술에 대한 공동개발을 활성화해 나갈 예정이다. 또한, 기술협력의 효율성과 적시성을 강화할 수 있는 미래지향적 파트너십을 구축하기 위해 한・미 국방과학기술센터 설립을 추진할 것이다. 향후 국방부와 방위사업청은 한・미 양국 간 관계를 군사・안보동맹을 넘어 기술동맹을 포함하는 포괄적 안보동맹으로 진화시키기 위해 지속 노력할 것이다.

제3절 K-방산정책 추진계획

1. 개 요

2024년 3월 6일 방위사업청은 2024년 주요 정책 추진계획을 발표하였다. 북핵 등 한반도를 둘러싼 안보위협이 지속되고, 첨단전력 확보를 위한 세계 각국의 경쟁이 치열해지는 가운데, K-방산을 '안보의 기반이자 신성장 동력'으로 육성하기 위한 3대 분야 핵심 목표와 추진과제를 제시하였다.[46)]

〈 방위사업청 3대 분야 핵심 목표 〉

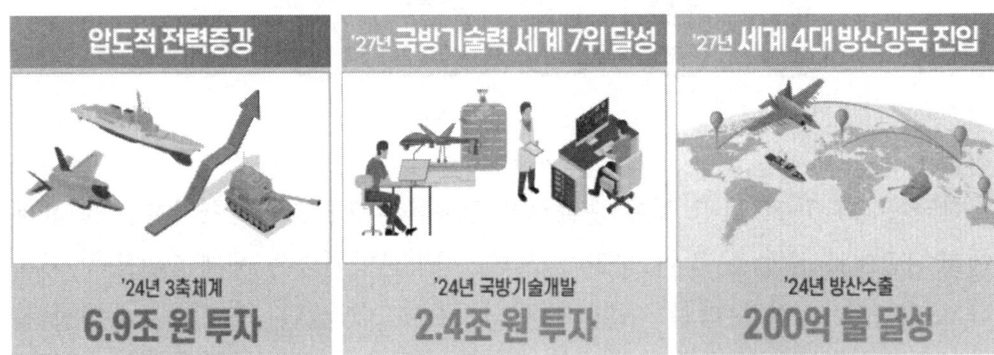

46) 방위사업청 보도자료, 2024 방위사업청 주요 정책 추진계획, K-방산을 안보의 기반과 신성장 동력으로 육성한다!, 2024.3.8.
(https://www.dapa.go.kr/dapa/na/ntt/selectNttInfo.do?bbsId=326&nttSn=47661&menuId=678)

2. 전력증강 : 신속하고 압도적인 전력화 구현

북 핵 · 미사일 위협 대응을 위한 한국형 3축 체계 구축에 2023년 대비 12% 증가한 6.9조 원을 투자한다. 특히 2024년에는 한국형 3축 체계 주요 전력인 차세대 이지스 구축함과 3천 톤급 전략 잠수함을 군에 인도하고, 다층방어체계 구현을 위한 장거리지대공유도무기(L-SAM) 개발을 완료한다.

또한, 4차 산업기술 발전과 병력감소에 선제적으로 대비하기 위해, 육·해·공 전 영역에 걸쳐 무인 무기체계 사업을 확대하고, 2027년까지 각 군 대표 무기체계별로 인공지능(AI) 유 · 무인 복합체계(MUM-T)[47] 시범 운용을 위한 핵심기술 개발 사업을 추진한다.

미래전 대비 국방 우주 강국 도약을 위해, 독자적 국방 우주전력 개발과 기반조성도 가속화 할 계획이다. 특히 2023년 말 발사에 성공한 425위성 1호기의 본격 운영과 함께 후속 위성들을 2024년에 추가 발사한다. 더불어 초소형 정찰위성, 위성 기반 통신체계와 같은 우주 경쟁 시대를 주도할 첨단전력을 조기 확보하고, 국방 전용 발사장과 국방 우주 인증센터[48] 구축을 추진하여 국방 우주 생태계를 고도화할 인프라도 확충한다.

무기체계의 신속한 전력화와 첨단기술을 과감히 무기체계에 적용하기 위해 국방부, 합참 등 관계기관과의 협업을 통한 국방획득절차 혁신을 본격 추진한다. 사업기간 단축을 위해 사업타당성 조사제도, 연구개발 및 시험평가 절차의 효율화를 추진하는 한편, 소프트웨어 맞춤형 획득절차 신설 및 디지털 트윈[49] 기법 도입을 통해 급변하는 기술 환경을 고려한 신속하고 유연한 사업관리 체계를 마련해 나갈 계획이다.

---

47) MUM-T(Manned & Unmanned Teaming) : AI · 네트워크 기반의 유인 부대와 무인체계를 통합 운영하여 전투력을 극대화하는 복합 전투체계를 말한다.

48) 국방 우주 인증센터는 위성 등 우주무기체계에 대한 엄격한 품질관리 및 신뢰성 확보를 위한 정부 인증기관이다.

49) 디지털 트윈은 가상세계(Digital)에 실제 사물과 동일한 특성을 지닌 3차원 모델을 만들고, 현실세계와 가상세계를 데이터 기반으로 연결해 쌍둥이(Twin)처럼 상호작용하게 하는 기술을 말한다.

3. 국방 연구개발(R&D) : 미래를 선도하는 First Mover 도약

미래를 선도하기 위한 핵심기술개발, 미래도전국방기술개발 등 국방기술 연구개발(R&D)에 2.4조원을 투자하여 2027년까지 세계 7위의 국방기술력을 달성할 계획이다. 특히 인공지능(AI)·양자 등 10대 분야 국방전략기술에[50] 6,500억 원을 집중투자하여 미래전장을 주도할 국방 첨단기술을 지속적으로 확보할 예정이다.

국방 연구개발(R&D)에 민간의 도전적·혁신적 역량을 활용하는 기반도 대폭 강화한다. 군의 요구에 맞는 우수한 무기체계를 법과 규정에 따라 성실하게 개발한 경우 지체상금을 감면해 주는 방위사업계약 특례제도를 2024년부터 본격적으로 시행하고, 결과보다는 과정 중심의 연구개발(R&D) 평가 체계를 도입함으로써 기업이 실패를 무릅쓰고 기술개발에 도전할 수 있는 환경을 조성해 나간다. 또한, 국가 연구개발(R&D)사업의 성과를 국방 연구개발(R&D)에 활용하기 위한 미래국방가교기술개발사업을[51] 신설하여, 민간과 국방 간 협업을 통한 연구개발(R&D) 성과 극대화를 적극 추진해 나갈 것이다.

4. 방산수출 : 글로벌 4대 방산강국 기반 마련

미래 글로벌 방산시장을 주도할 인공지능(AI)·우주·유무인복합·반도체·로봇 분야 5대 첨단 전략산업의 고속 성장을 적극지원한다. 특히 5대 분야에 경쟁력을 보유한 혁신적 R&D 기업 300개를 2027년까지 발굴하여 민간 혁신기업의 방산분야 진입을 유도하고, 전문기업으로 지정하여 방산 업체에 준하는 혜택을 부여한다.

방산 분야 핵심 소재·부품·장비 생산기업의 경쟁력 확보를 위한 지원을 확대하고, 투자 여건도 대폭 개선한다. 2024년 약 1,900억원을 투입하여 우수 중소·벤처기업을 '방산 분야 진입부터 수출 기업으로의 도약'까지 기업의 성

50) 10대 국방전략기술(2023년 4월 선정) : 인공지능(AI), 양자, 우주, 에너지, 첨단소재, 사이버·네트워크, 유·무인 복합, 센서·전자기전, 추진체계, WMD(Weapon of Mass Destruction) 대응 등이다.
51) 방위사업청-과학기술정보통신부 공동 주관('24~'28년, 454억원).

장단계에 맞추어 지원을 강화할 예정이다. 또한, 약 4조원 규모의 금융지원(방산기술혁신펀드, 정책금융, 이차보전)과 함께 방위산업분야 신성장 · 원천기술 지정(2024.2월)에[52] 따른 세제 혜택 부여로, 기업의 방위산업 진입 및 투자 활성화를 도모할 예정이다.

최근의 지속적인 방산수출 성장세를 바탕으로 글로벌 4대 방산강국 진입을 위해 올해는 방산수출 목표를 200억불로 설정하고 수출지원을 강화한다. 특히 방산 수출의 '협상부터 이행까지' 全 단계에 걸쳐 범정부 차원의 One-stop 지원을 강화하는「한국형 수출지원체계」를 구축한다. 또한, 국외 무기 도입 시 산업협력을 활용하여 국내 기업의 해외 업체에 부품을 수출할 수 있는 기회도 제공한다. 이와 함께 해외 무기체계 MRO(유지 · 정비 · 보수) 시장 참여를 지원하는 등 기업들이 실질적인 체감이 가능한 지원방안을 확대할 예정이다.

K-방산의 기술력 향상 및 위상 제고와 더불어, 미국 · 영국 등 주요 협력국과의 방산 협력도 더욱 확대할 계획이다. 특히, 2024년에는 해외 주요 글로벌 방산 업체와의 무기체계 공동개발·공동수출을 위한 과제 개발에 착수하여 국내 방위산업 위상 제고와 미래 글로벌 시장 진출을 위한 교두보를 마련하는 한 해가 될 것이다.

방위사업청장(석종건)은 "현존하는 위협에 대응하여 신속하게 무기체계를 전력화함으로써, 강력한 안보태세를 확립하는 것이 방위사업청의 가장 중요한 역할"이라고 강조하면서 "이를 위해 획득시스템 혁신과 미래 첨단 전략분야에 대한 연구개발 투자를 강화하는 한편, 방산업계 글로벌 경쟁력 확보 및 방산수출 증대를 위한 정책지원도 지속 확대 하겠다"고 밝혔다.

52) 추진체계(가스터빈엔진 등), 군사위성체계, 유·무인복합 체계 기술 등 3개를 지정했다.

제4절 미국의 방산전략

2024년 1월 11일 미국 국방부가 방위산업 강화와 개혁을 핵심 내용으로 하는 첫 국가방위산업전략(NDIS: National Defense Industrial Strategy)을 발표했다.[53)]

최초로 마련된 국가방위산업전략(NDIS)이 향후 3~5년에 걸친 국방부의 방위산업 관련 참여와 정책개발, 기반시설 투자의 지침이 될 것이라고 밝혔다. 국방전략(NDS)의 틀 아래 적용될 국가방위산업전략(NDIS)이 기존 방위산업 기반에서 보다 강력하고 탄력적이며 역동적인 현대적 방산생태계로의 세대교체를 촉진할 것이라고 강조했다.

특히 국가방위산업전략(NDIS)은 방위산업과 관련한 탄력적 공급망·인력 준비·획득의 유연성·경제적 억제 등 4개 항목의 전략적 우선순위에 따라 향후 나아갈 방향을 제시하고 있다. 이를 이행하는 과정에서 미국 정부 전체와 민간 부문, 동맹국·파트너 간의 협력과 조정의 필요성을 거듭 강조하고 있다.

국가방위산업전략(NDIS)은 서문에서 지난 30여 년 동안 중국이 조선, 핵심 광물, 초소형 전자공학 등 많은 핵심 분야에서 세계적 산업강국이 됐다며, 미국의 역량에 크게 앞서있을 뿐 아니라 유럽과 아시아 핵심 동맹국들의 합계 총생산량도 크게 앞지르고 있다며, 신종 코로나바이러스 사태를 통해서도 미국이 많은 생활 필수품과 소재들을 다른 나라들에 의존하고 있는 것이 드러났다면서, 이로 인한 위험 요소를 줄여나가는 것이 국가방위산업전략(NDIS)의 목적 중 하나라고 설명했다.

이상현 세종연구소장은 미국의 국가방위산업전략(NDIS)을 다음과 같이 평가했다.[54)] 미 국방부가 2024년 1월 처음 발표한 국가방위산업전략에서 국무

53) VOA 뉴스, 미국 국방부, 첫 '국가방위산업전략' 발표…"중국 등 해외 의존 탈피", 2024.1.13. (https://www.voakorea.com/a/7437403.html)
54) 이상현, 북 핵미사일 위협과 통합억제, 국민일보, 2024.4.8. (https://www.kmib.co.kr/article/view.asp?arcid=1712469515&sid1=col)

부, 국방부, 상무부, 재무부 등 여러 조직에서 담당하던 방산 업무를 통합해 통합억제를 위한 방산 역량 강화를 천명하고, 방위산업 기반 정책을 전담할 차관보직도 신설했다.

주요 내용은 동맹과 우방의 방산 인프라를 연계한 방산 생태계 조성 및 강화다. 캐나다, 호주, 영국, 한국, 일본, 싱가포르 등 신뢰할 수 있는 파트너 국가들과 방산 공동 생산 확대를 추진하겠다는 것이다. 이 전략에서 우수한 방산 역량을 보유한 한국은 필수 파트너다. 한국은 155㎜ 탄약을 임대 형식으로 미국에 제공하는 주요 공급국이다.

우크라이나 전쟁과 중동 사태 등으로 갈수록 수요가 늘어나는 방산물자 생산 역량 확대를 위해 미국은 사용할 무기를 미국 밖에서 더 많이 생산할 것으로 예상된다. 이는 한국에 좋은 기회다.

제2편

방위사업과 방위산업

제3장 방위사업

제1절 협의의 방위사업
제2절 국방전력발전
제3절 무기체계와
전력지원체계

제4장 방위산업

제1절 방위산업 발전과 지원
제2절 국방과학기술혁신 촉진
제3절 대외무역(무역안보)
제4절 전략물자 수출입
제5절 방산 수출입 심사
제6절 군용전략물자 수출허가

제2편 방위사업과 방위산업

제2편에서는 방산안보의 지원과 보호 대상인 방위사업과 방위산업에 대하여 살펴보고자 한다.

제3장 방위사업

제3장 방위사업 분야에서는 협의의 방위사업과 국방전력발전, 무기체계와 전력지원체계에 대하여 기술하였다.

제1절 협의의 방위사업

1. 개 요

'협의의 방위사업'은 방위사업법의 내용을 말하며, 정부조직법의 개정(법률 제7613호, 2005. 7. 22. 공포)으로 방위사업을 전담하는 방위사업청이 신설(2006. 1. 1. 시행)됨에 따라 방위사업과 관련된 기본적인 사항을 체계화하고, 방위산업에 관한 특별조치법의 내용을 통합하는 한편, 방위사업 전반에 대한 제도개선 내용을 반영함으로써 방위사업의 추진에 있어 투명성 · 전문성 및 효율성을 획기적으로 높이고, 방위산업의 경쟁력을 향상시켜 자주국방의 기반을 마련할 수 있도록 하기 위하여 '방위사업법'을 제정하였다.[55]

〈연 혁〉

- 군수조달에관한특별조치법 [법률제2540호, 1973. 2. 17., 제정]
- 방위산업에관한특별조치법 [법률제3699호, 1983.12.31.,일부개정]

---

55) 방위사업법 [시행 2006. 1. 2.] [법률 제7845호, 2006. 1. 2., 제정]

* 법률 제명 "군수조달에관한특별조치법"을
"방위산업에관한특별조치법"으로 변경함.

- 방위사업법 [법률 제7845호, 2006. 1. 2., 제정/시행]
  * 부칙 제2조 (다른 법률의 폐지) 방위산업에관한특별조치법은 이를 폐지한다.

2. 방위사업법의 목적

방위사업법은 자주국방의 기반을 마련하기 위한 방위력 개선, 방위산업육성 및 군수품 조달 등 방위사업의 수행에 관한 사항을 규정함으로써 방위산업의 경쟁력 강화를 도모하며 궁극적으로는 선진강군(先進强軍)의 육성과 국가경제의 발전에 이바지하는 것을 목적으로 한다.[56]

3. 방위사업법의 구성

가. 방위사업법의 장절 구성

제1장 총칙
제2장 방위사업 수행의 투명화 및 전문화
제3장 방위력개선사업
제1절 방위력개선사업 수행의 원칙
제2절 국방중기계획 및 예산
제3절 소요의 결정 및 수정
제4절 방위력개선사업의 수행
제5절 분석 · 평가
제4장 조달 및 품질관리
제5장 국방과학 기술의진흥
제6장 방위산업 육성
제7장 보칙
제8장 벌칙, 제64조 과태료.

56) 방위사업법 [시행 2024. 8. 7.] [법률 제20190호, 2024. 2. 6., 일부개정] 제1조.

나. 방위사업법의 세부 구성

구 분	내 용
제1장 총칙	제1조 목적, 제2조 기본이념, 제3조 정의, 제4조 다른 법률과의 관계
제2장 방위사업 수행의 투명화 및 전문화	제5조 정책실명제 및 정보공개, 제6조 청렴서약제 및 옴부즈만제도, 제6조의2 방산업체 지정취소 확인 등을 위한 범죄경력 조회의 요청, 제7조 보직자격제, 제8조 방위사업에 대한 법률적 문제 등 검토, 제9조 방위사업추진위원회, 제10조 분과위원회, 실무위원회 및 전문위원
제3장 방위력개선사업	**제1절 방위력개선사업 수행의 원칙** : 제11조 방위력개선사업 수행의 기본원칙, 제12조 통합사업관리제 **제2절 국방중기계획 및 예산** : 제13조 국방중기계획 등, 제14조 예산편성 및 집행, 제14조의2 사업타당성조사 **제3절 소요의 결정 및 수정** : 제15조 소요결정, 제15조의2 신속소요의 결정 등, 제15조의3 사전개념연구의 수행, 제16조 소요의 수정 **제4절 방위력개선사업의 수행** : 제17조 방위력개선사업의 추진방법 등, 제17조의2 시범사업 실시 등, 제18조, 제19조 구매, 제20조 절충교역, 제21조 시험평가, 제22조 성능개량 **제5절 분석 · 평가** : 제23조 분석 · 평가의 실시, 제24조 분석 · 평가 결과의 활용
제4장 조달 및 품질관리	제25조 조달계획 및 방법, 제26조 표준화, 제27조 군수품목록정보, 제28조 품질보증, 제28조의2 위조부품등의 정의 및 취급 금지, 제29조 품질경영, 제29조의2 품질경영체제인증, 제29조의3 품질경영인증의 취소, 제29조의4 인증업체에 대한 인센티브 부여
제5장 국방과학기술의 진흥	제30조, 제31조, 제31조의2, 제32조 국방기술품질원의 설립, 제32조의2 국유재산의 양도 또는 대부 등
제6장 방위산업 육성	제33조, 제34조 방산물자의 지정, 제35조 방산업체의 지정 등, 제36조, 제37조 보호육성, 제38조, 제39조, 제40조, 제41조 방위산업지원, 제42조, 제43조 보증기관의 지정, 제44조, 제45조 국유재산의 양여 또는 대부 등, 제46조 계약의 특례 등, 제46조의2, 착수금 및 중도금, 제46조의3 핵심기술 등의 적용에 대한 인센티브, 제46조의4 지체상금의 부과 및 감면, 제46조의5 계약의 변경, 제47조 방산업체 지정의 결격사유, 제48조 지정의 취소 등
제7장 보칙	제49조 시설의 개체 · 보완 · 확장 또는 이전, 제50조 비밀의 엄수, 제50조의2 국가 전략무기사업 등 참여의 승인, 제51조

구 분	내 용
	방산물자의 생산 및 매매계약에 관한 협의 등, 제51조의2 수수료, 제52조, 제53조 군용총포 · 도검 · 화약류 등의 제조 등에 관한 특례, 제54조 매도명령 등, 제55조 원자재의 비축, 제56조 휴업 및 폐업, 제57조 수출 허가 등, 제57조의2 군수품무역대리업의 등록, 제57조의3 군수품무역대리업의 등록취소, 제57조의4 중개수수료의 신고 등, 제58조 부당이득의 환수 등, 제59조 청렴서약위반에 대한 제재, 제59조의2 방산업체 취업심사대상자에 대한 확인 등, 제60조 공무원 의제 등, 제61조 권한의 위임 · 위탁
제8장 벌칙	제62조 벌칙, 제63조 양벌규정, 제64조 과태료

4. 방위사업법의 주요내용

방위사업법은 제3조에서 방위사업 관련 용어를 정의하고 있으며, 방산보안 관련 주요내용으로 방산업체의 지정 등(법제35조), 방산업체 지정의 결격사유(법제47조), 방산업체 지정의 취소 등(법제48조), 비밀의 엄수(제50조)에 대하여 기술하고 있다.

가. 방위사업 관련 용어 정의(방위사업법 제3조)

이 법에서 사용하는 용어의 정의는 다음과 같다. 〈개정 2023.10.31.〉

1. **"방위력개선사업"**이라 함은 군사력을 개선하기 위한 무기체계의 구매 및 신규개발 · 성능개량 등을 포함한 연구개발과 이에 수반되는 시설의 설치 등을 행하는 사업을 말한다.
2. **"군수품"**이라 함은 국방부 및 그 직할부대 · 직할기관과 육 · 해 · 공군(이하 "각군"이라 한다)이 사용 · 관리하기 위하여 획득하는 물품으로서 무기체계 및 전력지원체계로 구분한다.
3. **"무기체계"**라 함은 유도무기 · 항공기 · 함정 등 전장(戰場)에서 전투력을 발휘하기 위한 무기와 이를 운영하는데 필요한 장비 · 부품 · 시설 · 소프트웨어 등 제반요소를 통합한 것으로서 대통령령이 정하는 것을 말한다.
4. **"전력지원체계"**라 함은 무기체계 외의 장비 · 부품 · 시설 · 소프트웨어 그 밖의 물품 등 제반요소를 말한다.
5. **"획득"**이라 함은 군수품을 구매(임차를 포함한다. 이하 같다)하여 조달하거나 연구개발 · 생산하여 조달하는 것을 말한다.
6. **"절충교역"**이라 함은 국외로부터 무기 또는 장비 등을 구매할 때 국외의

계약상대방으로부터 관련 지식 또는 기술 등을 이전받거나 국외로 국산무기 · 장비 또는 부품 등을 수출하는 등 일정한 반대급부를 제공받을 것을 조건으로 하는 교역을 말한다.

7. **"방위산업물자"**라 함은 군수품 중 제34조의 규정에 의하여 지정된 물자를 말한다.

8. **"방위산업"**이라 함은 「방위산업 발전 및 지원에 관한 법률」 제2조제2호에 따른 방위산업을 말한다.

「방위산업 발전 및 지원에 관한 법률」 제2조제2호 : "방위산업"이란 방위산업물자등(이하 "방산물자등"이라 한다)의 연구개발 또는 생산(제조 · 수리 · 가공 · 조립 · 시험 · 정비 · 재생 · 개량 또는 개조를 말한다)과 관련된 산업을 말한다.

9. **"방위산업체"**라 함은 방위산업물자를 생산하는 업체로서 제35조의 규정에 의하여 지정된 업체를 말한다.

9의2. **"일반업체"**란 방위산업과 관련된 업체로서 방위산업체가 아닌 업체를 말한다.

9의3. **"방위산업과 관련없는 일반업체"**란 군수품을 납품하는 업체로서 방위산업체 또는 일반업체가 아닌 업체를 말한다.

10. **"전문연구기관"**이라 함은 방위산업물자의 연구개발 · 시험 · 측정, 방위산업물자의 시험 등을 위한 기계 · 기구의 제작 · 검정, 방위산업체의 경영분석 또는 방위산업과 관련되는 소프트웨어의 개발을 위하여 방위사업청장의 위촉을 받은 기관을 말한다.

10의2. **"일반연구기관"**이란 전문연구기관이 아닌 연구기관을 말한다.

11. **"방위산업시설"**이라 함은 방위산업체 및 전문연구기관에서 방위산업물자의 연구개발 또는 생산에 제공하는 토지 및 그 토지상의 정착물(장비 및 기기를 포함한다)을 말한다.

12. **"군수품무역대리업"**이란 외국기업과 방위사업청장 간의 계약체결을 위하여 계약체결의 제반과정 및 계약이행과정에서 외국기업을 위해 중개 또는 대리하는 행위를 하는 업을 말한다.

13. **"전력화지원요소"**란 무기체계가 획득되어 배치됨과 동시에 운용될 수 있도록 무기체계의 전력화를 위하여 확보되어야 하는 다음 각 목의 요소를 말한다.

가. 획득된 무기체계가 전장에서 즉시 전투력을 발휘할 수 있도록 하기 위한 다음의 전투발전지원요소
 1) 부대시설, 무기체계의 상호운용에 필요한 하드웨어 및 소프트웨어 등
 2) 군사교리(軍事敎理), 부대편성을 위한 조직 · 장비, 교육훈련 및 주파수

나. 획득된 무기체계를 전체 수명주기에 걸쳐 체계적으로 관리하는 데 필요한 수리부속품 및 사용설명서 등의 통합체계지원요소

14. **"국방조달계약"**이란 군수품 획득에 관한 계약을 말한다.

15. **"방위사업계약"**이란 국방조달계약 중 다음 각 목과 관련하여 체결하는 계약을 말한다.

가. 「국방과학기술혁신 촉진법」 제2조제5호에 따른 국방연구개발
나. 무기체계의 양산 및 운용에 필수적인 전력화지원요소(부대시설, 군사교리, 부대편성을 위한 조직 · 장비, 교육훈련 및 주파수는 제외한다), 정비 관련 장비 또는 정비 용역
다. 방위산업물자(이하 "방산물자"라 한다)
라. 심각한 안보 위협, 테러 등의 긴급사태에 대응하기 위한 군수품으로서 대통령령으로 정하는 물품
마. 장병의 생명 및 안전과 직결되는 군수품으로서 대통령령으로 정하는 물품

16. **"장기계약"**이란 계약기간이 2회계연도 이상의 기간에 걸치는 국방조달계약으로서 대통령령으로 정하는 계약을 말한다.
17. **"방위사업계약상대자"**란 국가와 방위사업계약을 체결하는 사람, 법인 또는 단체를 말한다.

[시행일: 2024. 5. 1.] 제3조 중 13-17호.

나. 방산업체의 지정 등(법제35조)

① 방산물자를 생산하고자 하는 자는 대통령령이 정하는 시설기준과 보안요건 등을 갖추어 산업통상자원부장관으로부터 방산업체의 지정을 받아야 한다. 이 경우 산업통상자원부장관은 방산업체를 지정함에 있어서 미리 방위사업청장과 협의하여야 한다.

1. 방산업체의 지정 (방위사업법 시행령 제41조)

① 법 제35조제1항의 규정에 의하여 방산업체의 지정을 받고자 하는 자는 다음 각 호의 서류를 갖추어 산업통상자원부장관에게 신청하여야 한다. 다만, 이미 지정된 방산업체가 다른 방산물자를 추가로 생산하기 위하여 지정받고자 하는 때에는 제1호 · 제4호 내지 제7호의 서류만을 갖추어 신청할 수 있다.

1. 신청서
2. 정관(법인의 경우에 한한다)
3. 재무상태표 및 손익계산서
4. 생산시설 및 그 주요 부속시설의 명세와 그 능력설명서
5. 원료의 사용실적 및 조달계획서
6. 생산제품의 종류 · 규격과 그 생산 · 판매의 실적 및 계획서
7. 사업계획서
8. 기술자 및 기능사의 양성계획서와 기술능력설명서
9. 안전대책에 관한 계획서 및 설명서

② 산업통상자원부장관은 제1항의 규정에 의한 신청서를 받은 때에는 제42조의 규정에 의한 시설기준에 의하여 신청인의 생산시설 등을 측정하고, 제44조의 규정에 의한 보안요건의 측정을 방위사업청장에게 요청하여야 한다.
③ 산업통상자원부장관은 제2항의 규정에 의하여 방산업체의 지정신청을 받은 경우에는 6월 이내에 방산업체 지정여부를 결정하여 신청인 및 방위사업청장에게 통보하고, 지정하는 경우에는 방산업체지정서를 교부하여야 한다.
④ 제1항에 따라 지정신청을 받은 산업통상자원부장관은 「전자정부법」 제36조 제1항에 따른 행정정보의 공동이용을 통하여 법인 등기사항증명서(법인인 경우로 한정한다)를 확인하여야 한다.

2. 방산업체 시설기준 (방위사업법 시행령 제42조)

① 법 제35조제1항의 규정에 의한 방산업체의 시설기준은 다음 각 호의 인적·물적시설에 관하여 산업통상자원부장관이 정하는 기준에 의한다.
  1. 방산물자의 생산에 필요한 일반시설 및 특수시설
  2. 방산물자의 품질검사시설
  3. 방산물자의 생산에 필요한 기술인력
  4. 그 밖에 산업통상자원부장관이 필요하다고 인정하는 시설
② 산업통상자원부장관은 제1항의 규정에 의한 시설기준을 정하는 경우에는 방위사업청장과 협의하여야 한다.

3. 방산업체 보안요건 및 측정 등 (방위사업법 시행령 제44조)

① 법 제35조제1항의 규정에 의한 보안요건은 다음 각 호와 같다.
  1. 방산시설이 충분히 보호될 수 있는 지역 및 시설에 관한 보안대책
  2. 방산업체에 종사하는 인원에 관한 보안대책
  3. 비밀문서의 취급 및 보관·관리에 관한 보안대책
  4. 방산물자 및 원자재에 관한 보호대책
  5. 장비 및 설비의 보호대책
  6. 통신시설 및 통신수단에 대한 보안대책
  7. 각종 자료의 정보처리과정 및 정보처리 결과자료의 보호대책
  8. 보안사고에 대비한 관계정보기관과의 유기적인 통신수단
  9. 그 밖에 보안유지를 위하여 방위사업청장이 필요하다고 인정하는 보안대책
② 방위사업청장은 방산업체의 지정 등과 관련한 다음 각 호의 보안요건 측정 및 확인을 국방부장관에게 요청하고, 국방부장관은 그 측정 및 확인결과를 방위사업청장에게 통보하여야 한다.
  1. 제41조제2항의 규정에 의한 방산업체의 지정 및 제46조제1항의 규정에 의한 전문연구기관의 위촉에 따른 보안요건 측정
  2. 법 제48조제1항제2호의 규정에 의한 방산업체의 지정취소 요건 및 제63조제1항제1호의 규정에 의한 전문연구기관의 위촉해지 요건의 확인

② 산업통상자원부장관은 제1항의 규정에 의하여 방산업체를 지정하는 경우에는 주요방산업체와 일반방산업체로 구분하여 지정한다. 다음 각 호의 어느 하나에 해당하는 방산물자를 생산하는 업체를 주요방산업체로, 그 외의 방산물자를 생산하는 업체를 일반방산업체로 지정한다.

1. 총포류 그 밖의 화력장비, 2. 유도무기, 3. 항공기, 4. 함정, 5. 탄약, 6. 전차·장갑차 그 밖의 전투기동장비, 7. 레이더·피아식별기 그 밖의 통신·전자장비, 8. 야간투시경 그 밖의 광학·열상장비, 9. 전투공병장비, 10. 화생방장비, 11. 지휘 및 통제장비, 12. 그 밖에 방위사업청장이 군사전략 또는 전술운용에서 중요하다고 인정하여 지정하는 물자

③ 방산업체의 매매·경매 또는 인수·합병, 그 밖의 사유로 경영 지배권의 실질적인 변화가 예상되는 경우로서 대통령령이 정하는 기준에 해당되는 때에는 당해 방산업체와 경영상 지배권을 실질적으로 취득하고자 하는 자는 대통령령이 정하는 바에 따라 관계서류를 제출하여 미리 산업통상자원부장관의 승인을 얻어야 한다. 다만, 「외국인투자 촉진법」 제6조제1항부터 제4항까지의 규정에 의하여 산업통상자원부장관의 허가를 받은 경우에는 그러하지 아니하다.

④ 산업통상자원부장관은 제3항 본문의 규정에 의한 승인을 하고자 하는 때에는 미리 방위사업청장과 협의하여야 한다.

⑤ 제1항, 제2항의 규정에 의한 지정에 관하여 필요한 사항은 대통령령으로 정한다.

〈방산업체 현황, 2024. 4. 1.〉[57]

분야(83)	주요방산업체(65)	일반방산업체(18)
화력(8)	두원중공업, SG솔루션, 현대위아, SNT모티브, 다산기공, SNT다이내믹스, 씨앤지(7)	진영정기(1)
탄약(9)	삼양화학공업, 삼양정밀화학, 세아항공방산소재, 풍산, 풍산FNS, 한일단조공업, 코리아디펜스 인더스트리(7)	고려화공, 동양정공(2)
기동(14)	기아, HD현대인프라코어, 두산에너빌리티, 삼정	광림, 신정개발특장차

57) 방위산업진흥회 홈페이지-정보마당-방산업체 현황. (https://www.kdia.or.kr/kdia/contents/defense-info22.do)

분야(83)	주요방산업체(65)	일반방산업체(18)
	터빈, 삼주기업, 평화산업, 현대트랜시스, 현대로템, LS엠트론, STX엔진, 시공사, 엠엔씨솔루션(12)	(2)
항공유도(16)	다윈프릭션, 대한항공, 쎄트렉아이, 퍼스텍, 한국항공우주산업, 한국화이바, 한화에어로스페이스, LIG넥스원, 단암시스템즈, 코오롱데크컴퍼지트, 덕산넵코어스, 데크카본, 캐스(13)	성진테크윈, 유아이헬리콥터, 화인정밀(3)
함정(8)	강남, 한화오션, SK오션플랜트, 한국특수전지, HJ중공업, HD현대중공업, 효성중공업(7)	스페코(1)
통신전자(16)	지티앤비, 비츠로밀텍, 한화시스템, 연합정밀, 이오시스템, 대영에스텍, 휴니드테크놀러지스, 현대제이콤, 빅텍, 우리별(10)	삼영이엔씨, 아이쓰리시스템, 인소팩, 이화전기공업, 미래엠텍, 티에스택(6)
화생방(3)	한컴라이프케어, SG생활안전, HKC(3)	(0)
기타(9)	대양전기공업, 동인광학, 삼양컴텍, 우경광학, 유텍, 아이펙 (6)	대명, 대신금속, 은성사(3)

다. 방산업체 지정의 결격사유(방위사업법 제47조)

다음 각 호의 어느 하나에 해당하는 경우에는 방산업체의 지정을 받을 수 없다.

1. 제48조(지정의 취소 등)제1항의 규정에 의하여 방산업체 지정의 취소를 받은 방산업체의 임원(임원의 배우자 및 직계존비속을 포함한다)이었던 자가 그 취소를 받은 날부터 3년이 경과하지 아니하고 지정을 받고자 하는 업체의 임원인 경우
2. 제48조(지정의 취소 등)제1항의 규정에 의하여 방산업체 지정의 취소를 받은 날부터 6월이 경과하지 아니하고 동일한 장소에서 동일한 시설을 이용하여 방산업체로 지정을 받고자 하는 경우

라. 방산업체 지정의 취소 등(방위사업법 제48조)

① 산업통상자원부장관은 방산업체가 다음 각 호의 어느 하나에 해당된 때에는 방위사업청장과 협의하여 그 지정을 취소할 수 있다.

1. 방산업체의 대표 및 임원이 제6조(청렴서약제 및 옴부즈만제도)의 규정에 의한 청렴서약서의 내용을 위반한 때

2. 제35조(방산업체의 지정 등)제1항의 규정에 의한 시설기준 및 보안요건에 미달하게 된 때
3. 제35조(방산업체의 지정 등)제3항의 규정에 의한 승인을 얻지 못한 때
4. 정당한 사유없이 정부에 대한 방산물자의 공급계약을 거부 또는 기피하거나 이행하지 아니한 때
5. 「방위산업 발전 및 지원에 관한 법률」 제11조(사업조정제도 등)제5항의 규정에 의한 이행명령을 이행하지 아니한 때
6. 거짓 또는 부정한 방법으로 「방위산업 발전 및 지원에 관한 법률」 제12조(자금융자)제1항에 따른 자금융자를 받거나 융자받은 자금을 그 용도 외에 사용한 때
7. 거짓 또는 부정한 방법으로 「방위산업 발전 및 지원에 관한 법률」 제13조(보조금의 교부 등)제1항의 규정에 의한 보조금을 지급받거나 지급받은 보조금을 그 용도 외에 사용한 때
8. 「방위산업 발전 및 지원에 관한 법률」 제13조(보조금의 교부 등)제2항의 규정에 의한 승인을 얻지 아니하고 재산을 처분한 때
9. 제45조(국유재산의 양여 또는 대부 등)제3항의 규정을 위반하여 국유재산이나 물품을 용도 외에 사용한 때
10. 제49조(시설의 개체 · 보완 · 확장 또는 이전)제1항의 규정에 의한 시설의 개체 · 보완 · 확장 또는 이전에 필요한 조치명령을 이행하지 아니한 때
11. 제53조(군용총포 · 도검 · 화약류 등의 제조 등에 관한 특례)제1항의 규정에 의한 명령에 위반한 때
12. 허위 그 밖에 부정한 내용의 원가자료를 정부에 제출하여 공급계약을 체결한 때
13. 제59조의2(방산업체 취업심사대상자에 대한 확인 등)제2항을 위반하여 취업이 제한되거나 취업승인을 받지 아니한 취업심사대상자를 고용한 때
14. 방산업체가 부도 · 파산 그 밖의 불가피한 경영상의 사유로 정상적인 영업이 불가능한 경우에 관련서류를 첨부하여 산업통상자원부장관에게 방산업체 지정의 취소를 요청한 때

② 방위사업청장은 방산업체가 제1항제1호 내지 제12호의 어느 하나에 해당된 때에는 산업통상자원부장관에게 그 지정의 취소를 요청할 수 있다.

③ 방위사업청장은 방산물자가 다음 각 호의 어느 하나에 해당하게 된 때에는 산업통상자원부장관과 협의하여 그 지정을 취소할 수 있다.

1. 2개 이상의 업체에서 조달이 용이하고 품질을 보증할 수 있다고 인정된 때
2. 군의 소요가 없거나 편제장비가 삭제된 때
3. 비밀등급이 저하되어 「군사기밀보호법」 제2조(정의)의 규정에 의한 군사기밀이[58] 요구되지 아니하게 된 때

4. 연구개발 또는 구매의 계획변경 · 취소 등으로 방산물자지정의 취소가 필요하거나 방산물자지정을 계속 유지할 필요가 없는 때

④ 방위사업청장은 보증기관이 정관에 정한 목적 외의 사업을 하거나, 지정조건을 위반하는 행위를 하는 때에는 보증기관의 지정을 취소할 수 있다.

⑤ 산업통상자원부장관 및 방위사업청장은 제1항 및 제4항의 규정에 의하여 방산업체 및 보증기관의 지정을 취소하고자 하는 경우에는 청문을 실시하여야 한다.

⑥ 제1항 · 제3항 및 제4항의 규정에 의한 지정취소의 절차 등에 관하여 필요한 사항은 대통령령으로 정한다.

마. 방산업체 지정취소 확인 등을 위한 범죄경력조회의 요청 (방위사업법 제6조의2, 시행일: 2024. 7. 17.)

① 국방부장관 또는 방위사업청장은 제6조제1항제4호에 해당하는 사람이 「군사기밀 보호법」 또는 「방위산업기술 보호법」 위반 행위에 해당하는 죄를 범하여 다음 각 호의 어느 하나의 사유에 해당하는지를 확인하기 위하여 범죄경력조회를 관계기관의 장(군 관계기관의 장을 포함한다)에게 요청할 수 있다.

1. 제6조제4항 본문에 따른 입찰 · 낙찰의 취소 및 계약의 해제 · 해지
2. 제48조제1항제1호에 따른 방산업체 지정취소
3. 제59조제1항제6호에 따른 입찰참가자격 제한

② 제1항에 따라 범죄경력조회를 요청받은 관계기관의 장은 정당한 사유가 없으면 이에 따라야 한다.

③ 제1항 및 제2항에 따른 범죄경력조회의 절차 · 범위 등에 필요한 사항은 대통령령으로 정한다. [본조신설 2024. 1. 16.]

58) "군사기밀"이란 일반인에게 알려지지 아니한 것으로서 그 내용이 누설되면 국가안전보장에 명백한 위험을 초래할 우려가 있는 군(軍) 관련 문서, 도화(圖畵), 전자기록 등 특수매체기록 또는 물건으로서 군사기밀이라는 뜻이 표시 또는 고지되거나 보호에 필요한 조치가 이루어진 것과 그 내용을 말한다(군사기밀 보호법 제2조 정의, 제1호).

바. 비밀의 엄수(방위사업법 제50조)

다음 각 호의 어느 하나에 해당하는 자는 방위사업과 관련하여 그 업무수행 중 알게 된 비밀을 누설하거나 도용하여서는 아니된다.

1. 제6조(청렴서약제 및 옴부즈만제도)제1항제1호 · 제2호의 자 및 그 직에 있었던 자
2. 제6조(청렴서약제 및 옴부즈만제도)제10항에 따라 옴부즈만으로 위촉된 자
3. 국방기술품질원 · 방산업체 · 일반업체 · 전문연구기관 또는 일반연구기관의 대표, 임 · 직원 및 그 직에 있었던 자
4. 국방기술품질원 · 방산업체 · 일반업체 · 전문연구기관 또는 일반연구기관에서 방산물자의 생산 및 연구에 종사하거나 종사하였던 자
5. 방위사업계약상대자, 하도급자 및 하도급자와 재하도급계약을 체결하는 수급업체의 대표, 임직원 및 그 직에 있었던 자

[시행일: 2024. 5. 1.] 제50조

사. 수출허가 등(방위사업법 제57조)

① 방산물자 및 국방과학기술을 국외로 수출하거나 그 거래를 중개(제3국간의 중개를 포함한다)하는 것을 업으로 하고자 하는 자는 대통령령이 정하는 바에 따라 방위사업청장에게 신고하여야 한다. 〈개정 2015. 3. 27.〉

방위사업법 시행령 제68조(수출 허가 등)

① 법 제57조제1항의 규정에 의한 수출업 또는 중개업을 하고자 하는 자는 수출업 · 중개업신고서에 국방부령이 정하는 서류를 첨부하여 방위사업청장에게 제출하여야 한다. 〈개정 2010. 10. 1.〉

② 제1항의 규정에 의한 신고를 받은 방위사업청장은 신고를 한 자에게 수출업 · 중개업신고확인증을 교부하여야 한다. 〈개정 2010. 10. 1.〉

② 방산물자 및 국방과학기술을 국외로 수출하거나 그 거래를 중개하고자 하는 경우에는 대통령령이 정하는 바에 따라 방위사업청장의 허가를 받아야 한다. 다만, 방산물자 및 국방과학기술을 국외로 수출하는 경우로서 해외에 파병된 국군에 제공하는 등 대통령령으로 정하는 경우에는 그러하지 아니하다.

〈개정 2008. 2. 29., 2013. 3. 23., 2015. 3. 27., 2016. 12. 20.〉

방위사업법 시행령 제68조(수출 허가 등)
③ 법 제57조제2항 본문에 따라 방산물자 및 국방과학기술의 수출허가 또는 거래중개 허가를 받으려는 자는 국방부령으로 정하는 수출허가 신청서 또는 거래중개 허가 신청서에 국방부령으로 정하는 서류를 첨부하여 방위사업청장에게 제출하여야 한다. 〈개정 2015. 9. 22., 2017. 6. 20.〉

③ 주요방산물자 및 국방과학기술의 수출허가를 받기 전에 수출상담을 하고자 하는 자는 국방부령이 정하는 바에 따라 방위사업청장의 수출예비승인을 얻어야 하며, 국제입찰에 참가하고자 하는 자는 국방부령이 정하는 바에 따라 방위사업청장의 국제입찰참가승인을 얻어야 한다.

④ 방위사업청장은 대통령령이 정하는 바에 따라 관계행정기관의 장과 협의하여 방산물자 및 국방과학기술의 수출을 제한하거나 조정을 명할 수 있다. 〈개정 2015. 3. 27.〉

⑤ 제2항 단서에 따라 방위사업청장의 허가를 받지 아니하고 방산물자 및 국방과학기술을 수출한 자는 수출 후 7일 이내에 방위사업청장에게 수출 거래 현황을 제출하여야 한다. 〈개정 2016. 12. 20.〉 [제목개정 2015. 3. 27.]

방위사업법 시행령 제68조(수출 허가 등)
④ 법 제57조의 규정에 의하여 수출할 수 있는 방산물자 및 국방과학기술의 범위는 방위사업청장이 정한다.
⑤ 방위사업청장은 제4항의 규정에 의한 방산물자 및 국방과학기술을 수출하는 때에 구매국 정부로부터 계약이행 및 품질에 대한 보증요청이 있는 경우에는 이에 응할 수 있다.〈개정 2008. 2. 29., 2013. 3. 23., 2015. 9. 22.〉
⑥ 법 제57조제4항에 따라 방위사업청장이 법 제34조제1항에 따른 방산물자 및 국방과학기술의 수출을 제한하거나 조정을 명할 수 있는 경우는 다음 각 호와 같다. 〈개정 2009. 7. 1., 2010. 10. 1., 2015. 9. 22., 2020. 3. 31., 2021. 3. 30.〉

1. 국제평화 · 안전유지 및 국가안보를 위하여 필요하거나 전쟁 · 테러 등과 같은 긴급한 국제정세 변화가 있는 경우
2. 방산물자 및 국방과학기술의 수출로 인하여 외교적 마찰이 예상되는 경우
3. 외국과의 기술도입협정 또는 전략물자의 수출통제와 관련하여 정부간에 체결된 협정을 준수하기 위하여 필요한 경우
4. 방산물자 및 국방과학기술을 수출하는 국내업체간의 과당경쟁으로 인하여 국익 손상이 우려되는 경우

5. 품질보증을 받지 아니하였거나 불합격 품목을 수출하는 경우
6. 방산물자의 수출에 따른 후속군수지원에 장애가 발생할 우려가 있는 경우
7. 「국방과학기술혁신 촉진법 시행령」 제16조제4항에 따른 기술이전계약을 위반한 경우

⑦ 법 제57조제2항 단서에서 "해외에 파병된 국군에 제공하는 등 대통령령으로 정하는 경우"란 다음 각 호의 어느 하나에 해당하는 경우를 말한다. 다만, 제4호 또는 제5호에 해당하는 경우 수출하는 데 외국정부의 동의나 허가가 필요하거나 제6항 각 호의 어느 하나에 해당하는 경우는 제외한다. 〈신설 2015. 9. 22., 2017. 6. 20., 2020. 3. 31.〉

1. 해외에 파병된 우리나라 군에서 사용하는 방산물자 및 국방과학기술을 제공하는 경우
2. 재외공관에서 사용하는 방산물자 및 국방과학기술을 제공하는 경우
3. 우리나라 함정 또는 군용항공기의 안전운항을 위하여 긴급 수리용으로 사용되는 방산물자 및 국방과학기술을 제공하는 경우
4. 법 제57조제2항 본문에 따라 방위사업청장의 허가를 받아 수출한 방산물자와 동일한 물품(동일한 물품으로 인정되기 위한 세부기준은 방위사업청장이 정한다)을 허가일부터 2년 이내에 동일한 최종사용자(최종사용자가 수입국 정부인 경우로 한정한다)에게 수출하는 경우
5. 법 제57조제2항 본문에 따라 방위사업청장의 허가를 받아 수출한 방산물자를 성능 미달, 불량, 파손 등의 사유로 수입한 후, 수리한 해당 방산물자 또는 이를 대체한 동일한 물품을 동일한 최종사용자에게 수출하는 경우

⑧ 삭제 〈2017. 6. 20.〉 [제목개정 2015. 9. 22.]

5. 방위사업법의 시사점

방위사업법의 시사점으로 벌칙, 양벌규정 및 과태료는 다음과 같다.

가. 방위사업법 벌칙(제62조)

① 삭제 〈2020. 2. 4.〉

② 거짓 또는 부정한 방법으로 제53조(군용총포 · 도검 · 화약류 등의 제조 등에 관한 특례) 또는 제57조(수출 허가 등)제2항 본문에 따른 허가를 받거나 허가를 받지 아니하고 당해 행위를 한 자는 10년 이하의 징역이나 금고 또는 1억 원 이하의 벌금에 처한다.

③ 第50조(비밀의 엄수)의 규정을 위반하여 그 업무수행 중 알게 된 비밀을 누설하거나 도용한 자는 5년 이하의 징역이나 금고 또는 5천만 원 이하의 벌금에 처한다.

④ 다음 각 호의 어느 하나에 해당하는 자는 3년 이하의 징역이나 금고 또는 3천만 원 이하의 벌금에 처한다.

1. 삭제 〈2020. 2. 4.〉
2. 第46조(계약의 특례 등)제2항의 규정에 의하여 지급받은 착수금 또는 중도금을 그 용도 외에 사용한 자
3. 第48조(지정의 취소 등)제1항제12호의 행위를 한 자
4. 第49조(시설의 개체 · 보완 · 확장 또는 이전)제1항 · 제53조(군용총포 · 도검 · 화약류 등의 제조 등에 관한 특례) 또는 제54조(매도명령 등)의 규정에 의한 명령에 위반한 자

⑤ 다음 각 호의 어느 하나에 해당하는 자는 1년 이하의 징역 또는 1천만원 이하의 벌금에 처한다.

1. 第35조(방산업체의 지정 등)제3항 본문의 규정에 의한 승인을 얻지 아니하고 경영상 지배권을 실질적으로 취득한 자
2. 第45조(국유재산의 양여 또는 대부 등)제3항의 규정을 위반하여 국유재산이나 물품을 용도 외에 사용한 자
3. 第51조(방산물자의 생산 및 매매계약에 관한 협의 등)제1항에 따라 생산 · 매매계약을 체결하여 구매한 방산물자를 그 목적 외에 사용한 자
4. 第56조(휴업 및 폐업)의 규정에 의한 승인을 얻지 아니하고 휴업 · 폐업한 자
5. 第57조의2(군수품무역대리업의 등록)제1항 또는 제2항을 위반하여 등록 또는 변경등록을 하지 아니하고 군수품무역대리업을 하거나, 거짓이나 그 밖의 부정한 방법으로 등록 또는 변경등록을 한 자
6. 第57조의4(중개수수료의 신고 등)제1항 또는 제2항을 위반하여 중개수수료 신고 또는 변경 신고를 하지 아니하거나 거짓으로 신고 또는 변경 신고한 자
7. 第57조의4(중개수수료의 신고 등)제3항을 위반하여 중개수수료 정보를 부정한 목적으로 사용한 사람

⑥ 다음 각 호의 어느 하나에 해당하는 자는 500만원 이하의 벌금에 처한다. 〈개정 2015. 3. 27.〉

1. 정당한 사유없이 제55조(원자재의 비축)의 규정에 의한 방산물자의 생산을 위한 원자재를 비축하지 아니한 자
2. 제57조(수출 허가 등)제1항의 규정에 의한 신고를 하지 아니하고 방산물자의 수출업을 영위하거나 허위 그 밖에 부정한 방법으로 방산물자의 수출업의 신고를 한 자

나. 방위사업법 양벌규정(제63조)

법인의 대표자나 법인 또는 개인의 대리인, 사용인, 그 밖의 종업원이 그 법인 또는 개인의 업무에 관하여 제62조(벌칙)의 위반행위를 하면 그 행위자를 벌하는 외에 그 법인 또는 개인에게도 해당 조문의 벌금형을 과(科)한다. 다만, 법인 또는 개인이 그 위반행위를 방지하기 위하여 해당 업무에 관하여 상당한 주의와 감독을 게을리하지 아니한 경우에는 그러하지 아니하다.

다. 방위사업법 과태료(제64조)

① 제59조의2(방산업체 취업심사대상자에 대한 확인 등)제1항을 위반하여 심사 결과를 확인하지 아니한 자에게는 500만원 이하의 과태료를 부과한다.

② 제1항에 따른 과태료는 대통령령으로 정하는 바에 따라 방위사업청장이 부과ㆍ징수한다.

〈과태료의 부과기준(시행령 제72조)〉

위반행위	근거 법조문	과태료 금액(단위: 만원)		
		1차 위반	2차 위반	3차 이상 위반
방위사업법 제59조의2제1항을 위반하여 「공직자윤리법」 제18조에 따른 취업제한 여부의 확인 요청 또는 취업승인의 신청에 대한 심사 결과를 확인하지 않은 경우	법 제64조 제1항	300	400	500

라. 방사청 계약심의위원회 결과

방위사업청은 2024년 2월 27일 개최된 계약심의위원회에서[59] 군사기밀 유

59) 방위사업청 훈령 제545호 계약심의위원회 운영 규정, 2019.9.18. 개정.

출로 논란이 된 HD현대중공업이 부정당업체 제재 심의는 '행정지도'로 의결됐다고 밝혔다. 따라서 HD현대중공업은 사업 입찰 참가제한 제재를 받지 않게 됐다.60)

방사청은 "군사기밀보호법 위반이 국가계약법 제27조제1항제1호 및 제4호상 계약이행시 설계서와 다른 부정시공, 금전적 손해 발생 등 부정한 행위에 해당되지 않으며, 제척기간을 경과함에 따라 제재 처분할 수 없다고 봤다"고 결정 이유를 밝혔다. 이어 "방위사업법 제59조(청렴서약위반에 대한 제재)에 따른 제재는 청렴서약 위반의 전제가 되는 대표나 임원의 개입이 객관적 사실로 확인되지 않아 제재 처분할 수 없다고 봤다"고 덧붙였다.

앞서 HD현대중공업 직원들은 한국형 차기 구축함(KDDX) 사업 등과 관련한 군사기밀을 몰래 취득해 회사 내부망을 통해 공유, 군사기밀보호법을 위반한 혐의로 2023년 11월 최종 유죄 판결을 받았다. HD현대중공업은 이미 군사기밀 유출 사고로 방사청 입찰 때 보안 감점을 받고 있는데, 입찰참가 제한 제재를 받으면 일정 기간 해군 함정 사업에 참여할 수 없어 방사청이 어떤 결정을 할지를 두고 업계의 관심이 컸다.

제2절 국방전력발전

1. 개 요

"국방전력발전" 업무는 국방전력발전업무훈령에 구체적으로 명시되어 있으며, 국방부 훈령 제793호로 2006년 6월 29일 제정 되었다. 현 훈령은「방위사업법」, 동법 시행령 및 시행규칙에서 위임한 사항과 그 시행을 위하여 필요한 사항, 무기체계와 전력지원체계의 소요 · 획득 · 운영유지를 포함하는 전력증강과 관련된 업무의 기본절차를 규정하고 지침을 제공함을 목적으로 한다.61)

---

60) 연합뉴스, 방사청, HD현대중공업 입찰 참가 제한 않기로, 2024.2.27. (https://www.yna.co.kr/view/AKR20240227163100504?input=1195m)

61) 국방전력발전업무 국방부 훈령 제2845호, 2023. 9. 25., 일부개정/시행

2. 국방전력발전업무훈령의 구성

제1장 총칙
제2장 무기체계 발전업무
제3장 전력지원체계 발전업무
제4장 국방군수관리 업무
제5장 방위산업 지원
제6장 전시 전력발전업무
제7장 회의 · 위원회
제8장 보칙, 제228조 재검토 기한.

3. 국방전력발전업무훈령의 세부 구성

구분	내 용
제1장 총칙	제1조 목적, 제2조 정의, 제3조 적용범위, 제4조 총수명주기관리 업무, 제5조 전문성 강화, 제6조 다른 규정과의 관계 등, 제7조 무기체계와 전력지원체계의 세부분류, 제8조 무기체계와 전력지원체계의 구분 등, 제9조 무기체계 명칭
제2장 무기체계 발전 업무	제10조 소요제기 기관 및 대상, 제11조 소요결정기관, 제12조 소요제기 및 소요결정 문서, 제13조 소요제기 및 소요결정 원칙, 제13조의2 삭제, 제14조 소요제기 및 소요결정 절차, 제14조의2 신속소요 원칙 등, 제15조 작전운용성능 결정, 제16조 사전개념연구수행, 제17조 소요제기서 작성, 제17조의2 소요제기 위한 연구, 제18조 전력소요서(안) 작성원칙, 제19조 통합개념팀 구성 및 운영 등, 제20조 장기전력소요서(안) 작성, 제21조 중기전력소요서(안) 작성, 제22조 소요기획단계 분석 · 평가, 제23조 소요기획단계 분석 · 평가 방법, 제24조 함정 소요기획, 제25조 합동기획 및 참고문서, 제26조 소요의 수정, 제26조의2 선행조치를 반영하는 소요수정, 제27조 전력화시기, 소요량의 수정, 제28조 작전운용성능 수정, 제29조 소요검증, 제30조 소요검증 대상사업, 제31조 소요검증의 절차, 제32조 소요분석 전문기관, 제33조 소요분석, 제34조 소요검증 자료 제출 및 참여, 제35조 소요검증 결과의 처리, 제36조 방위력개선사업 추진방법 결정, 제36조의2 시범사업, 제36조의3 성능입증시험, 제37조 국방중기계획, 제38조 국방중기계획 반영 대상사업, 제39조 국방중기계획 작성원칙, 제40조 국방중기계획

구분	내 용
	실무회의, 제41조 국방중기계획 작성지침 및 의견서 작성 시 고려사항, 제42조 주요사업계획보고, 제43조 계획단계 분석·평가, 제44조 방위력개선분야 총사업비 관리, 제45조 예산편성, 제46조 예산단계 분석·평가, 제47조 예산집행, 제48조 집행단계 분석·평가, 제49조 집행 중 분석·평가 방법, 제50조 집행성과 분석·평가 방법, 제51조 연구개발의 구분, 제52조 무기체계 연구개발, 제53조 핵심기술 및 미래도전국방기술 연구개발, 제54조 핵심기술 과제기획, 제55조 기술협력생산, 제56조 삭제 〈2022. 3. 18.〉, 제57조 운용요구서 작성, 제58조 구매, 제59조 시험평가 구분, 제60조 시험평가계획 수립 및 확정, 제61조 시험평가결과의 판정 및 보고. 제62조 통합시험평가팀 구성·운영, 제63조 시험평가기본계획서 작성, 제64조 개발시험평가계획 수립, 제65조 개발시험평가 수행, 제66조 개발시험평가 결과 조치, 제67조 운용시험평가계획 수립, 제68조 운용시험평가 수행제69조 운용시험평가 결과 조치, 제70조 통합시험 수행, 제71조 핵심기술 연구개발사업 시험평가계획 수립, 제72조 핵심기술 연구개발사업 시험평가 결과 조치, 제73조 구매시험평가계획 수립, 제74조 구매시험평가 수행, 제75조 시험평가 수행 등, 제76조 운용성확인, 제77조 함정 기본설계시험평가, 제78조 삭제 〈2022. 3. 18.〉, 제79조 민·군기술협력사업 시험평가, 제80조 야전운용시험 일반지침, 제81조 야전운용시험 업무분장 및 야전운용시험단 편성, 제82조 야전운용시험 수행방법과 절차, 제83조 전력화평가, 제84조 전력화평가 방법, 제85조 전력운영분석, 제86조 성능개량, 제87조 전력화장비 후속지원 사업, 제88조 전력화지원요소 확보지침, 제89조 연구개발 시 전력화지원, 제89조의2 구매 시 전력화지원, 제90조 체계지원분석, 제91조 분석·평가 구분, 제92조 성과분석 및 연간 업무추진계획 수립, 제93조 분석·평가 수행방법, 제94조 분석·평가 결과의 처리, 제95조 분석·평가 자료의 활용 및 관리, 제96조 분석·평가관계관 회의 등, 제97조 공사집행 대상 및 기관, 제98조 시설사업 원칙,

구분	내 용
	제99조 정보통신 공사사업 원칙, 제100조 중기계획 및 예산편성, 제101조 공사집행기관 선정 및 선행조치, 제102조 공사집행, 제103조 공사진도 확인, 제104조 사업계획 변경 등, 제105조 건설사업관리 등, 제106조 공사결과 조치
제3장 전력 지원 체계 발전 업무	제107조 소요 요청 · 제기 · 결정 기관, 제108조 소요요청절차, 제109조 소요제기절차, 제110조 소요결정절차, 제111조 정기 소요보고, 제112조 전력지원체계 소요기획서, 제113조 전력지원체계 사업계획서, 제114조 전력지원체계 목록서, 제115조 전력지원체계 소요검증, 제116조 전력지원체계 소요검증의 절차, 제117조 전력지원체계 소요분석 전문기관, 제118조 전력지원체계 소요분석의 원칙, 제119조 전력지원체계 소요검증 결과의 처리, 제120조 전력지원체계 소요검증 자료제출 및 참여, 제121조 획득업무 일반지침, 제122조 선행연구 및 획득방법의 결정, 제123조 예산편성 및 집행, 제124조 연구개발 구분, 제125조 업체투자연구개발, 제126조 기술개발, 제127조 구매, 제128조 임차, 제129조 사업관리 일반지침, 제130조 제안요청서 작성, 제131조 입찰공고, 제132조 제안서 접수 및 평가, 제133조 개발업체 선정, 제134조 연구개발 계약(협약) 체결, 제135조 연구개발확인서 발급, 제136조 연구개발성과물의 소유권, 제137조 개발계획 변경 및 개발기간 연장 승인, 제138조 연구개발 해제 및 해지 등, 제139조 개발품목에 대한 계약, 제140조 사업권 지정승계, 제141조 품목선정, 제142조 시험평가, 제143조 군사용 적합 판정, 제144조 야전운용시험, 제145조 과제의 선정 및 연구개발계획요구서 작성, 제146조 연구개발과제의 공고 및 신청, 연구기관 선정, 제147조 이의신청, 제148조 협약의 체결 · 변경 · 해약, 제149조 출연금 지급 · 관리, 제150조 연구개발결과의 평가, 제151조 전문위원회 구성, 제152조 기술이전, 제153조 성실수행 인정 등
제4장 국방 군수	제154조 표준화 업무, 제155조 품목지정, 제156조 규격화 · 목록화, 제157조 전력지원체계 규격화 · 목록화, 제158조 형상관리, 제159조 조달계획 지침, 제160조 조달계획서 작성,

구분	내 용
관리 업무	제161조 조달실적 보고, 제162조 결산보고, 제163조 장비관리지침, 제164조 장비등록, 제165조 3군 공통장비 관리, 제165조의2 시제품의 관리 및 처리, 제166조 장비정비 원칙, 제167조 장비정비 구분 등, 제168조 품질보증, 제169조 정비대체장비 운영
第5장 방위 산업 지원	제170조 민간업체가 개발한 국내 판매용 무기체계에 대한 성능시험 지원, 제171조 민간업체가 개발한 수출용 무기체계 등에 대한 군 시범운용 지원, 제172조 수출용 무기체계 등의 성능시험, 제173조 수출용 무기체계 등의 운용자 의견수렴 제174조 수출용 무기체계 등의 무상대여
第6장 전시 전력 발전 업무	제175조 전시 전력발전업무 방침, 제176조사업분류 · 예산편성 · 전력소요, 제177조 기관별 임무, 제178조 사업집행 제179조 전시 조달계획 수립, 제180조 전시 예산편성 · 운영, 제181조 방위력개선사업 전시 예산편성, 제182조 전시 소요제기 및 소요결정 절차, 제183조 대상장비 선정, 제184조 전시 시험평가, 제185조 협상 · 가계약 체결, 제186조 기종결정, 제187조 기타, 제188조 조기추진 사업, 제189조 정상집행 사업, 제190조 집행중지 사업, 제191조 전시예산 전환, 제192조 긴급조치 전환, 제193조 추가소요예산, 제194조 전시예산 배정, 제195조 적용범위, 제196조 제1단계 조치사항, 제197조 제2단계 조치사항, 제198조 제3단계 조치사항, 제199조 제4단계 조치사항
第7장 회의 · 위원회	제200조 방위사업추진위원회 및 분과위원회, 제201조 전시 방위사업추진위원회, 제202조 합동참모회의, 제203조 합동전략회의, 제204조 합동전략실무회의, 제205조 전시 합동참모회의, 제206조 합동성위원회, 제207조 소요검증위원회, 제208조 소요검증실무회의, 제209조 방위사업협의회, 제209조의2 방위사업실무협의회, 제210조 국방과학기술조정협의회, 제210조의2 국방과학기술실무조정협의회, 제211조 전력업무현안협의회, 제212조 전력업무현안실무협의회, 제213조 시험평가위원회, 제214조 시험평가실무위원회, 제215조 시험평가현안협의회, 제216조 상호운용성 관련 위원회, 제217조 전력지원체계 소요결정위원회, 제218조 전력지원체계 소요결정실무위원회, 제219조 전력지원체계 소요검증위원회, 제220조 전력지원체계 소요검증실무회의

구분	내 용
	제221조 전력지원체계 사업관리위원회, 제222조 전력지원체계 사업관리 실무위원회, 제223조 국방규격조정위원회, 제224조 국방탄약정책 조정 · 심의위원회, 제225조 군수품상용화위원회
제8장 보칙	제226조 세부지침 및 준용, 제227조 행정사항, 제228조 재검토 기한

4. 무기체계 획득 절차도

〈무기체계 획득 절차도(장 · 중기전력 소요결정)〉

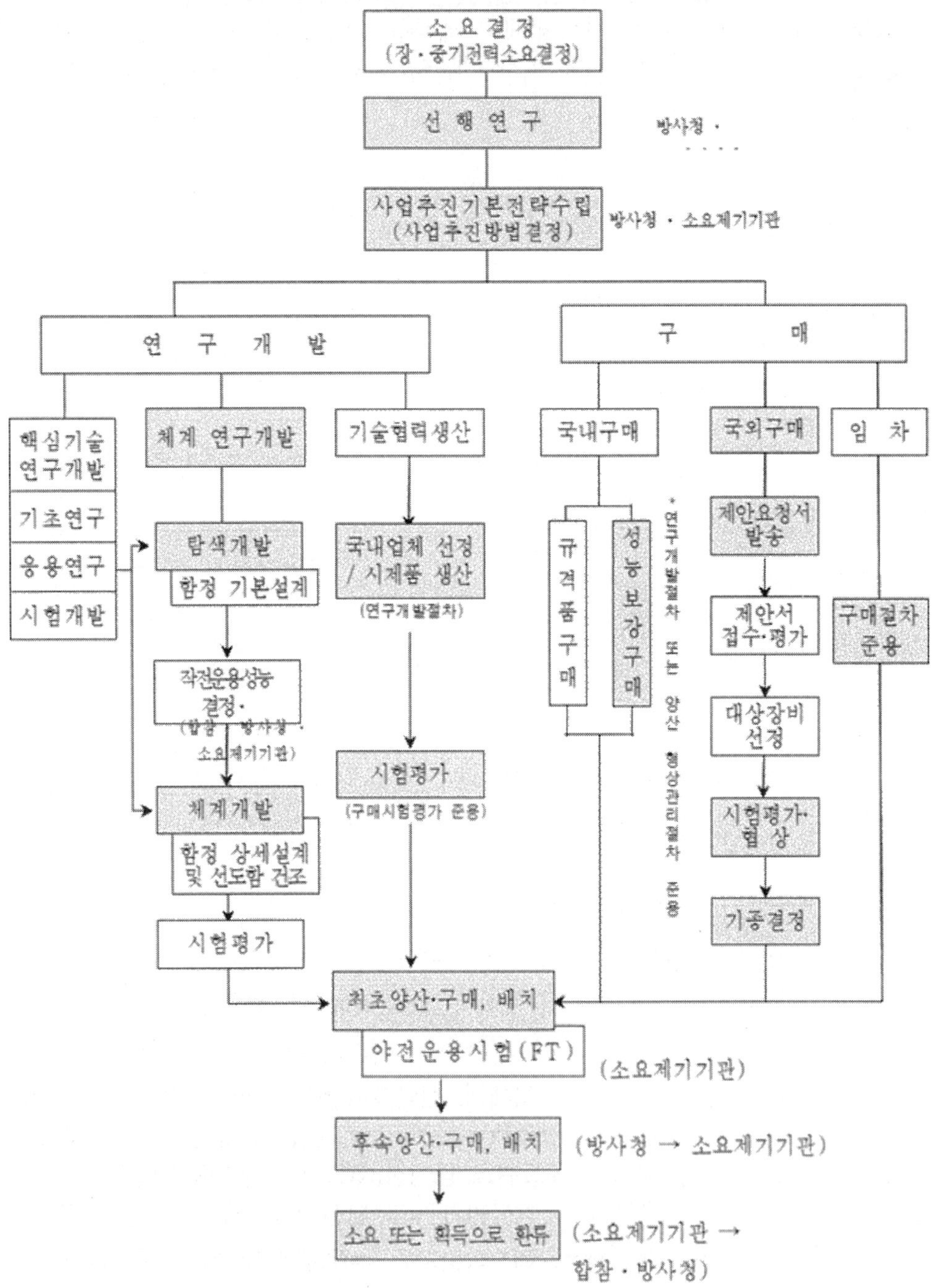

5. 국방사업관리사 제도

가. 개 요

국방사업관리사는 군인사법 시행령 제60조의5(국방자격의 종목과 등급)제6호에 있으며, 무기체계 및 정보체계의 세부종목으로 구분하고, 각 세부종목별로 1급, 2급 및 3급으로 한다. 기타 국방 자격의 종목과 등급은 다음 각 호와 같다.

1. **헬기정비사** : 기체, 기관 및 전자·통신의 세부종목으로 구분하고, 각 세부종목별로 1급, 2급 및 3급으로 한다.
2. **심해잠수사** : 1급, 2급 및 3급으로 한다. 다만, 1급의 경우에는 포화잠수와 잠수감독관의 세부종목으로 구분한다.
3. **항공장구관리사** : 낙하산 및 생환장구의 세부종목으로 구분하고, 각 세부종목별로 1급, 2급 및 3급으로 한다.
4. **수중발파사** : 1급, 2급 및 3급으로 한다.
5. **폭발물처리사** : 1급 및 2급으로 한다.
6. **국방사업관리사** : 무기체계 및 정보체계의 세부종목으로 구분하고, 각 세부종목별로 1급, 2급 및 3급으로 한다.
7. **영상판독사** : 1급, 2급 및 3급으로 한다.
8. **국방보안관리사** : 단일등급으로 한다.
9. **낙하산 전문 포장사** : 1급 및 2급으로 한다.
10. **함정손상통제사** : 1급 및 2급으로 한다.
11. **국방무인기조종사** : 무인항공기 및 무인비행장치의 세부종목으로 구분하고, 각 세부종목은 단일등급으로 한다.
12. **수중무인기조작사** : 1급, 2급 및 3급으로 한다.

나. 국방사업관리사 검정과목

■ 군인사법 시행규칙 [별표 4] 〈개정 2021. 5. 14.〉

국방자격 분야별 검정과목(제83조의5제2항 관련)

<table>
<tr><th colspan="4">구 분</th><th>검정과목</th></tr>
<tr><td rowspan="3">국방
사업
관리사</td><td rowspan="3">무
기
체
계</td><td>1급</td><td>필기</td><td rowspan="2">전력소요기획체계, 전력화지원관리, 국방 M&S(Modeling And Simulation) 관리, 상호운용성 및 합동성, 국방아키텍처 / 네트워크 중심전(NCW), 국방연구개발관리, 시험평가관리, 방산원가관리, 방산계약관리, 분석평가업무</td></tr>
<tr><td>2급</td><td>필기</td></tr>
<tr><td>3급</td><td>필기</td><td>프로젝트관리, 국방사업 수행체계 및 착수관리, 국방사업특수관리 영역, 국방연구개발관리, 부품국산화관리, 구매사업관리, 총수명주기관리, 시험평가관리, 방산원가관리,</td></tr>
</table>

			방산계약관리, 분석평가업무
정보체계	1급	필기	전력소요기획체계, 전력화지원관리, 국방 M&S(Modeling And Simulation) 관리, 상호운용성 및 합동성, 국방아키텍처 / 네트워크 중심전(NCW), 정보보호/네트워크보안, 소프트웨어(SW)개발관리, 정보화감리, 정보화정책
	2급	필기	
	3급	필기	프로젝트관리, 국방사업 수행체계 및 착수관리, 국방사업 특수관리 영역, 국방정보체계/인프라, 정보보호/네트워크 보안, 데이터관리, 소프트웨어(SW) 개발관리, 소프트웨어(SW)개발방법론, 정보체계 시험평가, 정보체계 운영유지, ISP(Information Strategy Planning) / EA(Enterprise Architecture), 정보화 감리, 정보화 정책

다. 국방사업관리사 응시자격

■ 군인사법 시행규칙 [별표 3] 〈개정 2021. 5. 14.〉

국방자격 검정 응시자격(제83조의4 관련)

구 분		응시자격 기준
국방사업관리사(무기체계, 정보체계)	1급	방위사업청 방위사업교육원장이 정하는 교육과정을 이수하고, 국방사업관리사 2급 자격증 취득 후 8년 이상의 실무경력이 있는 사람
	2급	방위사업청 방위사업교육원장이 정하는 교육과정을 이수하고, 국방사업관리사 3급 자격증 취득 후 3년 이상의 실무경력이 있는 사람
	3급	다음 각 호의 어느 하나에 해당하는 사람 1. 방위사업청 방위사업교육원장이 정하는 교육과정을 이수한 사람 2. 국방사업관리 분야 석사학위를 취득한 사람 3. 국내 또는 외국의 국방사업관리 실무 자격증을 취득한 지 5년 이내인 사람

라. 국방사업관리사 자격증 과정 민간대학 운영 계획

1) 개 요

국방사업관리사 자격증 교육과정을 민간대학이 운영하도록 개방하고, 해당 과정 수료자에 대해 시험의 응시자격을 부여하는 계획임.[62]

62) 방위사업청, 국방사업관리사 자격증 교육과정 운영대학 모집공고(2024-07), 2024.2.1.

국방사업관리사 자격증 교육과정 ※ 방위사업교육원 운영과정 준용.

- **대상과정** : 무기체계 사업관리 과정 (오프라인)
  * 정보체계사업관리 과정은 향후 동 분야의 교재 제작과 함께 개방 추진
- **교육기간/과목** : 70시간 / 28개
- **수료요건** : 출석률 90% 이상, 평가 실시(과제물 제출 등)
- **혜택** : 국방사업관리사 3급 응시자격 인정

2) 추진배경 및 필요성

국방사업관리사 자격증이 제안서 가점 요소로 반영*되면서, 방산업체가 밀집한 지역에서도 자격증 과정을 수강할 수 있도록 문호를 개방해달라는 업체 요청 지속됨.

* 「방위력개선사업 협상에 의한 계약체결기준」 개정(23.7., 유예 4년 후 적용)

방산 분야의 교육과정 운영과 정책 연구 등에 참여하려는 민간대학의 의지는 매우 높으나*, 그간 방위사업 지식에의 접근이 어려운 관계로 학계가 활성화되지 못한 상황임.

* 2023년 9월, 국방사업관리사 자격증 과정 민간대학(창원대) 시범운영 추진

방위사업교육원에서 표준교재 제작, 현직교수 도입 등을 통해 방위사업 지식과 교수인력의 체계화를 추진 중이나, 예산과 시설의 제약으로 교육원이 민간 부문의 교육까지 전부 감당하기는 어려운 상황임.

→ 교육원을 중심으로 대학과 방위사업교육 네트워크를 형성, 방위사업 학계를 활성화하고 민간의 자격증 교육수요 해소 추진

3) 추진계획

가) 대상기관 선발

방위사업학과 육성 의지가 있고 자체 예산 및 교육수요 등을 확보한 대학을 선발하며, 신청자격은 「고등교육법」 제2조에 따른 학교로서 석·박사 학위과정 운영이 가능한 대학이고, 선발기준은 교육수행역량(예산·시설현황, 관련학과 운영 등), 운영계획(신청목적, 교육일정·과목 편성, 교육수요 현황) 등 종합 고려하여 교육원 자격검정위원회 심의를 통하여 선발한다.

나) 교육운영 지원

교육 일정·과목·교수 편성 시 대학의 자율권을 인정하여 유연하게 운영토록 지원하며, 대학 사정에 따라 5주 과정, 주말반도 운영 가능하며, 전체 교육시간도 70시간보다 확대 편성할 수 있도록 자율권을 부여한다. 다만, 현재 교육원 운영과정을 기준으로 과목별 최소 이수시간 충족이 필요하며, 교육원은 과목별로 교수 인력풀(3명 이상)을 제공하고 대학이 교수를 직접 섭외토록 하여 교수진 간에 공정한 경쟁을 유도한다.

다) 응시자격 인정

민간대학 국방사업관리사 자격증 과정 수료자에게 국방사업관리사 자격증 응시자격을 인정하며, 민간대학은 과정 종료 후 운영 결과와 수료자 명단을 방위사업교육원에 제출한다.

4) 자격증 과정(무기체계 사업관리과정) 과목 편성현황[63)]

〈무기체계 사업관리 과정 과목 편성현황〉

	과 목	이수시간 (70H)
1	국방기획관리 제도	2
2	국방전력발전업무체계	2
3	소요기획체계	2
4	선행연구	3
5	중기계획 작성 및 예산편성	2
6	부품국산화관리	2
7	프로젝트관리 개관	3
8	탐색 및 체계개발	4
9	프로젝트관리 지식영역	3
10	양산 및 전력화	2
11	분석평가제도 및 규정	2
12	시스템 엔지니어링	3
13	EVMS/CAIV	2
14	계약 일반	2

63) 방위사업청, 국방사업관리사 자격증 교육과정 운영대학 모집공고(2024-07), 2024.2.1., 별지3.

과 목		이수시간 (70H)
15	총수명주기관리	3
16	국방 RAM 업무	2
17	전력화지원요소관리	2
18	국내 계약관리	3
19	국제 계약관리	2
20	국내구매	2
21	상업구매(절충교역 포함)	3
22	FMS	2
23	국방기술연구개발관리	2
24	시험평가관리	3
25	국방 M&S	2
26	일반물자 원가관리	2
27	합동성 및 상호운용성	3
28	방산물자 원가관리	3
기타	자격증·과정 소개, 설문 및 수료	2

제3절 무기체계와 전력지원체계

1. 개 요

무기체계와 전력지원체계는 방위사업법 시행령에서 다음과 같이 규정하고 있다.64)

2. 무기체계의 분류(방위사업법 시행령 제2조)

방위사업법 제3조제3호에 따른 무기체계는 다음 각 호와 같다. 〈개정 2013. 12. 17., 2016. 2. 29., 2021. 5. 11.〉

1. 통신망 등 지휘통제·통신 무기체계
2. 레이다 등 감시·정찰무기체계
3. 전차·장갑차 등 기동무기체계
4. 전투함 등 함정무기체계

64) 방위사업법 시행령 [시행 2023. 9. 21.] [대통령령 제33666호, 2023. 8. 16., 일부개정]

5. 전투기 등 항공무기체계
6. 자주포 등 화력무기체계
7. 대공유도무기 등 방호무기체계
8. 사이버전장관리체계 등 사이버무기체계
9. 위성 등 우주무기체계
10. 모의분석 · 모의훈련 소프트웨어, 전투력 지원을 위한 필수장비 등 그 밖의 무기체계

3. 전력지원체계의 분류(방위사업법 시행령 제2조의2)

방위사업법 제3조제4호에 따른 전력지원체계는 다음 각 호와 같다. [본조신설 2020. 7. 1.]

1. 일반차량, 특수차량, 전원 · 동력장치, 감시지원장비, 정비장비 탄약 · 유도탄장비, 전투지원일반장비, 측정장비, 통신전자장비, 근무지원장비 등 전투지원장비(수리부속품을 포함한다)
2. 방탄류, 피복 · 장구류, 식량류, 화학물자류, 유류, 특수섬유물자, 탄약 · 유도탄물자, 전기 · 전자물자, 근무지원물자, 인쇄물자류 등 전투지원물자
3. 의무장비, 의무물자 등 의무지원물품
4. 교육훈련장비, 교육훈련물자, 교육훈련용탄약 등 교육훈련물품
5. 자원관리정보체계, 국방 모델링 및 시뮬레이션(M&S, Modeling and Simulation) 체계, 기반운영환경 등 국방정보시스템
6. 군사시설 등 그 밖의 전력지원체계

4. 무기체계와 전력지원체계 구분(국방전력발전업무훈령 제8조)

① 방위사업법 시행규칙 제2조에 따라 국방부(전력자원관리실장)가 군수품을 무기체계 또는 전력지원체계로 구분 · 결정하는 기준은 다음 각 호와 같다.

1. 다음 각 목의 경우를 무기체계로 보며, 운용목적, 용도 및 필요성 등을 고려하여 분류한다.
   가. 군사작전에 직접 운용되거나 전투력 발휘에 직접 영향을 미치는 장비 · 물자
   나. 무기체계의 전투력 발휘에 영향을 미치는 장비 · 물자
   다. 전투력 발휘에 영향을 미치는 주요 전술 훈련장비 및 소프트웨어, 관련 시설

2. 다음 각 목에 해당하는 국방M&S체계는 무기체계로 본다.

가. 전투력 운용과 능력배양에 직접 관련이 되는 모델
나. 전투력 운용과 전력증강 타당성 분석을 위한 모델
다. 무기체계 획득과 직접 연계되는 모델

3. 다음 각 목의 경우에는 기존장비나 주장비와 달리 별개의 무기체계로 본다.
가. 무기체계의 성능개량으로 운영개념이 현저하게 변경되거나 중대한 작전 운용 성능이 변경되는 경우
나. 무기체계의 구성장비로 독립된 기능을 발휘하고 타무기체계에 탑재, 연결, 결합하여 사용하고 있거나 사용될 수 있는 경우
다. 그 밖에 별개의 무기체계로 결정된 경우

5. 무기체계 명칭(국방전력발전업무훈령 제9조)

① 무기체계에 사용하는 명칭은 다음 각 호와 같다.

1. 전 력 명 : 주 임무 장비 및 관련 장비를 포함하는 포괄적인 명칭
2. 통상명칭 : 무기체계의 상징적인 의미 또는 임무 구분과 의사전달을 돕기 위한 애칭 또는 별칭
3. 고유명칭 : 무기체계를 쉽게 식별할 수 있도록 부여한 특정문자, 숫자와 문자로 조합된 이름

② 전력명은 합참이 무기체계의 소요결정을 위해 제정하고, 합동참모회의에서 확정하여 전력화 이전까지 사용한다. 다만 명칭 전환시점에는 명칭사용의 혼란방지를 위해 병행사용 가능하다.

③ 통상명칭의 제정 절차는 다음 각 호와 같다.

3. 통상명칭 제정시 세부 범주와 기준은 다음과 같다.
가. 지휘통제 · 통신무기체계 및 감시 · 정찰 무기체계 : 영문약어 또는 기술발전 속도가 빠른 장비의 특성 등을 고려하여 (신)조어 등 사용 가능
나. 기동무기체계
1) 제정 범주 : 전차 · 장갑차 · 전투차량, 기동 및 대기동지원장비로 구분
2) 전차 · 장갑차 · 전투차량 : 맹수 등 육 · 수상 서식 동물과 그 동물의 신체적 · 행위적 특징 또는 무공이 있는 명장 및 전쟁영웅(장군~병사)의 이름
3) 기동 및 대기동지원장비 등 : 영문약어 또는 임무가 식별될 수 있는 상징적 용어

다. 함정무기체계 : 해군의 '함명 제정 기준'을 적용
라. 항공무기체계
 1) 제정 범주 : 전투임무기 · 지원기 · 감시기 · 헬기로 구분
 2) 전투임무기 : 자연현상 또는 맹금류의 신체적 · 행위적 특징
 3) 지원기 : 우주현상 또는 맹금류를 제외한 조류(상상 조류)와 그 조류의 신체적 · 행위적 특징
 4) 감시기 : 그 임무를 상징하는 용어 선정
 5) 헬기 : 영문약어 또는 날렵하고 용맹한 특성을 소유한 맹금류(고양이 · 뱀 등은 제외) 등의 동물과 그 동물의 신체적 · 행위적 특징. 단, 국외 무기체계로 국제적으로 통용되고 있는 무기체계의 명칭 (와일드캣, 코브라 등)은 고양이 · 뱀 등 명칭사용 허용
마. 화력무기체계
 1) 제정 범주 : 화포(대공포), 유도탄 및 로켓(유도무기 포함) 및 어뢰와 기뢰로 구분
 2) 화포(대공포) : 우리 역사에서 활용된 옛 화포 또는 우리나라의 신화 및 수호신

④ 고유명칭은 각군이 방사청과 협의하여 제정하고 국방부 등 관련기관에 보고(통보)하여야 하며 방사청은 이를 목록화 등에 활용한다.

⑤ 고유명칭 제정시 중복 부여된 K계열 무기체계[기동 · 화력(탄약, 유도무기는 제외) · 방호무기체계에 한한다.]는 'K+숫자(일련번호)+개량부호+장비명(한글 또는 영문)'로 표기하여 혼란을 방지한다. 이때, 숫자(일련번호)는 이미 부여된 번호에 이어서 부여함을 원칙으로 한다.

6. 무기체계와 전력지원체계의 세부분류(훈령 제7조)

방위사업법 시행령 제2조(무기체계의 분류) 각 호의 무기체계에 대한 세부분류는 별표 4와 같고, 방위사업법 시행령 제2조의2(전력지원체계의 분류) 각 호의 전력지원체계에 대한 세부분류는 별표 5와 같다.

[별표 4] 무기체계 세부분류
(국방전력발전업무훈령 제7조 관련)

1. 지휘통제 · 통신무기체계

중분류	소 분 류	대 상 장 비
지휘통제체계	연합지휘통제체계	연합지휘통제체계(AKJCCS), 연합군사정보유통체계(MIMS-C) 등
	합동지휘통제체계	합동지휘통제체계(KJCCS), 군사정보통합처리체계(MIMS), 전구합동화력운용체계(JFOS-K) 등
	지상지휘통제체계	지상전술C4I체계(ATCIS), 대대급이하전투지휘체계(B2CS) 등
	해상지휘통제체계	해군전술C4I체계(KNCCS), 해군전술자료처리체계(KNTDS) 등
	공중지휘통제체계	공군전술C4I체계(AFCCS), 공군중앙방공통제체계(MCRC) 등
통신체계	전술통신체계	전술통신체계(SPIDER), 전술정보통신체계(TICN) 등
	전술데이터 링크체계	합동전술데이터링크체계(JTDLS), 지상전술데이터링크(KVMF)
	위성통신체계	군위성통신체계(ANASIS), 해상작전위성통신체계(MOSCOS), 위성전군방공경보체계(SAWS) 등
	공중중계체계	공중중계 UAV 등
통신장비	유선장비	전술용전자식교환기(TTC-95K, SB-30K 등), 전술용전자식전화기, 야전용전화기 등
	무선장비	휴대용 · 차량용FM무전기(PRC-999K), 휴대용 · 차량용AM무전기, U · VHF공지통신장비, 소부대무전기(전투원용무전기, 특수작전무전기 등), 무선전송장비(다중채널무선전송장비 등), 전술다대역다기능무전기(TMMR) 등
	그 밖의 통신장비	경보용수신기(GRR-5K), 무선송수신기, 고속전문처리기, 정보 · 보안장비, 등

* 연합지휘통제체계는 한국군이 주도하는 지휘통제체계에 한함
* 무기체계의 구성장비인 상용정보통신장비는 무기체계로 분류

2. 감시 · 정찰무기체계

중분류	소분류	대 상 장 비
전자전 장비	전자지원장비	기지용ES장비, 지 · 해 · 공중신호정보수집장비, 동 · 서부지역 ES장비, 레이더경보수신기 등
	전자공격장비	동 · 서부지역 EA장비, 함정용 ES · EA장비, 전자전탄 살포기, 전자방해장비 등
	전자보호장비	유도탄접근경보기 등
레이더 장비	감시레이더	GPS-100, SPS-95, GPS-98K, MR-1600, 지상감시장비(RASIT), 대함레이더 등
	항공관제레이더	MPN-14, GPN-22, TPN-24 등
	방공관제레이더	FPS-303K, TPS-77, FPS-117 등
전자 광학 장비	전자광학장비	전자광학영상장비(LOROP), 전술정찰정보수집장비(TAC-EO), KA-56, KS-92A, 정찰위성(EO · IR) 등
	광증폭야시장비	PVS-98K, AVS-01K, CK-037 등
	열상감시장비	TAS-502, TAS-970K, PAS-01K, 전방관측적외선장비 등
	레이저장비	야간표적지시기, GAS-1K 등
수중 감시 장비	음탐기	선체고정형음탐기(HMS), 예인음탐기(TASS), 수중탐색음탐기 등
	어뢰음향 대항체계	SLQ-260K, SLQ-25K 등
	수중감시체계	항만감시체계 등
	그 밖의 음파탐지기	자기탐지기(MAD) 등
기상 감시 장비	기상위성 감시장비	기상위성수신시스템(METSAT-GS09) 등
	기상감시 레이더	기상레이더(RDR-IF, WXR-350A, TWR-850, WRK-100 등), 이동형기상레이더 등
	기상관측 장비	항공자동기상관측장비, 운고측정장비, 상층대기분석장비, 상층풍관측장비, 자동기상관측장비, 우주기상예 · 경보체계 등
정보 분석 체계	영상분석체계	다출처영상융합체계(MIFS) 등
	표적처리체계	정보융합표적처리체계
	기타	신호분석체계, 군사정보빅데이터 등

중분류	소분류	대 상 장 비
그 밖의 감시 · 정찰장비	경계시스템	GOP 과학화경계시스템, 해안복합감시체계, 중요시설경계시스템 등
	기 타	OX-60, AN · UPX-23, 해군음향정보관리체계(NAIMS), 군사지리정보체계(MGIS), 26인치 제논 탐조등 등

3. 기동무기체계

중분류	소 분 류	대 상 장 비
전 차	전투용	M48A3K, M48A5 · 5K. K-1, K1A1, T-80U, K-2전차 등
	전투지원용	K1구난전차, M88A1구난전차 등
장 갑 차	전투용	K200(A1), BMP-Ⅲ, LVTP7A1, KAAVP7A1, 차륜형장갑차, K281(A1), K242(A1), K21보병전투차량 등
	지휘통제용	K277(A1), LVTC7A1, KAAVC7A1 등
	전투지원용	사격지휘용 : K77사격지휘차량 등 화생방정찰용 : K216 등 구난용 : K288, KAAVR7A1 등 탄약운반용 : K10탄약운반차량, K56탄약운반차량 등 환자후송용 : 장갑형의무후송차량 등
전투차량	전투용	중형전술차량, TOW · 106mm · 제논 탑재차량, K532다목적전술차량 등
	지휘용	차륜형지휘소용차량, 5톤확장식유개차량 등
	전투지원용	5톤 · 10톤 구난차, 1½정비샾, 2½톤정비샾 통신중계용전술차량(K534), 1¼톤 통신가설차, 1½톤암호차, 2½톤암호차 등
기동 및 대기동 지원장비	전투공병장비	장갑전투도쟈(M9ACE), 다목적 굴착기, 장애물개척전차 등
	간격극복 및 도하 장비	리본부교(RBS), 장간 · 간편조립교, 교량전차(AVLB), 전술교량-Ⅱ, 자주도하장비 등
	지뢰지대 극복장비	지뢰지대통로개척장비(MICLIC), 휴대용지뢰탐지기(PRS-17K), 지뢰탐지기-Ⅱ,

중분류	소 분 류	대 상 장 비
		지뢰제거장비(Mine Breaker) 등
	대기동장비	한국형지뢰살포기(KM138), 원격운용통제탄, 폭파기구셀 등
	기동항법장비	휴대용GPS(군사용) 등
	그 밖의 지원장비	항공기견인차, 유조차(2½톤 이상), 정수장비(KRO1500GPH) 등
지상무인 체계	전투용	무인경전투차량 등
	전투지원용	폭발물탐지/제거로봇 등
개인전투 체계	–	–

4. 함정무기체계

중분류	소분류	대 상 장 비
수 상 함	전 투 함	구축함, 호위함, 초계함, 유도탄고속함, 고속정 등
	기뢰전함	기뢰부설함, 소해함, 기뢰탐색함 등
	상 륙 함	대형수송함, 상륙함, 고속상륙정 등
	지 원 함	군수지원함, 잠수함구조함, 수상함구조함, 정보함 등
잠수함(정)	잠 수 함	잠수함, 소형잠수함 등
전투근무 지원정	경 비 정	항만경비정, 도하경비정 등
	수 송 정	항만수송정, 군수지원정 등
	보급정	청수정, 유조정 등
	근무정	항무지원정, 예인정, 기중기정, 청소정, 준설정, 토운정, 근무주정 등
	지원정	고속정지원정, 초소지원정, 계류지원정, 폐유지원정, 상륙부교 등
	상륙지원정	상륙부교, 부교예인정 등
	특 수 정	잠수지원정, 구조지원정, 반잠수정모함, 다목적훈련지원정 등
해상전투 지원장비	함정전투체계	잠수함전투체계, 수상함전투체계 등
	함정사격 통제장비	WSA-423, WCS-86, WCS-10 등
	함정피아식별 장비	UPX-27, TPX-54, APX-72 등

중분류	소분류	대 상 장 비
	함정항법장비	MX-1105GPS, WRN-7GPS, SRN-15A 등
	침투장비	수영자이송정(SDV) 등
	소해장비	복합감응기뢰소해구 등
	구난 및 구명장비	심해구조잠수정(DSRV) 등
	그 밖의 지원장비	전술자료처리장치(TDS)
함정무인 체계	수상무인체계	정찰용무인수상정, 기뢰전용무인수상정 전투용 무인수상정 등
	수중무인체계	수중자율기뢰탐색체, 정찰용 무인잠수정, 전투용 무인잠수정 등

5. 항공무기체계

중분류	소 분 류	대 상 장 비
고정익 항공기	전투임무기	F-4, F-5, (K)F-16, F-15K, FA-50 등
	공중기동기	C-130, CN-235, HS-748 B-737 등
	감시통제기	KA-1, E-737, RF-16, RC-800 등
	훈 련 기	KT-1, KT-100, T-50, TA-50 등
	해상초계기	P-3C/CK 등
	그 밖의 고정익 항공기	T-11, CARVAN-Ⅱ 등
회전익 항공기	기동헬기	UH-1H, UH-60, CH-47D 등
	공격헬기	AH-1S, 500MD(TOW), LYNX, AH-64E 등
	정찰헬기	500MD(기본기), BO-105 등
	탐색구조헬기	AS-332, HH-32, HH-47, HH-60, KUH-1M, 의무후송전용헬기 등
	지휘헬기	VH-60, VH-92 등
	훈련헬기	BELL-412 등
무인 항공기	-	무인전투기, 무인정찰기, 대공제압무인기 등
항공전투 지원장비	항공기사격 통제장비	AN · APG-68, AN · APG-63, IRST, HUD 등

중분류	소 분 류	대 상 장 비
	항공전술통제장비	해상초계기 전술컴퓨터(DMS 등)
	정밀폭격장비	LANTIRN, Pave Tack / Spike, TIGER Eyes, SNIPER 등
	항공항법장비	INS, GPS, TACAN, ILS, RDR ALT, ADF 등
	항공기피아식별 장비	AN · APX-76, AN · APX-101, AN/APX-109 등
	그 밖의 지원장비	항공기시동장비, 항공기부양견인장비, 폭탄운반장비, 폭탄장탈착기 등

6. 화력무기체계

중분류	소 분 류	대 상 장 비
소화기	개인화기	38 · 45구경 권총, 수중권총, M16A1, K-1 · K-2소총, M203 · K-201 유탄발사기 등
	기관총	K-3 · K-4 · M60 · K-6기관총 등
대전차 화기	대전차 로켓	M72LAW, PZF-3 등
	대전차유도무기	METIS-M, TOW, 현궁 등
	무반동총	90mm · 106mm 무반동총 등
화 포	박격포	60mm · 81mm · 120mm · 4.2"박격포 등
	야 포	105mm(M101곡사포, K105A1자주포), 155mm(M114A1곡사포, KH-179곡사포), K55(A1)자주포, K9(A1)자주포 등
	다련장 · 로켓	230mm급다련장, MLRS, 130mm다련장 등
	함 포	20mm, 30mm, 40mm, 76mm, 127mm 등
화력지원 장비	표적탐지 · 화력 통제레이더	AN/TPQ-36, AN/TPQ-37, ARTHUR-K(1K) 등
	전차 및 화포용 사격통제장비	전차장 열상조준경, 전차 포수조준경, BTCS(A1) 등
	그 밖의 화력지원장비	측지제원계산기, 광파거리측정기, 자동측지장비 등
탄 약	지 상 탄	기관총탄, 박격포탄, 포병탄, 전차포탄, 로켓탄, 지뢰, 폭약 등
	함 정 탄	20mm, 30mm, 40mm, 76mm, 127mm, 기뢰, 폭뢰 등

중분류	소 분 류	대 상 장 비
	항 공 탄	일반폭탄, 유도폭탄, 확산탄, 조명탄 등
	특수탄약	전자기펄스탄, 정전탄 등
	유도탄능동 유인체	대유도탄기만체(DECOY), CHAFF, R-BOC 등
유도무기	지상발사 유도무기	지대지유도무기(현무, ATACMS), 지대함유도탄(HARPOON), 전술지대지유도무기(KTSSM) 등
	해상발사 유도무기	함대지 · 함대함 · 함대공유도탄, 잠대함유도탄 등
	공중발사 유도무기	공대지 · 공대함 · 공대공유도탄 등
	수중유도무기	경어뢰, 중어뢰, 장거리대잠어뢰 등
특수무기	레이저무기	고에너지 레이저무기, 고출력 마이크로파 무기, 초저주파 음향무기 등

7. 방호무기체계

중분류	소 분 류	대 상 장 비
방공	대공포	20mm대공포, 30mm대공포, 35mm대공포 등
	대공유도무기	미스트랄, 신궁, 천마, 호크 등
	방공레이더	TPS-830K, DA-05, 국지방공레이더 등
	방공통제장비	TSQ-73, 방공C2A 등
화생방	화생방보호	방독면, 보호의, 정화통 등
	화생방 정찰 · 제독	화생방정찰차, 화학자동경보기, 방사능측정기, 신형제독차, 소형제독기, 건식제독기 등
	화생방 예방 · 치료	개인제독키트, 탄저해독키트, 방사능해독키트, 신경해독제키트 등
	연 막	발연기, 적외선차폐겸용발연장비 등
	화생무기폐기	화생무기 분석/검증장비, 화생무기 해체장비, 화생무기 비군사화 장비 등
EMP 방호	-	-
전장의무	전상자 보호 · 구호	AI기반 무인응급처치체계, 통합진단치료체계, 수직이착륙 환자후송기, 의료용 캡슐드론봇, 무인후송차량 등

* EMP(Electromagnetic Pulse, **전자기펄스**)로 인하여 나타나는 전자 방출 효과로, 전자기펄스의 영향을 받는 곳에 있는 모든 전자기기는 파괴된다.

8. 사이버무기체계

중분류	소 분 류	대 상 장 비
사이버 작전체계	방어적 사이버작전체계	사이버전장관리체계 등
	공세적 사이버작전체계	사이버무력화체계 등
	사이버 훈련 · 분석체계	사이버훈련체계, 사이버전투실험분석체계

9. 우주무기체계

중분류	소 분 류	대 상 장 비
우주감시	우주물체감시체계	전자광학위성감시체계, 레이더우주감시체계, 고출력레이저위성추적체계 등
	우주기상감시체계	우주기상예 · 경보체계 등
우주정보 지원	위성조기경보 및 정찰체계	조기경보위성, 군 정찰위성, 초소형위성체계 등
	위성통신체계	저궤도 소형 통신위성군 등
	위성항법체계	군용 KPS 등
우주통제	-	우주자산방어체계 등
우주전력 투사	공중발사체계	공중발사체 등
	지상발사체계	지상발사체 등
	해상발사체계	해상발사체 등

10. 그 밖의 무기체계

중분류	소 분 류		대 상 장 비
국방 M&S 체계	워게임 모델	연습·훈련용	태극 JOS모의모델, 대화력전 모의모델, 창조21모델, 창공모델, 천자봉모델, 청해모델, 해군특수전(UDT·SEAL) 모의 훈련체계 등
		분석용	합동작전 분석모델, C4ISR분석모델, 항공무장효과산출모델, 해군 교전급 분석모델, 해병대 상륙작전분석모델, 화생방위험예측분석체계 등
		획득용	함대공 교전효과도 분석 모델, 잠수함 작전효과도 분석모델, 무기체계 수리수준 분석 모델, 신궁 6자유도 시뮬레이션 등
	전술훈련모의장비		K계열전차소부대전술모의훈련장비, P-3 및 LYNX모의훈련장비, 전투기·수송기·훈련기 모의훈련장비 등

[별표 5] 전력지원체계 세부분류
(국방전력발전업무훈령 제7조 관련)

1. 전투지원장비(부품), 2. 전투지원물자, 3. 의무지원물품, 4. 교육훈련물품, 5. 국방정보시스템, 6. 그 밖의 전력지원체계

1. 전투지원장비(부품)

중분류	소 분 류	대 상 장 비
일반 차량	승용차	승용차(대,중,소, 경형)등
	트럭류	표준차량 카고(4종), 상용트럭 등
	트레일러	화물트레일러, 25톤 세미트레일러 등
	버스류	버스(대, 중, 소형) 등
	오토바이	이륜, 산악오토바이(4륜) 등
특수 차량	폭발물 처리차량	1 1/4톤 폭발물처리차, 다목적 폭발물처리차 등
	물자취급/운반차량	무장견인차, 리치스테커, PLS 차량, 5톤 관절식 유압크레인, 25톤 크레인 등
	소방차량	인명구조소방차, 소방차 등
	근무지원차량	제설차, 살수차, 급수차, 청소차, 취사차 등

중분류	소 분 류	대 상 장 비
	정비지원차량	기계공작차, 5톤 수리부속 밴차 등
전원 · 동력 장치	전원공급기	미스트랄신궁통합전원공급기, 전압조정기 등
	충전기	표준 충전기 등
	발전기	육상발전기, 함정발전기 등
	추진계통	함정 가변추진기, 워터젯 추진기 등
	엔진	발전기 엔진 등
	로터	항공기 프로펠러 등
감시 지원 장비	탐지장비	땅굴 탐사장비, 슈미트 망원경, 지상라이다, 공중라이다, 레이더 전시기 등
	수중측정장비	측심기, 다중빔 음향측심기, 유향유속기 등
	항해지원장비	상용 GPS, 선박자동식별장비, 항해기록장치(VDR) 등
정비 장비	항공정비장비	직접지원장비, 야전점검장비, 균형조절기 등
	화력정비장비	총포정비장비, 사격회로시험기 등
	기동(차륜) 정비장비	매연/엔진/차량검사기, 전조등시험기, 차륜평형기 등
	궤도정비장비	궤도용 제청기, 로드휠2차용 고무제거기 등
	특수무기 정비장비	특수무기용 시험셋 등
	함정정비장비	건식/습식 선체청락기, 함정용 엔진검사기 등
	통신전자 정비장비	고출력측정기, 회로시험기 등
	일반정비장비	페인트분무기, 연료분사시험기, 각종 용접기, 고정구, 진동기 등
탄약 · 유도탄 장비	탄약관리장비	무기고/탄약고 통제시스템, 전동스택커 등
	탄약처리장비	X-RAY 촬영기, 물포총, 금속탐지기, 폭발물처리 특수공구셋등
	탄약지원장비	대량탄약 조립장비, 승강용 폭탄식 트레일러 등
	탄약정비장비	분사제청기, 자동컨베어, 스텐실 절단기, 모노레일 등
	탄약검사장비	회로시험기, 탄약시험셋, 선형가속기, X-RAY 장비 시스템 등
	유도탄정비장비	구동장치시험셋, 탄운차 유압장치시험셋, 유도탄보관소 제습기 등
전투 지원 일반 장비	수중작업장비	고수압절단기, 폴리우레탄폼 발사기, 산소분석기 등
	항공기타장비	고소작업대, 항공기세척기, 조류퇴치장비, 항공유도 장비 등
	함정기타장비	잠수자추진기, 심해 · 천해잠수기셋, 조수기, 보조보

중분류	소 분 류	대 상 장 비
		일러, 구명정 · 보트 등
	정유/유수기	유수분리기, 오수처리기 등
	펌프	청수펌프, 해수펌프, 급수펌프, 비상점화펌프, 잠수펌프 등
	통풍기	함통풍기, 통풍기세트 등
	압축기	공기압축기, 냉동압축기, 컴프레샤 등
	조명장비	이동형 활주로 조명장비, 이동형 탐지등, 조명지원차 등
	화생방장비	원거리영상화학탐지 장비셋, 유해물질탐지기, 휴대용 생물학탐지기, 휴대용 핵종분석기, 공기샘플러 등
측정 장비	온도측정장비	디지털식 장약 온도계, 자동온도지수측정기 등
	압력측정장비	압력비교검사기, 압력게이지조정기, 수압시험기 등
	신체측정장비	체격측정기, 자동체형측정장비 등
	기상측정장비	낙뢰탐지장비, 표준(디지털)기압계, 토양수분측정기, 해무관측라이다, 기상정보지원기, 자료수신기 등
	기타측정장비	미끄럼 측정장비, 산화안정도시험기 등
통신 전자 장비	유선장비	교환기, 분배기 등
	무선장비	무전기, 안테나, 조난통신기, 조난자무선식별장비 등
	다중장비	무선단말장비, 무선중계기 등
	위성장비	상용위성통신장비, 위성TV 수신기 등
	전산장비	주전산기 등
	기타	전파환경측정/분석기, 앰프 등
개인화기 지원장비	광학장비	조준경, 표적지시기, 확대경 등
근무 지원 장비	소방장비	친환경 자동소화장치 등
	세탁/세척장비	대형세탁기, 공드럼세척기, 엔진세척기, 세탁트레일러등
	냉 · 난방장비	항온항습기 등
	물자취급장비	지게차, 다기능 지게차, 크레인 등
	제설장비	자동제설장비, 제설기, 제설용 송풍기 등
	연료장비	연료재보급장비, 이동형유류시험소 등
	건설장비	도쟈, 그레이더, 로더, 휴대용 착암기, 굴착기, 진동로라 등
	취사장비	취사트레일러 등
항공장비*	<u>무인비행장치</u>	무인비행체 등
수리부속	수리부속	각종 장비 수리부속류

* 최대이륙중량 25kg을 초과하는 전력지원체계 무인비행체를 말한다.

2. 전투지원물자

중분류	소 분 류	대 상 장 비
방탄류	방탄복	다목적용 방탄복, 특수목적용 방탄복, 다기능방탄복, 방탄담요 등
	방탄헬멧	방탄헬멧 등
	방탄판	방탄복용 방탄판, 차량용 방탄판, 전차용 방탄판 등
	전투용안경	전투용안경 등
피복 · 장구류	일반 피복류	전투복류, 잠바류 등
	특수 피복류	전차병복, 비행복, 비행잠바, 대테러복, 정비복류 등
	방한 피복류	기능성 방한복, UDT 방한복, 스키복 등
	침구류	침낭류, 담요류, 이불류, 베개류 등
	기타 피복류	내의류, 잡화류, 요대 등
	개인 장구류	개인장구용요대, 탄입대, 의류대, 수통피 등
	부대장구류	조끼류(특전용, 전투용 등), 방충두건, 예초기 안전장구류셋, 헌병장구류 등
식량류	원품류 (반가공품)	농 · 축 · 수산물 124종
	일반가공 식품류	고추장, 건빵 등 108종
	특수식량류	전투식량(1형, 2형, 즉각취식형), 특전식량, 구명식량 등
화생방 물자류	고무제화류	전투화류, 고속정 전투화, 방한화 등
	페인트류	작용제저항성 페인트, 방오도료, 프라이머 코팅(탄약정비용) 등
	정수약품류	정수제, 종균제 등
	화생방 부수자재류	보호의 휴대낭 등
	방역약품	모기향, 살충제 등
	화공약품	프레온 가스, 유황, 에칠렌글리콜, 질소가스 등
	화생방물자	특수보호의, 방사능 안전복, 이동식 인체제독셋 등
	기타 화학물자류	금속보수(코팅)재, 여과기류 등
유류	일반유류	휘발유, 경유, 등유 등
	윤활유	엔진오일, 작동유, 그리스, 솔벤트 등
특수 섬유 물자	천막류	개인 · 분대 · 일반 천막, 지휘소용 천막 등
	낙하산류	대인용 낙하산류, 항공기감속용 낙하산류, 동력행글라이더 등

중분류	소 분 류	대 상 장 비
탄약 · 유도탄 물자	보급/저장재료류	탄두슬링, 팔레트슬링, 팔레트, 대철, 조임기, 봉인기, 절단기 등
	포장재료류	철상자, 링크, 탄구전고리, 목상자, 지환통 등
전기 · 전자 물자	전신물자	전신타자기, 모사전송기(팩스) 등
	조명물자	조명기기류(조명등, 전구류 등)
	건전기	망간전지, 리튬전지 등
	기타	워키토키, CCTV, 스피커, 마이크 등
근무 지원 물자	군장품류	각종 부착물 및 계급장류, 깃발, 부대기, 신호깃발 등
	공구류	축성도구, 장비정비용 공구 등
	사무기기류	복사기, 세절기, 책상, 의자 등
	취사기구류	소부대 취사셋, 보온식관, 식판, 수저 등
	냉·난방기구류	에어컨, 히터 등
	컨테이너	이동형 목욕(샤워)용, 이동형 세탁용, 영현용, 특수 목적용 등
	소화기구류	소화기(5명, 10형 등) 등
	기타 근무지원물자	덮개류, 캔버스류, 일반보급 기타품목 등
인쇄 물자류	사진류	전자사진식자류, 사진식자부수류, 전산사진식자시스템 등
	인쇄기기류	전자동 복사인류(전자동 복사인쇄기 등), 전자마스터제판류 등
	기록물보존류	기록물보존 M/F 제작류 (M/F 촬영기, M/F 현상기) 등

3. 의무지원물품

중분류	소 분 류	대 상 장 비
의무 장비	치과장비	콤프레샤, 치과유니트 등
	외과장비	마취기, 청력계 등
	영상장비	엑스선촬영기, 필름현상기 등
	병리장비	전해질분석기, 원심분리기, 뇨검사기 자동식 등
	병원장비	소독기 소형, EO가스 소독기, 환자관찰장치 등
	기타 의무장비	중형구급차, 개선형 구급차, 연막소독기 150형 · 400형 등
	의무장비 수리부속	각종 의무장비 수리부속
의무 물자	의약품	예방/치료약품, 치료제, 수의약품, 한방약품 등
	의료기재	귀마개류, 기구류, 소독품류 등
	의무비품	분무기, 환자용 침대, 진료대 등
	위생재료	아말감류, 큐렛류 등
	영상재료	스크린류, 필름 및 현상용 기재류 등
	운용소모품	산소 실린더, 산소 레규레이터 등
	안경	저시력자용 안경, 방독면 안경 등

4. 교육훈련물품

중분류	소 분 류	대 상 장 비
교육 훈련 장비	교육훈련용장비	중대급 마일즈장비, 기계화대대 훈련용 마일즈장비, 비행절차훈련장비(CPT), 적 기만용 모의장비(K1A2 전차 등) 등
	교육지원장비	실험실습장비, 전자칠판 등
	정훈장비	홍보영상차량 등
교육 훈련 물자	교보재류	빔프로젝트, 환등기, 특수교보재, 교육훈련 보조교육체계, 폭탄용 투하기 등
	정훈물자	고성능카메라, 영상기, 악기류 등
교육훈련용탄약		적재훈련탄, 장전훈련탄, 모의탄, 모의신관, 적재탄, 조류퇴치탄 등

5. 국방정보시스템

중분류	소 분 류	대 상 장 비
자원 관리 정보 체계	기획 · 재정 정보체계	조직정원관리체계, 국방통합재정정보체계, 국방정보자원관리체계 등
	인사 · 동원 정보체계	국방통합인사정보체계, 국방동원정보체계, 국방의료정보체계 등
	군수 · 시설 정보체계	군수통합정보체계, 육 · 해 · 공군 장비정비정보체계, 국방탄약정보체계, 국방수송정보체계 등
	전자 · 행정 정보체계	홈페이지 및 포탈시스템, 지식관리시스템, 국방통합전자도서관체계 등
국방M&S 체계	분석용	전시자원소요산정모델, 전투근무지원분석모델 등
기반운영 환경	정보통신망	무기체계를 제외한 정보통신망
	컴퓨터체계	서버장비(서버), 개인장비(PC), 저장장비, 입력장비, 기타 부수장비, 회의장비, 기본 소프트웨어
	사이버방호 체계	공통/기반보호체계, 네트워크보호체계, IT플랫폼보호체계, 응용체계보호체계, 보호관리체계
	상호운용성 체계	공통운용환경체계, 데이터공유환경체계, 상호운용성평가체계, 정보기술표준체계, 정보기술아키텍처체계, 국방M&S표준자료체계

6. 그 밖의 전력지원체계

중분류	소 분 류	대 상 장 비
군사시설	- 군사작전, 전투준비, 교육훈련, 병영생활 등에 필요한 시설 등 - 국방 · 군사에 관한 연구 및 시험시설 등 - 군용 물자 · 장비 · 유류 및 폭발물의 저장 · 처리시설 등 - 진지구축시설 등 - 군사목적을 위한 장애물 또는 폭발물에 관한 시설 등 - 대한민국에 주둔하는 외국 군대의 부대시설과 그 구성원 군속 · 가족의 거주를 위한 주택시설 등 군사목적을 위하여 필요한 시설 등	
기 타	분류되지 않은 기타 전력지원체계	

제4장 방위산업

제4장 방위산업 분야에서는 방위산업 발전과 지원, 국방과학기술혁신 촉진, 대외무역(무역안보), 전략물자 수출입, 방산 수출입 심사 및 군용전략물자 수출허가에 대하여 살펴본다.

제1절 방위산업 발전과 지원

1. 개 요

「방위사업법」은 2006년 방위사업청을 설립하면서 방위사업의 구매 절차, 육성, 교역 촉진, 기술 연구·개발 지원, 절차적 투명성의 확보 등을 규정하기 위하여 제정되었는데, 그 결과 「방위사업법」은 무기체계의 소요·획득 절차 및 방위력개선사업의 추진, 국방과학기술의 진흥, 조달 및 품질관리까지 모두 총괄하는 방대한 법이 되었다.

그러나, 「방위사업법」은 방위사업수행의 투명화와 방위력개선사업에 초점이 맞추어져 있어 방위산업의 발전과 관련된 부분은 소외되는 경향이 있고, 방위산업 발전의 범위와 절차를 상세히 규정하지 못하고 있는바, 「방위사업법」이라는 단일법으로는 방위산업을 총괄하는 데 한계가 있다. 이에 방위산업의 발전과 관련된 부분을 「방위사업법」에서 분리하여 '방위산업 발전 및 지원에 관한 법률(약칭: 방위산업발전법)'을 제정하고, 방위산업의 발전 및 지원에 필요한 사항을 규정함으로써 방위산업의 발전기반 조성 및 경쟁력 강화를 통해 국가경제의 발전에 이바지하려는 것이다.[65]

---

65) 방위산업 발전 및 지원에 관한 법률(약칭: 방위산업발전법) [시행 2021. 2. 5.] [법률 제16929호, 2020. 2. 4., 제정]

2. 방위산업발전법의 목적

방위산업 발전 및 지원에 관한 법률은 방위산업의 발전 및 지원에 필요한 사항을 규정함으로써 방위산업의 발전기반을 조성하고 경쟁력을 강화하여 자주국방의 기반을 마련하며 나아가 국가경제의 발전에 이바지함을 목적으로 한다.[66)]

3. 방위산업발전법의 구성

구 분	내 용
제1장 총칙	제1조 목적, 제2조 정의, 제3조 국가의 책무, 제4조 다른 법률과의 관계
제2장 방위산업 발전을 위한 기반조성 등	제5조 방위산업발전 기본계획 등의 수립, 제6조 방위산업 실태조사, 제7조 방위산업정보의 관리 및 활용촉진 등
제3장 방위산업 경쟁력 강화를 위한 지원제도 등	제8조 방위산업 국가정책사업의 지정, 제9조 부품관리 정책수립 및 부품국산화개발 촉진 등, 제10조 국방중소· 벤처기업 성장지원, 제11조 사업조정제도 등, 제12조 자금융자, 제13조 보조금의 교부 등, 제14조 전문인력의 양성 등, 제15조 수출지원 등, 제16조 수출산업협력 지원, 제17조 국제협력 등, 제17조의 2 방위산업의 날(7월 8일)
제4장 전문기관 및 협회 등의 설립	제18조 방위산업 발전의 지원 등, 제19조 협회 등의 설립. 제20조 공제조합의 설립 등, 제21조 공제조합의 사업, 제22조 보증규정 및 공제규정, 제23조 공제조합의 지분양도 등, 제24조 공제조합의 지분취득 등, 제25조 조사 및 검사
제5장 보칙	제26조 권한의 위임 · 위탁, 제27조 벌칙, 제28조 양벌규정

4. 방위산업발전법의 주요내용

가. 방위사업청장은 방위산업의 발전 및 지원을 위하여 5년마다 방위산업발전 기본계획을 수립한다(제5조).

나. 방위사업청장은 방위산업발전 기본계획을 효과적으로 수립하기 위하여 국

66) 방위산업 발전 및 지원에 관한 법률(약칭: 방위산업발전법) [시행 2024. 8. 9.] [법률 제19583호, 2023. 8. 8., 일부개정] 제1조.

내외 방위산업의 시장동향 및 경쟁력 등에 관한 실태조사를 할 수 있고, 그 결과를 체계적으로 관리하고 방위산업 관련 정보가 효과적으로 활용될 수 있도록 정보제공시스템을 구축 · 운영할 수 있다(제6조 및 제7조).

다. 방위사업청장은 고난이도 기술개발 또는 대규모 투자가 필요하여 방산업체의 참여 위험도가 큰 사업을 방위산업 국가정책사업으로 지정하고, 지정된 사업을 수행하는 자에 대하여 지체상금 또는 입찰참가자격 제한 감면이나 연구개발 기간 연장 등의 혜택을 부여할 수 있다(제8조).

라. 국방부장관은 무기체계의 안정적인 운용 및 전투준비태세 확립에 필요한 무기체계 부품관리 정책을 수립하고, 방위사업청장 및 각군 참모총장은 무기체계의 연구개발과 운용에 필요한 부품의 개발소요를 발굴한다(제9조).

마. 방위사업청장은 국방중소 · 벤처기업의 성장을 지원하기 위하여 필요한 시책을 수립하고, 창업 활성화 및 경영지원, 연구개발 촉진 및 연구개발 성과의 사업화 등의 사업을 추진할 수 있다(제10조).

바. 방위사업청장은 전문인력 양성을 위한 교육프로그램 개발 등의 시책을 추진하고, 이를 위하여 방위산업 전문인력 양성기관을 지정하여 교육 및 훈련을 실시하게 할 수 있다(제14조).

사. 방위사업청장은 방위산업 수출 확대를 위하여 필요한 경우 수출산업협력을 하는 방산업체를 위하여 국방과학기술의 이전 등의 조치를 할 수 있다(제16조).

아. 방위사업청장은 방위산업 발전을 효율적으로 지원하기 위하여 방위산업 발전 기본계획 수립을 위한 조사 · 연구, 방위산업 전문인력 양성을 위한 사업 등을 국방기술품질원으로 하여금 수행하도록 할 수 있다(제18조).

자. 방산업체 등은 자율적인 경제활동을 도모하고, 방위산업의 건전한 발전

을 위하여 방위사업청장의 인가를 받아 방위산업 공제조합을 설립할 수 있다(제20조).

5. 방위산업발전법의 시사점

가. "방위산업"의 정의

방위산업발전법에서 **"방위산업"**이란 방위산업물자등의 연구개발 또는 생산(제조 · 수리 · 가공 · 조립 · 시험 · 정비 · 재생 · 개량 또는 개조를 말한다)과 관련된 산업을 말한다(법제2조제1항제2호).

나. 방위산업의 날 지정 등 [법률 제19583호, 2023. 8. 8., 일부개정]

방위산업의 중요성을 국민에게 알리고, 방위산업계 종사자의 긍지와 자부심을 고취하기 위하여 매년 7월 8일을 방위산업의 날로 정하고(제17조의2), 방위산업 공제조합 가입대상에 「방위사업법」에 따른 전문연구기관 및 일반연구기관을 추가하였다(제20조 제3항).

다. 방위산업발전법 벌칙(제27조)

① 거짓 또는 부정한 방법으로 제12조(자금융자)제1항 또는 제13조(보조금의 교부 등)제1항에 따른 융자금 또는 보조금을 받거나 융자금 또는 보조금을 그 용도 외에 사용한 자는 10년 이하의 징역이나 금고에 처하거나 융자 또는 보조받은 금액의 10배 이하에 상당하는 벌금에 처한다.

② 제13조(보조금의 교부 등)제2항을 위반하여 방위사업청장의 승인을 받지 아니하고 재산을 양도 · 교환 또는 대부한 자는 3년 이하의 징역 또는 3천만원 이하의 벌금에 처한다.

라. 방위산업발전법 양벌규정(제28조)

법인의 대표자나 법인 또는 개인의 대리인, 사용인, 그 밖의 종업원이 그 법인 또는 개인의 업무에 관하여 제27조(벌칙)의 위반행위를 하면 그 행위자를 벌하는 외에 그 법인 또는 개인에게도 해당 조문의 벌금형을 과(科)한다. 다만, 법인 또는 개인이 그 위반행위를 방지하기 위하여 해당 업무에 관하여 상당한 주의와 감독을 게을리하지 아니한 경우에는 그러하지 아니하다.

마. 방위산업 발전 및 지원에 관한 법률 시행령 및 시행규칙

1) 방위산업 발전 및 지원에 관한 법률 시행령 목적

이 영은 「방위산업 발전 및 지원에 관한 법률」에서 위임된 사항과 그 시행에 필요한 사항을 규정함을 목적으로 한다.

2) 방위산업 발전 및 지원에 관한 법률 시행규칙 목적

이 규칙은 「방위산업 발전 및 지원에 관한 법률」 및 같은 법 시행령에서 위임된 사항과 그 시행에 필요한 사항을 규정함을 목적으로 한다.

제2절 국방과학기술혁신 촉진

1. 개 요

4차 산업혁명 등으로 기술발전 속도의 가속화됨에 따라 국방과학기술 분야에서도 혁신 및 발전이 요구되고 있으나, 현행 「방위사업법」에 따른 연구개발은 무기체계 획득을 위한 수단에 초점이 맞추어져 있어 국방과학기술의 진흥과 발전을 위한 연구개발 체계는 부족한 실정인바, '국방과학기술혁신 촉진법(약칭: 국방과학기술혁신법)'을 제정함으로써 도전적이고 혁신적인 국방연구개발사업이 추진될 수 있는 기반을 조성하려는 것이다.[67]

2. 국방과학기술혁신법의 목적

국방과학기술혁신법은 국방과학기술혁신을 위한 기반을 조성하여 국방과학기술을 혁신하고 국가경쟁력을 강화함으로써 강한 국방을 도모하며 나아가 국가 경제 발전에 이바지하는 것을 목적으로 한다.[68]

67) 국방과학기술혁신 촉진법(약칭: 국방과학기술혁신법) [시행 2021. 4. 1.] [법률 제17163호, 2020. 3. 31., 제정]

68) 국방과학기술혁신 촉진법(약칭: 국방과학기술혁신법) [시행 2024. 7. 10.] [법률 제19948호, 2024. 1. 9., 일부개정] 제1조.

3. 국방과학기술혁신법의 구성

구 분	내 용
제1장 총칙	제1조 목적, 제2조 정의, 제3조 국가 등의 책무, 제4조 국방과학기술혁신의 기본원칙, 제5조 다른 법률과의 관계
제2장 국방과학기술혁신기본계획의 수립 및 추진체계	제6조 국방과학기술혁신 기본계획 등의 수립, 제7조 협력체계 구축 등
제3장 국방연구개발사업의 추진	제8조 국방연구개발사업 추진방법, 제9조 국방연구개발사업에 대한 참여제한 등, 제10조 개발성과물의 귀속 등, 제11조 기술료의 징수 및 사용
제4장 국방과학기술혁신 기반 조성	제12조 국방과학기술 지식 · 정보의 관리, 제13조 개발성과물의 확산 및 기술이전. 제14조 연구시설 · 장비의 확충 및 활용 등, 제15조 우수 인력 육성 및 장려금 지급, 제16조 국방과학기술혁신 촉진의 지원 등
제5장 보칙	제17조 권한의 위임 · 위탁. 제18조 비밀 유지의 의무, 제19조 벌칙 적용에서 공무원 의제
제6장 벌칙	제20조 벌칙, 제21조 양벌규정

4. 국방과학기술혁신법의 주요내용

가. 국방부장관은 5년마다 국방과학기술혁신 기본계획을 수립하고, 방위사업청장은 기본계획에 따라 매년 국방과학기술혁신 시행계획을 수립하도록 한다(제6조).

나. 방위사업청장은 연구기관 등으로 하여금 국방연구개발사업을 수행하게 할 수 있고, 이 경우 방위사업청장은 연구개발주관기관 등과 계약 또는 협약을 체결할 수 있다(제8조).

다. 방위사업청장은 협약을 체결하는 국방연구개발사업에 참여한 연구기관 등, 연구책임자, 연구원 또는 소속 임직원이 연구개발 결과가 극히 불량하거나 정당한 사유 없이 연구개발과제 수행을 포기하는 경우 등에 해당하는 경우에는 2년의 범위에서 국방연구개발사업의 참여를 제한할 수 있고, 이미 출연한 사업비의 전부 또는 일부를 환수할 수 있도록 한다(제9조).

라. 국방연구개발사업을 통해 얻어지는 개발성과물은 원칙적으로 국가의 소유로 하되, 개발성과물 중 지식재산권은 계약 또는 협약으로 정하는 바에 따라 국가 및 연구개발주관기관의 공동소유로 한다(제10조).

마. 방위사업청장은 국방연구개발을 통해 확보한 기술지식 · 정보 등 국방과학기술과 관련된 지식 · 정보를 종합적 · 체계적으로 관리하도록 한다(제12조).

바. 방위사업청장은 국방과학기술혁신 촉진을 효율적으로 지원하기 위하여 국방기술품질원에 기본계획 · 시행계획 수립을 위한 연구 등의 사업을 수행하게 할 수 있다(제16조).

사. 방위사업청장이 위탁한 업무에 종사한 기관 또는 법인의 임직원 또는 그 직에 있었던 사람은 업무 수행과정에서 알게 된 비밀을 누설하여서는 아니 되며, 이를 위반한 경우 3년 이하의 징역 또는 3천만원 이하의 벌금에 처하도록 한다(제18조 및 제20조).

5. 국방과학기술혁신법의 시사점

가. "국방과학기술"과 "국방과학기술혁신"의 정의

방위산업발전법에서 **"국방과학기술"**이란 군사적 목적으로 활용하기 위한 「방위사업법」 제3조제2호에 따른 군수품의 개발 · 제조 · 가동 · 개량 · 개조 · 시험 · 측정 등에 필요한 과학기술을 말하며, **"국방과학기술혁신"**이란 국방과학기술 발전을 위한 역량을 확보하고 첨단기술을 확보 · 활용하여 유용한 성과를 창출하는 일련의 과정을 말한다(방위산업발전법 제2조 제3호 및 제4호).

나. 국방연구개발사업에 대한 참여제한 등(방위산업발전법 제9조)

① 방위사업청장은 제8조에 따라 협약을 체결하는 국방연구개발사업에 참여한 연구기관등 · 연구책임자 · 연구원 또는 소속 임직원이 다음 각 호의 어느 하나에 해당하는 경우 2년(과거에 이미 동일한 사유로 다른 국방연구개발사업 과제에서 참여를 제한받은 자에 대하여는 5년)의 범위에서 국방연구개발사업 참여를 제한할 수 있으며, 이미 출연한 사업비의 전부 또는 일부를 환수할 수 있다.

다만, 제1호에 해당하는 경우로서 연구개발을 성실하게 수행한 사실이 인정되는 경우에는 참여제한 기간과 사업비 환수액을 감면할 수 있다. 〈개정 2024. 1. 9.〉

1. 제2조제5호가목 · 나목 · 라목 · 마목의 어느 하나에 해당하는 연구개발로서 그 연구개발의 결과가 극히 불량하여 국방부장관 및 방위사업청장이 실시하는 평가에 따라 중단되거나 실패한 연구개발과제로 결정된 경우
2. 제2조제5호다목에 따른 미래도전국방기술의 연구개발로서 방위사업청장이 실시하는 평가에서 그 연구개발과제의 수행과정과 결과가 극히 불량한 것으로 판정된 경우
3. 정당한 절차 없이 연구개발 내용을 국내외에 누설하거나 유출한 경우
4. 정당한 사유 없이 연구개발과제의 수행을 포기한 경우
5. 정당한 사유 없이 기술료를 납부하지 아니하거나 사업비 환수금을 납부하지 아니한 경우
6. 연구개발비를 연구용도 외의 용도로 사용한 경우
7. 정당한 사유 없이 개발성과물인 지식재산권을 연구책임자나 연구원의 명의로 출원하거나 등록한 경우
8. 거짓이나 그 밖의 부정한 방법으로 연구개발을 수행한 경우
9. 그 밖에 협약을 위반한 경우로서 대통령령으로 정하는 경우

제3절 대외무역(무역안보)

1. 개 요

수출 진흥과 수입조정 등을 기조로 하는 현행 관리무역체제를 대외개방정책과 경제 및 무역의 국제화에 부응하는 체제로 전환하기 위하여, 현행 무역거래법상의 각종 규제를 완화하고 수출입절차의 간소화를 기하여 무역업계의 비

용을 절감하도록 하고, 무역업체 수의 증가와 선진국의 수입규제등 대외무역의 여건변화에 적절히 대응하도록 하여 수출입질서의 유지와 공정무역의 구현 등 선진무역제도를 도입하며 아울러 수입개방에 따른 국내산업의 피해를 신속히 구제하기 위한 제도와 절차를 마련하기 위하여 1986년 12월 '대외무역법'을 제정하였다.[69)]

2. 대외무역법의 목적

대외무역법은 대외무역을 진흥하고 공정한 거래 질서를 확립하여 국제 수지의 균형과 통상의 확대를 도모함으로써 국민경제를 발전시키는 데 이바지함을 목적으로 한다.[70)]

3. 대외무역법의 구성

가. 대외무역법의 장절 구성

제1장 총칙
제2장 통상의 진흥
제3장 수출입 거래
  제1절 수출입 거래 총칙
  제2절 외화획득용 원료 · 기재의 수입과 구매 등
  제3절 전략물자의 수출입
  제4절 플랜트수출
  제5절 정부간 수출계약
제3장의2 원산지의 표시 등
제4장 수입수량 제한조치
제5장 수출입의 질서유지
제6장 보칙
제7장 벌칙, 제59조 과태료.

69) 대외무역법[시행 1987. 7. 1.] [법률 제3895호, 1986. 12. 31., 제정]
70) 대외무역법[시행 2024. 8. 21.] [법률 제20319호, 2024. 2. 20., 일부개정] 제1조.

나. 대외무역법의 세부 구성

구 분	내 용
제1장 총칙	제1조 목적, 제2조 정의, 제3조 자유롭고 공정한 무역의 원칙 등, 제4조 무역의 진흥을 위한 조치, 제5조 무역에 관한 제한 등 특별조치, 제6조 무역에 관한 법령 등의 협의 등
제2장 통상의 진흥	제7조 통상진흥 시책의 수립, 제8조 민간 협력 활동의 지원 등, 제8조의2 전문무역상사의 지정 및 지원, 제9조 무역에 관한 조약의 이행을 위한 자료제출
제3장 수출입 거래	**제1절 수출입 거래 총칙** : 제10조 수출입 원칙. 제11조 수출입의 제한 등, 제12조 통합 공고, 제13조 특정 거래 형태의 인정 등, 제14조 수출입 승인 면제의 확인, 제15조 과학적 무역업무의 처리기반 구축 **제2절 외화획득용 원료 · 기재의 수입과 구매 등** : 제16조 외화획득용 원료 · 기재의 수입 승인 등, 제17조 외화획득용 원료 · 기재의 목적을 벗어난 사용 등, 제18조 구매확인서의 발급 등 **제3절 전략물자의 수출입** : 제19조 전략물자, 제19조의2 수출허가, 제19조의3 상황허가, 제19조의4 경유 또는 환적허가, 제19조의5 중개허가, 제19조의6 허가 심사 등, 제19조의7 허가 취소, 제20조 전문판정, 제20조의2 자가판정, 제21조 이동중지명령 등, 제22조 자율준수무역거래자, 제22조의2 자율준수무역거래자 등급 조정 및 지정 취소, 제23조 전략물자수출입고시 등. 제24조 전략물자 수출입관리 정보시스템, 제24조의2, 제24조의3 수출허가 등의 취소, 제25조 무역안보관리원의 설립 등, 제26조 전략물자 수출입통제 협의회, 제27조 수입목적확인서, 제28조 서류 보관, 제29조 비밀 준수, 제30조 전략물자등의 수출입 제한 등, 제31조 **제4절 플랜트수출** : 제32조 플랜트수출의 촉진 등 **제5절 정부간 수출계약** : 제32조의2 정부간 수출계약의 보증 및 원칙, 제32조의3 정부간 수출계약의 전담기관, 제32조의4 정부간 수출계약 심의위원회, 제32조의5 국내 기업의 책임 등
제3장의2 원산지의 표시 등	제33조 수출입 물품등의 원산지의 표시, 제33조의2 원산지의 표시 위반에 대한 시정명령 등, 제34조 원산지 판정 등, 제35조 수입 원료를 사용한 국내생산 물품등의 원산지 판정 기준 등, 제36조 수입 물품등의 원산지증명서의 제출, 제37조 원산지증명서의 발급

구 분	내 용
	등, 제38조 외국산 물품등을 국산 물품등으로 가장하는 행위의 금지
제4장 수입수량 제한조치	제39조 수입수량 제한조치, 제40조 수입수량제한조치에 대한 연장 등, 제41조
제5장 수출입의 질서유지	제42조, 제43조 수출입 물품등의 가격 조작 금지, 제44조 무역거래자간 무역분쟁의 신속한 해결, 제45조 선적 전 검사와 관련한 분쟁 조정 등, 제46조 조정명령
제6장 보칙	제47조 청문, 제48조 보고와 검사 등, 제49조 교육명령, 제50조 「독점규제 및 공정거래에 관한 법률」과의 관계, 제51조 「국가보안법」과의 관계, 제52조 권한의 위임 · 위탁
제7장 벌칙	제53조 벌칙, 제53조의2 벌칙, 제54조 벌칙, 제55조 미수범, 제56조 과실범, 제57조 양벌규정, 제58조 벌칙 적용 시의 공무원 의제, 제59조 과태료

4. 대외무역법의 개정안의 주요내용

2024년 2월 20일 일부 개정되어 2024년 8월 21일부로 시행되는 대외무역법은 조약 및 일반적으로 승인된 국제법규에서 정한 국제평화와 안전유지 등의 의무를 이행하기 위하여 필요할 경우 물품 등의 수출, 수입 이외에도 경유, 환적 또는 중개를 제한하거나 금지할 수 있는 근거를 마련하고, 국제평화와 국가안보를 위하여 기존 국제수출통제체제에서 지정한 전략물자 이외에도 이에 준하는 다자간 수출통제 공조에 따라 수출허가 등 제한이 필요한 물품 등을 전략물자로 지정할 수 있도록 하였다.

한편, 산업통상자원부장관 등이 전략물자 전문판정 신청 정보 및 자가판정 결과를 점검할 수 있도록 하고, 자율준수무역거래자의 등급 조정 근거를 마련하며, 전략물자관리원의 명칭을 무역안보관리원으로 변경하면서 수행 업무에 무역안보 정책수립 지원, 산업영향분석 및 실태조사 지원 등을 추가하는 등 현행 제도의 운영상 나타난 일부 미비점을 개선 · 보완하였다. 개정된 조항은 다음과 같다.

대외무역법 제5조(무역에 관한 제한 등 특별 조치)

산업통상자원부장관은 다음 각 호의 어느 하나에 해당하는 경우에는 대통령령으로 정하는 바에 따라 물품등의 수출과 수입을 제한하거나 금지할 수 있다. 다만, 제4호에 해당하는 경우에는 대통령령으로 정하는 바에 따라 물품등의 수출, 수입, 경유, 환적(換積) 또는 중개를 제한하거나 금지할 수 있다. 〈개정 2008. 2. 29., 2013. 3. 23., 2013. 7. 30., 2024. 2. 20.〉

1. 우리나라 또는 우리나라의 무역 상대국(이하 "교역상대국"이라 한다)에 전쟁·사변 또는 천재지변이 있을 경우
2. 교역상대국이 조약과 일반적으로 승인된 국제법규에서 정한 우리나라의 권익을 인정하지 아니할 경우
3. 교역상대국이 우리나라의 무역에 대하여 부당하거나 차별적인 부담 또는 제한을 가할 경우
4. 헌법에 따라 체결·공포된 무역에 관한 조약과 일반적으로 승인된 국제법규에서 정한 국제평화와 안전유지 등의 의무를 이행하기 위하여 필요할 경우

4의2. 국제평화와 안전유지를 위한 국제공조에 따른 교역여건의 급변으로 교역상대국과의 무역에 관한 중대한 차질이 생기거나 생길 우려가 있는 경우

5. 인간의 생명·건강 및 안전, 동물과 식물의 생명 및 건강, 환경보전 또는 국내자원보호를 위하여 필요할 경우 [시행일: 2024. 8. 21.] 제5조

대외무역법 제19조(전략물자)

산업통상자원부장관은 관계 행정기관의 장과 협의하여 국제평화 및 안전유지와 국가안보를 위하여 필요하다고 인정하는 경우에는 대통령령으로 정하는 국제수출통제체제 또는 이에 준하는 다자간 수출통제 공조(이하 "국제수출통제체제등"이라 한다)에 따라 수출허가 등 제한이 필요한 물품등(대통령령으로 정하는 기술을 포함한다.)을 지정·고시하여야 한다. [전문개정 2024. 2. 20.] [시행일: 2024. 8. 21.] 제19조

⇨ **전략물자 수출입고시**[시행 2024. 2. 24.] [산업통상자원부고시 제2024-31호, 2024. 2. 21., 일부개정], 제4절 전략물자 수출입 참조

대외무역법 제19조의2(수출허가)

제19조에 따라 지정·고시된 물품등(이하 "전략물자"라 한다)을 수출(제19조에 따른 기술이 다음 각 호의 어느 하나에 해당되는 경우로서 대통령령으로

정하는 경우를 포함한다. 이하 제19조의3부터 제19조의7까지, 제20조, 제20조의2, 제21조, 제22조, 제22조의2, 제24조, 제25조, 제28조, 제30조, 제47조부터 제49조까지, 제53조제1항, 제53조제2항제2호 · 제3호 · 제3호의2 · 제4호 · 제5호 · 제5호의2부터 제5호의5까지 · 제6호 · 제7호 · 제7호의2 및 제53조의2제1호에서 같다)하려는 자 또는 수출신고(「관세법」 제241조제1항에 따른 수출신고를 말한다. 이하 같다)하려는 자는 대통령령으로 정하는 바에 따라 산업통상자원부장관이나 관계 행정기관의 장의 허가(이하 "수출허가"라 한다)를 받아야 한다. 다만, 「방위사업법」 제57조제2항에 따라 허가를 받은 방위산업물자 및 국방과학기술이 전략물자에 해당하는 경우에는 그러하지 아니하다. [본조신설 2024. 2. 20.] [시행일: 2024. 8. 21.] 제19조의2

1. 국내에서 국외로의 이전
2. 국내 또는 국외에서 대한민국 국민(국내법에 따라 설립된 법인을 포함)으로부터 외국인(외국의 법률에 따라 설립된 법인을 포함)에게로의 이전

방위사업법 제57조(수출 허가 등) 제2항

② 방산물자 및 국방과학기술을 국외로 수출하거나 그 거래를 중개하고자 하는 경우에는 대통령령이 정하는 바에 따라 방위사업청장의 허가를 받아야 한다. 다만, 방산물자 및 국방과학기술을 국외로 수출하는 경우로서 해외에 파병된 국군에 제공하는 등 대통령령으로 정하는 경우에는 그러하지 아니하다. 〈개정 2008. 2. 29., 2013. 3. 23., 2015. 3. 27., 2016. 12. 20.〉

방사청 국방기술보호국 기술심사과의 연도별 방산물자 및 군용전략물자 수출허가 현황은 다음과 같다.[71]

〈연도별 방산물자 및 군용전략물자 수출허가 현황(단위 : 건)〉

구분	2018년	2019년	2020년	2021년	2022년	비고
방산물자	294	234	212	99	117	
군용전략물자	1,967	1,730	1,852	1,692	1,666	
총계	2,261	1,964	2,064	1,791	1,783	

71) 방사청, 2023년 방위사업 통계연보, 2023.6.16. p.160.

대외무역법 제19조의3(상황허가)

전략물자에는 해당되지 아니하나 대량파괴무기와 그 운반수단인 미사일 및 재래식무기(이하 "대량파괴무기등"이라 한다)의 제조·개발·사용 또는 보관 등의 용도로 이용 또는 전용될 가능성이 높은 물품등을 수출하려는 자 또는 수출신고하려는 자는 수입자나 최종사용자 등이 이를 대량파괴무기등의 제조·개발·사용 또는 보관 등의 용도로 이용 또는 전용할 의도가 있음을 알았거나 다음 각 호의 어느 하나에 해당되어 그러한 의도가 있다고 의심되면 대통령령으로 정하는 바에 따라 산업통상자원부장관이나 관계 행정기관의 장의 허가(이하 "상황허가"라 한다)를 받아야 한다. [본조신설 2024. 2. 20.] [시행일: 2024. 8. 21.] 제19조의3

1. 수입자가 해당 물품등의 최종용도에 관하여 필요한 정보 제공을 기피하는 경우
2. 해당 물품등이 최종사용자의 사업 분야에 활용되지 아니하는 경우
3. 해당 물품등이 수입국의 기술수준과 현저한 격차가 있는 경우
4. 최종사용자가 해당 물품등이 활용될 분야의 사업 경력이 없는 경우
5. 최종사용자가 해당 물품등에 대한 전문적 지식이 없으면서도 그 물품등의 수출을 요구하는 경우
6. 최종사용자가 해당 물품등에 대한 설치·보수 또는 교육훈련 서비스를 거부하는 경우
7. 해당 물품등의 최종수하인이 운송업자인 경우
8. 해당 물품등에 대한 가격조건이나 지불조건이 통상적인 범위를 벗어나는 경우
9. 해당 물품등의 납기일이 통상적인 기간을 벗어난 경우
10. 해당 물품등의 수송경로가 통상적인 경로를 벗어난 경우
11. 해당 물품등의 수입국 내 사용 또는 재수출 여부가 명백하지 아니한 경우
12. 해당 물품등에 대한 정보나 목적지 등에 대하여 통상적인 범위를 벗어나는 보안을 요구하는 경우
13. 그 밖에 국제정세의 변화 또는 국가안보를 해치는 사유의 발생 등으로 관계 행정기관의 장과 협의하여 산업통상자원부장관이 상황허가를 받도록 정하여 고시하는 경우

대외무역법 제19조의4(경유 또는 환적허가)

전략물자 또는 상황허가 대상인 물품등(이하 "전략물자등"이라 한다)을 국내 항만이나 공항을 경유하거나 국내에서 환적하려는 자는 대통령령으로 정하는 바에 따라 산업통상자원부장관이나 관계 행정기관의 장의 허가(이하 "경유 또

는 환적허가"라 한다)를 받아야 한다. [본조신설 2024. 2. 20.] [시행일: 2024. 8. 21.] 제19조의4

대외무역법 제19조의5(중개허가)

전략물자등이 제3국에서 다른 제3국으로 수출되도록 중개하려는 자는 대통령령으로 정하는 바에 따라 산업통상자원부장관이나 관계 행정기관의 장의 허가(이하 "중개허가"라 한다)를 받아야 한다. 다만, 「방위사업법」 제57조제2항에 따라 허가를 받은 방위산업물자 및 국방과학기술이 전략물자등에 해당하는 경우에는 그러하지 아니하다. [본조신설 2024. 2. 20.] [시행일: 2024. 8. 21.] 제19조의5

대외무역법 제19조의6(허가 심사 등)

① 산업통상자원부장관이나 관계 행정기관의 장은 수출허가, 상황허가, 경유 또는 환적허가 및 중개허가 신청을 받으면 다음 각 호의 기준을 고려하여 해당 허가를 할 수 있다. 이 경우 대통령령으로 정하는 바에 따라 조건을 붙여 해당 허가를 할 수 있다.

1. 해당 전략물자등이 평화적 목적에 사용될 것
2. 해당 전략물자등의 거래가 국제평화 및 안전유지와 국가안보에 영향을 미치지 아니할 것
3. 해당 전략물자등의 수입자나 최종사용자 등이 거래에 적합한 자격을 가지고 있고 그 사용용도를 신뢰할 수 있을 것
4. 그 밖에 국제수출통제체제등에 따라 관계 행정기관의 장과 협의하여 산업통상자원부장관이 정하여 고시하는 기준에 부합할 것

② 산업통상자원부장관이나 관계 행정기관의 장은 제1항 각 호의 기준에 부합하는지를 확인하기 위하여 필요하다고 인정하는 경우 최종사용자 및 사용용도 관련 서류 보완, 증빙자료 제출 등을 요구할 수 있다.

③ 산업통상자원부장관이나 관계 행정기관의 장은 재외공관에서 사용될 공용물품을 수출하는 경우 등 대통령령으로 정하는 사유에 해당하는 경우에는 수출허가, 상황허가, 경유 또는 환적허가 및 중개허가를 면제할 수 있다. 이 경우 해당 허가 면제 사유에 해당하는지를 확인하기 위하여 허

가를 면제 받은 자에게 산업통상자원부장관이 정하여 고시하는 서류를 제출하도록 할 수 있다.

[본조신설 2024. 2. 20.] [시행일: 2024. 8. 21.] 제19조의6

대외무역법 제19조의7(허가 취소)

① 산업통상자원부장관이나 관계 행정기관의 장은 수출허가, 상황허가, 경유 또는 환적허가 및 중개허가를 한 후 다음 각 호의 어느 하나에 해당하는 경우에는 해당 허가를 취소할 수 있다. 〈개정 2024. 2. 20.〉

1. 거짓 또는 부정한 방법으로 허가를 받은 사실이 발견된 경우
2. 전쟁, 테러 등 국가 간 안보 또는 대량파괴무기등의 이동·확산 우려 등과 같은 국제정세의 변화가 있는 경우

② 제1항에 따라 허가를 취소한 경우 산업통상자원부장관이나 관계 행정기관의 장은 그 사실을 관세청장에게 즉시 통보하여야 한다. 〈신설 2024. 2. 20.〉

[본조신설 2013. 7. 30.] [제목개정 2024. 2. 20.] [제24조의3에서 이동 〈2024. 2. 20.〉] [시행일: 2024. 8. 21.] 제19조의7

대외무역법 제20조(전문판정)

① 물품등을 수출, 수출신고, 경유, 환적 또는 중개하려는 자(제19조의2에 따른 기술이전 행위의 전부 또는 일부를 위임하거나 기술이전 행위를 하는 자를 포함한다. 이하 이 조, 제20조의2, 제22조, 제22조의2 및 제28조에서 같다) 또는 정보수사기관의 장 등은 해당 물품등이 전략물자인지 또는 제19조의3제13호에 따른 상황허가 대상 물품등인지를 확인하기 위하여 대통령령으로 정하는 바에 따라 산업통상자원부장관이나 관계 행정기관의 장에게 판정(이하 "전문판정"이라 한다)을 신청할 수 있다. 이 경우 산업통상자원부장관이나 관계 행정기관의 장은 제25조에 따른 무역안보관리원의 장 또는 대통령령으로 정하는 관련 전문기관에 판정을 위임하거나 위탁할 수 있다.

② 산업통상자원부장관이나 관계 행정기관의 장은 물품등을 수출, 수출신

고, 경유, 환적 또는 중개하려는 자가 전문판정을 신청할 경우 물품등의 성능, 용도 및 기술적 특성과 관련하여 제공한 정보의 사실 여부를 점검할 수 있다.

[전문개정 2024. 2. 20.] [시행일: 2024. 8. 21.] 제20조

대외무역법 제20조의2(자가판정)

① 제20조에도 불구하고 물품등을 수출, 수출신고, 경유, 환적 또는 중개하려는 자로서 산업통상자원부장관이 고시하는 교육을 이수한 자는 해당 물품등이 전략물자인지 또는 제19조의3제13호에 따른 상황허가 대상 물품등인지를 스스로 확인하기 위하여 자가판정(이하 "자가판정"이라 한다)을 할 수 있다. 이 경우 자가판정을 한 자는 물품등의 성능과 용도 및 기술적 특성 등 산업통상자원부장관이 고시하는 정보를 제24조의 전략물자 수출입관리 정보시스템에 등록하여야 한다.

② 제1항에도 불구하고 다음 각 호의 어느 하나에 해당하는 경우에는 자가판정을 할 수 없다.

1. 기술(제22조에 따른 자율준수무역거래자 중 산업통상자원부장관이 고시하는 무역거래자가 기술을 수출하는 경우는 제외한다)
2. 그 밖에 산업통상자원부장관이 자가판정 대상이 아닌 것으로 고시하는 물품등

③ 산업통상자원부장관이나 관계 행정기관의 장은 물품등을 수출, 수출신고, 경유, 환적 또는 중개하려는 자가 제1항에 따라 스스로 한 자가판정의 결과를 점검할 수 있다.

[본조신설 2024. 2. 20.] [시행일: 2024. 8. 21.] 제20조의2

대외무역법 제21조(이동중지명령 등)

① 산업통상자원부장관 또는 관계 행정기관의 장은 전략물자등이 허가를 받지 아니하고 수출, 경유, 환적되거나 거짓이나 그 밖의 부정한 방법으로 허가를 받아 수출, 경유, 환적되는 것(이하 "무허가수출등"이라 한다)을 막기 위하여 필요하면 적법한 수출, 경유, 환적이라는 사실이 확인될 때까지 이동중지명령을 할 수 있다.

② 제1항에도 불구하고 산업통상자원부장관 또는 관계 행정기관의 장은 무허가수출등을 막기 위하여 긴급하게 그 이동을 제한할 필요가 있으면 적법한 수출, 경유, 환적이라는 사실이 확인될 때까지 직접 이동중지조치를 할 수 있다.

③ 산업통상자원부장관 또는 관계 행정기관의 장은 제2항에 따른 이동중지조치를 하기가 적절하지 아니하면 다른 행정기관에 협조를 요청할 수 있다. 이 경우 협조를 요청받은 행정기관은 국가 간 무허가수출등을 막을 수 있도록 협조하여야 한다.

④ 제2항에 따라 이동중지조치를 하는 공무원은 그 권한을 표시하는 증표를 지니고 이를 관계인에게 내보여야 한다.

⑤ 제1항에 따른 이동중지명령 및 제2항에 따른 이동중지조치의 기간과 방법은 국가 간 무허가수출등을 막기 위하여 필요한 최소한도에 그쳐야 한다. [본조신설 2024. 2. 20.] [시행일: 2024. 8. 21.] 제21조

대외무역법 제22조(자율준수무역거래자)

① 산업통상자원부장관은 기업 또는 대통령령으로 정하는 대학 및 연구기관의 자율적인 전략물자 수출입관리 능력을 높이기 위하여 전략물자 여부에 대한 판정능력, 수입자 및 최종사용자에 대한 분석능력 등 대통령령으로 정하는 능력을 갖춘 무역거래자를 자율준수무역거래자로 지정할 수 있다. 〈개정 2008. 2. 29., 2013. 3. 23., 2013. 7. 30., 2024. 2. 20.〉

② 산업통상자원부장관은 제1항에 따라 지정을 받은 자율준수무역거래자(이하 이 조에서 "자율준수무역거래자"라 한다)에게 대통령령으로 정하는 바에 따라 전략물자에 대한 수출입관리 업무의 일부를 자율적으로 관리하게 할 수 있다. 〈개정 2008. 2. 29., 2013. 3. 23., 2024. 2. 20.〉

③ 자율준수무역거래자는 제2항에 따라 자율적으로 관리하는 전략물자의 수출실적 등을 대통령령으로 정하는 바에 따라 산업통상자원부장관에게 보고하여야 한다. 〈개정 2008. 2. 29., 2013. 3. 23.〉

④ 삭제 〈2024. 2. 20.〉

[제25조에서 이동, 종전 제22조는 제27조로 이동 〈2024. 2. 20.〉] [시행일: 2024. 8. 21.] 제22조

대외무역법 제22조의2(자율준수무역거래자 등급 조정 및 지정 취소)

① 산업통상자원부장관은 제22조제1항에 따라 자율준수무역거래자를 지정하는 경우 같은 항에 따른 대통령령으로 정하는 능력을 갖춘 정도에 따라 자율준수무역거래자의 등급을 달리 정할 수 있다.

② 산업통상자원부장관은 다음 각 호의 어느 하나에 해당하는 경우에는 자율준수무역거래자의 등급을 조정할 수 있다. 다만, 제1호에 따른 능력을 현저히 갖추지 못하였거나 고의나 중대한 과실로 인하여 제2호부터 제4호까지에 해당하는 경우에는 자율준수무역거래자의 지정을 취소할 수 있다. [본조신설 2024. 2. 20.] [시행일: 2024. 8. 21.] 제22조의2

1. 제22조제1항에 따른 대통령령으로 정하는 능력을 유지하지 못하는 경우
2. 수출허가를 받지 아니하고 전략물자를 수출하거나 수출신고한 경우
3. 상황허가를 받지 아니하고 상황허가 대상인 물품등을 수출하거나 수출신고한 경우
4. 경유 또는 환적허가를 받지 아니하고 전략물자등을 경유 또는 환적한 경우
5. 중개허가를 받지 아니하고 전략물자등을 중개한 경우
6. 제22조제3항에 따른 보고 의무를 이행하지 아니한 경우
7. 제28조에 따른 서류 보관 의무를 이행하지 아니한 경우

대외무역법 제23조(전략물자수출입고시 등)

① 산업통상자원부장관은 관계 행정기관의 장과 협의하여 제19조, 제19조의2부터 제19조의7까지, 제20조, 제20조의2, 제21조, 제22조, 제22조의2, 제27조 및 제28조 등에 관한 요령을 고시하여야 한다.

② 관세청장은 전략물자등의 수출입통관 절차에 관한 사항을 고시하여야 한다. [전문개정 2024. 2. 20.] [시행일: 2024. 8. 21.] 제23조

대외무역법 제24조(전략물자 수출입관리 정보시스템)

① 산업통상자원부장관은 다음 각 호의 업무를 수행하기 위하여 관계 행정기관의 장 및 제25조에 따른 무역안보관리원과 공동으로 전략물자 수출입관리 정보시스템을 구축·운영할 수 있다. 〈개정 2024. 2. 20.〉

1. 수출허가, 상황허가, 경유 또는 환적허가, 중개허가, 전문판정, 자가판정, 제27조에 따른 수입목적확인서의 발급 등에 관한 업무
2. 전략물자의 수출입관리에 필요한 정보의 수집·분석 및 관리 업무

② 제1항에 따른 전략물자 수출입관리 정보시스템의 구축·운영에 필요한 사항은 대통령령으로 정한다.

[제목개정 2024. 2. 20.] [제28조에서 이동, 종전 제24조는 삭제 〈2024. 2. 20.〉] [시행일: 2024. 8. 21.] 제24조

대외무역법 제25조(무역안보관리원의 설립 등)

① 전략물자 수출입관리 업무를 효율적으로 지원하기 위하여 무역안보관리원을 설립한다. 〈개정 2024. 2. 20.〉

② 무역안보관리원은 법인으로 한다. 〈개정 2024. 2. 20.〉

③ 무역안보관리원은 정관으로 정하는 바에 따라 임원과 직원을 둔다. 〈개정 2024. 2. 20.〉

④ 무역안보관리원은 그 주된 사무소의 소재지에서 설립등기를 함으로써 성립한다. 〈개정 2024. 2. 20.〉

⑤ 무역안보관리원은 정부의 전략물자 수출입관리 정책에 따라 다음 각 호의 업무를 수행한다. 〈개정 2009. 4. 22., 2013. 7. 30., 2024. 2. 20.〉

1. 무역안보 정책수립 지원
2. 무역안보 산업영향분석 및 실태조사 지원
3. 무역안보 국제협력 지원(외교안보 관련 사항은 제외한다)
4. 제20조제1항 후단에 따른 전문판정
5. 전문판정 신청 정보 점검 및 자가판정 결과 점검 등 지원
6. 제24조제1항에 따른 전략물자 수출입관리 정보시스템의 운영
7. 제30조에 따른 전략물자등의 수출입 제한 등 및 제48조에 따른 보고·검사 등 지원
8. 전략물자등의 수출입자에 대한 교육
9. 그 밖에 대통령령으로 정하는 업무

⑥ 무역안보관리원의 장은 산업통상자원부장관의 승인을 받아 제5항 각 호의 업무에 관하여 무역안보관리원을 이용하는 자에게 일정한 수수료를 징수할 수 있다. 〈개정 2008. 2. 29., 2013. 3. 23., 2024. 2. 20.〉

⑦ 무역안보관리원에 관하여 이 법에서 정한 것 외에는 「민법」 중 재단법인에 관한 규정을 준용한다. 〈개정 2024. 2. 20.〉

⑧ 정부는 무역안보관리원의 설립 · 운영에 필요한 경비를 예산의 범위에서 출연하거나 지원할 수 있다. 〈개정 2024. 2. 20.〉

[제목개정 2024. 2. 20.] [제29조에서 이동, 종전 제25조는 제22조로 이동 〈2024. 2. 20.〉] [시행일: 2024. 8. 21.] 제25조

대외무역법 제26조(전략물자 수출입통제 협의회)

① 산업통상자원부장관과 관계 행정기관의 장은 전략물자등의 수출입통제와 관련된 부처간 협의를 위하여 공동으로 전략물자 수출입통제 협의회(이하 이 조에서 “협의회”라 한다)를 구성할 수 있다. 〈개정 2008. 2. 29., 2013. 3. 23., 2016. 1. 27.〉

② 협의회의 회의는 관계 행정기관의 소관 업무별로 그 소관 관계 행정기관의 장이 주재한다.

③ 협의회의 구성원인 각 행정기관의 장은 전략물자등의 수출입통제에 필요하면 대통령령으로 정하는 정보수사기관의 장 또는 관세청장에게 조사 · 지원을 요청할 수 있다. 〈개정 2013. 7. 30., 2016. 1. 27.〉

④ 제3항에 따른 정보수사기관의 장 또는 관세청장은 전략물자등의 무허가 수출등 행위를 인지한 경우에는 협의회의 각 행정기관의 장에게 통보하는 등 필요한 조치를 취할 수 있다. 〈신설 2016. 1. 27., 2020. 3. 18.〉

⑤ 협의회의 구성과 운영에 필요한 사항은 대통령령으로 정한다. 〈개정 2016. 1. 27.〉 [제30조에서 이동, 종전 제26조는 삭제 〈2024. 2. 20.〉] [시

행일: 2024. 8. 21.] 제26조

대외무역법 제27조(수입목적확인서)

전략물자를 수입하려는 자는 대통령령으로 정하는 바에 따라 산업통상자원부장관이나 관계 행정기관의 장에게 수입목적 등의 확인을 내용으로 하는 수입목적확인서의 발급을 신청할 수 있다. 이 경우 산업통상자원부장관과 관계 행정기관의 장은 확인 신청 내용이 사실인지 확인한 후 수입목적확인서를 발급할 수 있다. 〈개정 2008. 2. 29., 2013. 3. 23.〉 [제목개정 2024. 2. 20.] [제22조에서 이동, 종전 제27조는 제29조로 이동 〈2024. 2. 20.〉] [시행일: 2024. 8. 21.] 제27조

대외무역법 제28조(서류 보관)

무역거래자는 다음 각 호의 서류를 5년간 보관하여야 한다.[본조신설 2024. 2. 20.] [종전 제28조는 제24조로 이동 〈2024. 2. 20.〉] [시행일: 2024. 8. 21.] 제28조

1. 전략물자등을 수출, 수출신고, 경유, 환적 또는 중개한 자의 경우 그 수출허가, 상황허가, 경유 또는 환적허가 및 중개허가에 관한 서류
2. 전문판정 및 자가판정에 관한 서류
3. 그 밖에 산업통상자원부장관이 관계 행정기관의 장과 협의하여 고시하는 서류

대외무역법 제29조(비밀 준수)

이 법에 따른 전략물자의 수출입관리 업무와 관련된 공무원, 제25조에 따른 무역안보관리원의 임직원과 제25조제5항제4호의 판정 업무와 관련된 자는 전략물자 수출입관리 업무의 수행과정에서 알게 된 영업상 비밀을 해당 무역거래자의 동의 없이 외부에 누설하여서는 아니 된다. 〈개정 2009. 4. 22., 2024. 2. 20.〉

[제목개정 2024. 2. 20.] [제27조에서 이동, 종전 제29조는 제25조로 이동 〈2024. 2. 20.〉] [시행일: 2024. 8. 21.] 제29조

대외무역법 제30조(전략물자등의 수출입 제한 등)

① 산업통상자원부장관 또는 관계 행정기관의 장은 다음 각 호의 어느 하나

에 해당하는 자에게 3년 이내의 범위에서 일정 기간 동안 전략물자등의 전부 또는 일부의 수출, 수입, 경유, 환적 또는 중개를 제한할 수 있다. 〈개정 2008. 2. 29., 2009. 4. 22., 2013. 3. 23., 2013. 7. 30., 2020. 3. 18., 2024. 2. 20.〉

1. 수출허가를 받지 아니하고 전략물자를 수출하거나 수출신고한 자
2. 상황허가를 받지 아니하고 상황허가 대상인 물품등을 수출하거나 수출신고한 자
3. 경유 또는 환적허가를 받지 아니하고 전략물자등을 경유 또는 환적한 자
4. 중개허가를 받지 아니하고 전략물자등을 중개한 자
5. 거짓이나 그 밖의 부정한 방법으로 수출허가, 상황허가, 경유 또는 환적허가 및 중개허가를 받은 자
6. 수출허가, 상황허가, 경유 또는 환적허가 및 중개허가를 받았으나 제19조의6 제1항에 따라 산업통상자원부장관이나 관계 행정기관의 장이 정한 조건을 이행하지 아니한 자
7. 제21조제1항에 따른 이동중지명령을 위반하거나 같은 조 제2항에 따른 이동중지조치를 방해한 자

② 관계 행정기관의 장은 제1항 각 호의 어느 하나에 해당하는 자가 있음을 알게 되면 즉시 산업통상자원부장관에게 통보하여야 한다. 〈개정 2008. 2. 29., 2013. 3. 23.〉

③ 산업통상자원부장관 또는 관계 행정기관의 장은 제1항에 따라 전략물자등의 수출입을 제한한 자와 외국 정부가 자국의 법령에 따라 전략물자등의 수출입을 제한한 자의 명단과 제한 내용을 공고할 수 있다. 〈개정 2008. 2. 29., 2009. 4. 22., 2013. 3. 23., 2013. 7. 30.〉 [제목개정 2013. 7. 30.]

[제31조에서 이동, 종전 제30조는 제26조로 이동 〈2024. 2. 20.〉]

[시행일: 2024. 8. 21.] 제30조

대외무역법 제47조(청문)

산업통상자원부장관 또는 관계 행정기관의 장은 다음 각 호의 어느 하나에 해당하는 처분을 하려면 청문을 하여야 한다. 〈개정 2008. 2. 29., 2009. 4. 22., 2013. 3. 23., 2013. 7. 30., 2022. 11. 15., 2024. 2. 20.〉 [시행일:

2024. 8. 21.] 제47조

1. 제8조의2제3항에 따른 전문무역상사의 지정 취소
2. 제19조의7에 따른 수출허가, 상황허가, 경유 또는 환적허가 및 중개허가의 취소
3. 제46조제1항에 따른 조정명령

대외무역법 제48조(보고와 검사 등)

① 산업통상자원부장관 또는 관계 행정기관의 장은 제5조제4호에 따라 제한되거나 금지된 물품등을 수출, 수입, 경유, 환적 또는 중개하였거나 하려고 한 자, 같은 조 제4호의2에 따라 제한되거나 금지된 물품등을 수출, 수입하였거나 하려고 한 자 또는 수출허가, 상황허가, 경유 또는 환적허가 및 중개허가를 받지 아니하고 수출, 수출신고, 경유, 환적 또는 중개하였거나 하려고 한 자에게 다음 각 호의 사항에 관한 보고 또는 자료의 제출을 명할 수 있다. 〈개정 2008. 2. 29., 2009. 4. 22., 2013. 3. 23., 2013. 7. 30., 2024. 2. 20.〉

1. 수입국
2. 수입자 · 최종사용자 또는 그의 위임을 받은 자 및 그 소재지, 사업 분야, 주요 거래자 및 사용 목적
3. 수입자 · 최종사용자 또는 그의 위임을 받은 자를 확인하기 위한 수입국의 권한 있는 기관이 발급한 납세증명서 등 관련 자료 또는 대외 공표자료
4. 그 밖에 운송수단, 경유국(經由國), 환적국(換積國), 대금 결제방법 등 산업통상자원부장관이 정하여 고시하는 사항

② 산업통상자원부장관 또는 관계 행정기관의 장은 전문판정 신청 정보 점검이나 자가판정 결과 점검을 위하여 전문판정을 신청한 자 또는 자가판정을 한 자에게 물품등의 성능, 용도 및 기술적 특성을 표시하는 상품안내서, 사양서 등 자료의 제출을 명할 수 있다. 〈신설 2024. 2. 20.〉

③ 산업통상자원부장관 또는 관계 행정기관의 장은 이 법의 시행을 위하여 필요하다고 인정하면 그 소속 공무원에게 제1항에 규정된 자의 사무소, 영업소, 공장 또는 창고 등에서 장부 · 서류나 그 밖의 물건을 검사하게 할 수 있다. 〈개정 2008. 2. 29., 2009. 4. 22., 2013. 3. 23., 2024. 2. 20.〉

④ 제3항에 따라 검사를 하는 공무원은 그 권한을 표시하는 증표를 지니고, 이를 관계인에게 내보여야 한다. 〈개정 2024. 2. 20.〉 [시행일: 2024. 8. 21.] 제48조

대외무역법 제49조(교육명령)

산업통상자원부장관 또는 관계 행정기관의 장은 다음 각 호의 어느 하나에 해당하는 자에게 대통령령으로 정하는 바에 따라 교육명령을 부과할 수 있다. 〈개정 2013. 3. 23., 2013. 7. 30., 2020. 3. 18., 2024. 2. 20.〉 [전문개정 2009. 4. 22.] [시행일: 2024. 8. 21.] 제49조

1. 수출허가 또는 상황허가를 받지 아니하고 수출하거나 수출신고한 자
2. 거짓이나 그 밖의 부정한 방법으로 수출허가 또는 상황허가를 받은 자
3. 경유 또는 환적허가 및 중개허가를 받지 아니하고 경유·환적·중개한 자
4. 거짓이나 그 밖의 부정한 방법으로 경유 또는 환적허가 및 중개허가를 받은 자
5. 수출허가, 상황허가, 경유 또는 환적허가 및 중개허가를 받았으나 제19조의6제1항에 따라 산업통상자원부장관이나 관계 행정기관의 장이 정한 조건을 이행하지 아니한 자
6. 제19조의6제3항에 따른 허가 면제 사유를 입증하기 위한 서류를 제출하지 아니한 자
7. 제21조제1항에 따른 이동중지명령을 위반하거나 같은 조 제2항에 따른 이동중지조치를 방해한 자

5. 대외무역법의 시사점

대외무역법 제51조(「국가보안법」과의 관계)

이 법에 따른 물품등의 수출·수입행위에 대하여는 그 행위가 업무 수행상 정당하다고 인정되는 범위에서 「국가보안법」을 적용하지 아니한다.

대외무역법 제57조(양벌규정)

법인의 대표자나 법인 또는 개인의 대리인, 사용인, 그 밖의 종업원이 그 법인 또는 개인의 업무에 관하여 제53조, 제53조의2 또는 제54조부터 제56조까지의 어느 하나에 해당하는 위반행위를 하면 그 행위자를 벌하는 외에 그 법인 또는 개인에게도 해당 조문의 벌금형을 과(科)한다. 다만, 법인 또는 개인

이 그 위반행위를 방지하기 위하여 해당 업무에 관하여 상당한 주의와 감독을 게을리하지 아니한 경우에는 그러하지 아니하다. 〈개정 2010. 4. 5.〉 [전문개정 2008. 12. 26.]

대외무역법 제53조(벌칙)

① 전략물자등의 국제적 확산을 꾀할 목적으로 다음 각 호의 어느 하나에 해당하는 위반행위를 한 자는 7년 이하의 징역 또는 수출, 경유, 환적 또는 중개하는 물품등의 가격의 5배에 해당하는 금액 이하의 벌금에 처한다. 〈개정 2013. 7. 30., 2024. 2. 20.〉

1. 제19조의2에 따른 수출허가를 받지 아니하고 전략물자를 수출하거나 수출신고한 자
2. 제19조의3에 따른 상황허가를 받지 아니하고 상황허가 대상인 물품등을 수출하거나 수출신고한 자
3. 제19조의4에 따른 경유 또는 환적허가를 받지 아니하고 전략물자등을 경유 또는 환적한 자
4. 제19조의5에 따른 중개허가를 받지 아니하고 전략물자등을 중개한 자

② 다음 각 호의 어느 하나에 해당하는 자는 5년 이하의 징역 또는 수출, 수입, 경유, 환적 또는 중개하는 물품등의 가격의 3배에 해당하는 금액 이하의 벌금에 처한다. 〈개정 2013. 7. 30., 2024. 2. 20.〉

1. 제5조제1호부터 제3호까지, 제4호의2 또는 제5호에 따른 수출, 수입의 제한이나 금지조치를 위반한 자

1의2. 제5조제4호에 따른 수출, 수입, 경유, 환적 또는 중개의 제한이나 금지조치를 위반한 자

2. 제19조의2에 따른 수출허가를 받지 아니하고 전략물자를 수출하거나 수출신고한 자
3. 거짓이나 그 밖의 부정한 방법으로 제19조의2에 따른 수출허가를 받은 자

3의2. 제19조의2에 따른 수출허가를 받았으나 제19조의6제1항에 따라 산업통상자원부장관이나 관계 행정기관의 장이 정한 조건을 이행하지 아니한 자

4. 제19조의3에 따른 상황허가를 받지 아니하고 상황허가 대상인 물품등을 수출하거나 수출신고한 자
5. 거짓이나 그 밖의 부정한 방법으로 제19조의3에 따른 상황허가를 받은 자

5의2. 제19조의3에 따른 상황허가를 받았으나 제19조의6제1항에 따라 산업통상자원부장관이나 관계 행정기관의 장이 정한 조건을 이행하지 아니한 자

5의3. 제19조의4에 따른 경유 또는 환적허가를 받지 아니하고 전략물자등을 경유 또는 환적한 자
5의4. 거짓이나 그 밖의 부정한 방법으로 제19조의4에 따른 경유 또는 환적허가를 받은 자
5의5. 제19조의4에 따른 경유 또는 환적허가를 받았으나 제19조의6제1항에 따라 산업통상자원부장관이나 관계 행정기관의 장이 정한 조건을 이행하지 아니한 자
6. 제19조의5에 따른 중개허가를 받지 아니하고 전략물자등을 중개한 자
7. 거짓이나 그 밖의 부정한 방법으로 제19조의5에 따른 중개허가를 받은 자
7의2. 제19조의5에 따른 중개허가를 받았으나 제19조의6제1항에 따라 산업통상자원부장관이나 관계 행정기관의 장이 정한 조건을 이행하지 아니한 자
8. 삭제 〈2010. 4. 5.〉
9. 제43조를 위반하여 물품등의 수출과 수입의 가격을 조작한 자
10. 제46조제1항에 따른 조정명령을 위반한 자
[시행일: 2024. 8. 21.] 제53조

대외무역법 제53조의2(벌칙)

다음 각 호의 어느 하나에 해당하는 자는 5년 이하의 징역 또는 1억원 이하의 벌금에 처한다. 이 경우 징역과 벌금은 병과(倂科)할 수 있다. 〈개정 2013. 7. 30., 2022. 6. 10., 2024. 2. 20.〉 [본조신설 2010. 4. 5.] [시행일: 2024. 8. 21.] 제53조의2

1. 제21조제1항에 따른 이동중지명령을 위반하거나 같은 조 제2항에 따른 이동중지조치를 방해한 자
1의2. 삭제 〈2022. 6. 10.〉
2. 제33조제4항 각 호(제35조제3항에서 준용하는 경우를 포함한다)를 위반한 무역거래자 또는 물품등의 판매업자
3. 제33조의2제1항에 따른 시정조치 명령을 위반한 자
4. 제38조에 따른 외국산 물품등의 국산 물품등으로의 가장 금지 의무를 위반한 자

대외무역법 제54조(벌칙)

다음 각 호의 어느 하나에 해당하는 자는 3년 이하의 징역 또는 3천만원 이하의 벌금에 처한다. 〈개정 2009. 4. 22., 2013. 7. 30., 2024. 2. 20.〉 [시행일: 2024. 8. 21.] 제54조

1. 제9조제2항을 위반하여 직무상 습득한 기업정보를 타인에게 제공 또는 누설하거나 사용 목적 외의 용도로 사용한 자
2. 제11조제2항 또는 제5항에 따른 승인 또는 변경승인을 받지 아니하고 수출 또는 수입 승인 대상 물품등을 수출하거나 수입한 자
3. 거짓이나 그 밖의 부정한 방법으로 제11조제2항 또는 제5항에 따른 승인 또는 변경승인을 받거나 그 승인 또는 변경승인을 면제받고 물품등을 수출하거나 수입한 자
4. 제16조제3항 본문(제17조제3항에서 준용하는 경우를 포함한다)에 따른 수입에 대응하는 외화획득을 하지 아니한 자
5. 제17조제1항 본문에 따른 승인을 받지 아니하고 목적 외의 용도로 원료 · 기재 또는 그 원료 · 기재로 제조된 물품등을 사용한 자
6. 제17조제2항에 따른 승인을 받지 아니하고 원료 · 기재 또는 그 원료 · 기재로 제조된 물품등을 양도한 자
7. 제29조에 따른 비밀 준수 의무를 위반한 자
8. 거짓이나 그 밖의 부정한 방법으로 제32조에 따른 승인 또는 변경 승인을 받은 자
9. 삭제 〈2010. 4. 5.〉
10. 삭제 〈2010. 4. 5.〉
11. 삭제 〈2010. 4. 5.〉

대외무역법 제59조(과태료)

① 다음 각 호의 어느 하나에 해당하는 자에게는 2천만원 이하의 과태료를 부과한다. 〈개정 2024. 2. 20.〉

1. 제44조제2항을 위반하여 관련되는 서류를 제출하지 아니한 자
2. 제44조제3항에 따른 사실 조사를 거부, 방해 또는 기피한 자
3. 제48조제1항에 따른 보고 또는 자료의 제출을 하지 아니하거나 거짓으로 보고 또는 자료를 제출한 자

3의2. 제48조제2항을 위반하여 관련되는 자료를 제출하지 아니하거나 거짓으로 자료를 제출한 자

4. 제48조제3항에 따른 검사를 거부, 방해 또는 기피한 자

② 다음 각 호의 어느 하나에 해당하는 자에게는 1천만원 이하의 과태료를 부과한다. 〈개정 2009. 4. 22., 2010. 4. 5., 2013. 7. 30., 2024. 2. 20.〉

1. 제19조의6제3항에 따른 허가 면제 사유를 입증하기 위한 서류를 제출하지 아니한 자
1의2. 제20조의2제1항 전단을 위반하여 교육을 이수하지 아니하고 자가판정을 한 자 또는 같은 항 후단을 위반하여 자가판정을 한 후 물품등의 성능과 용도 및 기술적 특성 등 정보를 전략물자 수출입관리 정보시스템에 등록하지 아니한 자
1의3. 제28조에 따른 서류 보관의무를 위반한 자
2. 삭제 〈2013. 7. 30.〉
3. 제33조제5항에 따른 검사를 거부, 방해 또는 기피한 자
4. 제49조에 따른 교육명령을 이행하지 아니한 자

③ 삭제 〈2024. 2. 20.〉

④ 제1항 및 제2항에 따른 과태료는 대통령령으로 정하는 바에 따라 산업통상자원부장관이나 시 · 도지사 또는 관계 행정기관의 장이 부과 · 징수한다. 〈개정 2008. 2. 29., 2009. 4. 22., 2013. 3. 23., 2013. 7. 30., 2020. 3. 18., 2024. 2. 20.〉 [시행일: 2024. 8. 21.] 제59조

6. 산자부, 방산수출 및 혁신성장 생태계 조성

2024년 3월 12일 산업통상자원부는 대전에서 주요 방산기업간담회 및 2023년 민군기술협력 성과발표회를 개최하였다.72)

가. 주요 방산기업 간담회

산업부 산업정책실장 주재로 국내 주요 방산기업은 물론, 방산물자교역지원센터, 한국산업기술기획평가원 등 유관기관이 참석한 가운데 간담회를 개최하였다. 이번 간담회는 2024년 2월 15일 산업부 내 방위산업 전담부서(첨단민군협력지원과) 신설 이후 산업부와 방산업계와의 현장 소통을 강화하는 차원에서 마련되었으며, 국내 방산업계의 애로사항을 청취하고 방산진흥 및 수출 확대 방안 등을 논의하였다.

간담회에 참석한 기업인들은 각 사별로 2024년도 방산 중점 프로젝트 현황

72) 산업통상자원부 보도자료, 방산 수출 및 혁신성장 생태계 조성에 역량 집중, -주요 방산기업 간담회 및 23년 민·군기술협력사업 성과발표회 열려-, 첨단민군협력지원과, 2024. 3. 12.

을 공유하였으며, ① 무역보험공사 보증 등 수출금융지원 확대, ② 민군협력기술 연구개발(R&D) 및 군 적용기술 대상 확대, ③ 수출 절충교역 활성화 등 현장의 애로를 제기하며 정부의 지원을 요청하였다.

산업정책실장은 "방위산업 전담부서인 첨단민군협력지원과를 중심으로 방산업계와 현장 소통을 정례화하고 업계에서 제기한 애로들을 꼼꼼히 챙기겠다"면서, "이러한 업계의 현장 애로 등을 반영하여 올해 상반기 중에 방산 수출 및 혁신 성장 생태계 조성을 위한 관련 대책을 마련할 계획"이라고 밝혔다.

나. 2023년 민군기술협력 성과발표회

산업부는 방위사업청, 유관기관과 함께 2023년 민군기술협력사업 성과발표회를 개최하였으며, 산업정책실장은 축사를 통해 2024년도 산업부의 방산 정책 방향을 밝혔다.

① 2024년 상반기 중에 방산과 산업·에너지 협력을 연계한 수요국 맞춤형 수출전략을 마련하고, 수출 기업의 애로 해소를 위해 첨단민군협력지원과를 중심으로 투자애로해소 전담반 운영한다.

② 우주, 인공지능(AI), 유무인복합체계, 반도체, 로봇 등 5대 핵심 분야를 중심으로 60개의 소부장 핵심기술 개발 로드맵을 2024년 상반기 중 마련하고, 방산업계 의견을 수렴하여 국가첨단전략산업에 방산을 추가하는 방안을 적극 검토한다.

③ 글로벌 시장진입을 위해 미래와 해외 수요를 반영하고 민군이 함께 활용할 수 있는 도전적인 방산 연구개발(R&D) 과제를 적극 발굴하고, 방사청 등 관계부처와 협력하여 "성과 중심의 민군 기술 협력 활성화 방안"을 마련한다.

성과발표회에서는 「인공지능을 이용한 빅데이터 분석 기반 악성 행위 탐지 시스템 및 악성코드 유포행위 예측기술」을 개발한 ㈜모니터랩 김현목 전무 등 3명의 유공자가 산업통상자원부장관 표창의 영예를 안았으며, 「함정 작전 성능 향상을 위한 파랑효과 예측시스템」을 개발한 ㈜매크론 김대곤 대표이사 등 5명이 방위사업청장 표창을 수상했다.

또한, 민군협력진흥원 개원 10주년을 맞이하여, 고정밀 측지 광학장비, 고체 추진용 킥모터, 탄소나노튜브 적용 경량 방탄복 등 그간의 주요 성과물들이 한 곳에 전시되어 특별한 볼거리를 제공하였다.

제4절 전략물자 수출입

1. 전략물자 수출입 고시 목적 및 적용법령(제1조)

① 전략물자 수출입 고시는[73] 「대외무역법」 제26조에 따라 전략물자의 수출입통제에 관한 사항을 정함으로써 국제평화 및 안전유지와 국가안보에 기여함을 목적으로 한다.

② 이 고시에서 정하고 있는 사항에 관하여 적용할 법령은 다음 각 호와 같다.

1. 「대외무역법」
2. 「원자력안전법」
3. 「방위사업법」
4. 「화학무기 · 생물무기의 금지와 특정화학물질 · 생물작용제 등의 제조 · 수출입 규제 등에 관한 법률」
5. 「국가첨단전략산업 경쟁력 강화 및 보호에 관한 특별조치법」

2. 전략물자 수출입 고시 구성

전략물자 수출입 고시는 제1장 총칙, 제2장 전략물자등의 해당여부 판정, 제3장 전략물자 수출허가, 제4장 상황허가, 중개허가, 경유 · 환적허가, 제5장 수입목적확인서 및 통관증명서, 제6장 자율준수체제 및 자율준수무역거래자 지정, 제7장 서류보관의무 및 자료의 공개, 제8장 보칙으로 구성되어 있으며, 조문은 총 제103조(재검토기한)까지 있다.

---

73) 전략물자 수출입고시 [시행 2024. 2. 24.] [산업통상자원부고시 제2024-31호, 2024. 2. 21., 일부개정]

3. 전략물자 수출입 고시 용어의 정의(제2조)

이 고시에서 사용하는 용어의 정의는 다음과 같다.

1. **"물품등"**이라 함은 물품(물질, 시설, 장비, 부품), 소프트웨어 등 전자적 형태의 무체물 및 기술을 말한다.
2. **"전략물자"**라 함은 별표 2(이중용도품목) 및 별표 3(군용물자품목)에 해당하는 물품등을 말한다.
3. **"전략물자등"**이라 함은 전략물자 또는 「대외무역법」(이하 "법"이라 한다) 제19조제3항에 따른 상황허가 대상인 물품등을 말한다.
4. **"수출"**이라 함은 법 제19조제2항에 따른 수출을 말한다.
5. **"중개"**라 함은 수수료 기타 대가를 받고 외국에서 다른 외국으로 물품등을 이전하는 거래(유 · 무상을 불문한다)를 주선하는 행위를 말한다.
6. **"경유 · 환적"**이라 함은 목적지가 외국인 물품등을 국내의 항만 또는 공항을 거치거나 국내의 항만 또는 공항에서 다른 선박이나 항공기로 옮기는 것을 말한다.
7. **"목적지국가"**라 함은 수출한 물품등이 더 이상 다른 나라로 재수출되지 않고 사용 또는 소비되는 국가를 말한다. 다만, 소프트웨어 또는 기술을 수출하는 경우는 실제 사용하는 자 혹은 재판매를 목적으로 인수하는 자가 국적을 가지는 국가를 말한다.
8. **"수입목적확인서"**라 함은 수입자가 해당 전략물자를 수입하여 사용하고자 하는 목적과 그 전략물자를 제3국으로 전송, 환적 또는 수출하지 않을 것임을 서약한 사실을 정부가 확인해 주는 서류를 말한다.
9. **"통관증명서"**라 함은 수출자가 수출한 전략물자가 당초 예정된 목적지로 도착되었는지 여부에 대하여 관세청 또는 해당 물품등의 수입국 정부로부터 확인받은 서류를 말한다.
10. **"최종수하인"**이라 함은 무역 거래에 대해 해당 물품등을 최종적으로 인수하는 자를 말한다. 다만, 「대외무역관리규정」 제2조제7호에 따른 "수탁가공무역"일 경우에는 위탁자와 직접적인 거래 계약을 체결한 당사자를 최종수하인으로 본다.
11. **"최종사용자"**라 함은 해당 물품등을 제3자에게 이전하지 아니 하고 직접 사용하는 자를 말한다.
12. **"재수출"**이라 함은 국내에서 수출한 물품등을 수입국에서 다른 제3국으로 원형대로 수출하는 것과 부품 또는 부분품으로 사용하여 제조가공한 물품등을 수출하는 것을 말한다.
13. **"구매자"**라 함은 최종수하인이 물품등을 이전받도록 수출자와 계약(서면, 구두 등)하는 외국 거래당사자를 말한다.
14. **"우려거래자"**라 함은 국제평화 및 안전유지와 국가안보를 위해 무역거래가 제한되거나 무역거래시 주의를 기울일 필요가 있는 자를 말한다.

15. **"대량파괴무기등"**이란 대량파괴무기와 그 운반수단인 미사일 및 재래식무기를 말한다.

4. 허가의 유형(전략물자 수출입 고시 제3조)

① 전략물자 수출입 고시에 따른 허가는 수출허가, 상황허가, 경유·환적허가 및 중개허가로 구분한다.

② 수출허가는 개별수출허가, 포괄수출허가, 원자력플랜트기술수출허가 및 군함설계기술수출허가로 구분한다.

③ 포괄수출허가는 사용자포괄수출허가와 품목포괄수출허가로 구분한다.

5. 허가의 예외(전략물자 수출입 고시 제4조)

① 다음 각 호의 어느 하나에 해당하는 기술은 허가의 대상에서 제외한다.

1. **일반에 공개된 기술** : 이미 일반에 공개된 기술 또는 일반에 공개되는 것을 목적으로 이전되는 기술로서 다음 각 목의 어느 하나에 해당하는 것을 포함하는 기술

가. 책, 정기간행물 등 인쇄물의 형태 또는 홈페이지 등 전자적 형태 등을 통해 이미 일반에 공개된 기술
나. 견학, 강의, 전시회 등 일반에 공개된 장소에서 구두 또는 행위를 통해 이전되는 기술
다. 학회 발표자료 또는 전시회 배포자료 등의 송부, 정기간행물에의 기고 등 일반에 공개되는 것을 목적으로 이전되는 기술
라. 소스코드가 공개되어 있는 프로그램

2. **기초과학연구에 관한 기술** : 새로운 지식의 획득을 목적으로 하는 이론적, 실험적 활동과 관련된 기술로 특정 제품의 설계 또는 제조를 목적으로 하지 않는 기술
3. **특허출원에 필요한 최소한의 기술** : 출원명세서, 보충자료, 거절이유를 통보받은 경우 의견서 등 특허권 등 지식재산권의 출원 또는 등록을 위해 필요한 최소한의 기술
4. **허가의 대상이 아니거나 이미 허가를 받은 물품등의 설치, 운용, 점검, 유지 및 보수 등에 필요한 최소한의 기술**

6. 허가기관(전략물자 수출입 고시 제5조)

① 별표 2 및 별표 3에 따른 전략물자의 허가기관은 다음 각 호와 같다.

1. **산업통상자원부장관** : 별표 2(이중용도품목)의 제1부부터 제9부까지에 해당되는 물품등
2. **원자력안전위원회 위원장** : 별표 2(이중용도품목)의 제10부(원자력 전용품목)에 해당되는 물품등
3. **방위사업청장** : 별표 3(군용물자품목)에 해당되는 물품등과 별표 2(이중용도품목)에 해당되는 물품등(수입국정부(국방부 등), 군 관련 기관 및 방위산업체에서 군사적 목적으로 사용할 경우에 한함)

② 제1항의 규정에도 불구하고 상황허가는 산업통상자원부장관이 한다. 다만, 「관세법 시행령」 제98조의 관세·통계통합품목분류표상의 제28류 중 방사성동위원소의 유기 또는 무기화합물, 제84류 중 원자로 및 이들의 부분품에 대한 상황허가는 원자력안전위원회 위원장이 하며, 최종사용자가 수입국정부(국방부 등), 군 관련 기관 및 방위산업체에 해당하는 군수품에 대한 상황허가는 방위사업청장이 한다.

제5절 방산 수출입 심사

1. 목 적

방위사업청은 2023년 12월 방산수출 증대에 따라 '방산 수출입 심사업무 훈령'을 제정하였다. 「방위사업법」제53조 및 제57조,「방위사업법 시행령」제68조,「방위사업법 시행규칙」제41조와 제56조 및 제57조에 따른 방위산업물자 및 국방과학기술, 군용총포 등의 수출 또는 수입의 합리적인 관리를 위하여 필요한 절차 등을 정하고,「대외무역법」,「대외무역법 시행령」, 「전략물자 수출입 고시 (산업통상자원부 고시)」에 따른 전략물자의 수출 또는 수입의 관리에 관한 사항 중 방위사업청장의 소관사항을 수행하는데 필요한 절차 등을 정함을 목적으로 한다.[74]

74) 방산 수출입 심사업무 훈령 [시행 2023. 12. 18.] [방위사업청훈령 제828호, 2023. 12. 18., 제정]

2. 방산 수출입 심사업무 훈령의 구성

구 분	내 용
제1장 총칙	제1조 목적, 제2조 정의, 제3조 적용범위 등, 제4조 다른 규정과의 관계
제2장 수출허가 대상품목 등	제5조 수출허가 대상품목, 제6조 전문판정, 제7조 자가판정
제3장 수출허가 사전절차	제8조 수출업 · 중개업 신고, 제9조 국제입찰참가승인, 제10조 수출예비승인, 제11조 방산물자, 국방과학기술 및 군용전략물자의 수출계약. 제12조 기술수출전문위원회 구성 및 운영
제4장 수출허가 등	제13조 방산물자, 국방과학기술의 수출허가, 제14조 기술수출 심의회 구성 및 운영, 제15조 방위산업기술의 수출허가, 제16조 방산물자, 국방과학기술 수출허가의 면제, 제17조 군용전략물자등의 수출허가, 제18조 군용총포등의 수출허가, 제19조 방산물자의 견본수출허가, 제20조 상황허가 및 중개허가, 제21조 경유 및 환적허가, 제22조 외국의 수출 허가 및 동의필요 품목의 수출, 제23조 구매국 정부로부터의 사전 보증, 제24조 수출통제특정무기류의 수출허가 및 사후확인
제5장 수입허가 등	제25조 수입허가, 제26조 수입목적확인서의 발급, 제27조 최종사용자 증명서 발급
제6장 보칙	제28조 방산수출입지원시스템의 구축 · 운영, 제29조 방산수출심의위원회 운영, 제30조 처분 등의 취소, 제31조 수출입 제한 등 행정처분, 제32조 자진신고, 제33조 재검토기한

3. 정의(방산 수출입 심사업무 훈령의 제2조)

이 훈령에서 사용하는 용어의 정의는 다음과 같다.

1. **"국방과학기술"**이란 군사적 목적으로 활용하기 위하여 군수품을 개발 · 제조 · 가동 · 개량 · 개조 · 시험 · 측정 등을 하는데 필요한 과학기술(관련 소프트웨어를 포함한다)로서 다음 각 목과 같다.

가. 정부가 연구개발 비용을 지원한 연구개발사업에 관련된 기술
나. 정부가 재실시권을 행사하는데 제한이 없는 기술협력생산 또는 절충교역에 의하여 국외로부터 도입한 기술
다. 정부가 외국정부 및 외국업체 등 외국자본과의 국제공동연구개발 또는 국내업체와의 공동투자를 통해 확보된 기술
라. 민간에서 투자하여 개발된 기술로서 정부가 군수품 획득을 통하여 군사적 목적으로 사용되는 기술

2. **"수출통제특정무기류"**라 함은 바세나르체제 Initial Elements 부속서 3의8에서 정의한 소화기(Small Arms), 경화기(Light Weapons) 및 휴대용대공방어시스템(MANPAD System)을 말한다.
3. **"군용총포등"**이라 함은「군용총포 · 도검 · 화약류 허가 · 감독에 관한 지침」제3조 제1호(군용총포류)와 제2호(군용도검류) 및 제3호(군용화약류)를 말한다.
4. **"최종사용자"**라 함은 해당 물품 등을 제3자에게 이전하지 아니 하고 직접 사용하는 자를 말한다.
5. **"무역거래자"**라 함은 수출 또는 수입을 하는 자를 말한다.
6. **"우려거래자"**라 함은「전략물자 수출입고시」제90조의2에 따라 지정된 자를 말한다.

4. 적용범위 등(방산 수출입 심사업무 훈령 제3조)

① 이 훈령은 다음 각 호의 기관에 적용한다.

1. 방위사업청과 그 소속기관(이하 "방사청"이라 한다)
2. 국방과학연구소(이하 "국과연" 이라 한다)와 국방신속획득기술연구원(이하 "신속원" 이라 한다)
3. 국방기술품질원(이하 "기품원" 이라 한다)과 국방기술진흥연구소(이하 "국기연" 이라 한다)

② 「방위사업법」,「방위사업법 시행령」,「방위사업법 시행규칙」에서 청장이 정하도록 위임한 사항에 대하여는 다음 각 호의 기관에도 적용한다.

1. 국방부 및 그 직할기관, 합동참모본부 및 육·해·공군·해병대
2. 외교부, 산업통상자원부, 국가정보원 등
3. 관련 공공기관 및 방산업체, 무역거래자 등

5. 다른 규정과의 관계(방산 수출입 심사업무 훈령 제4조)

① 이 훈령은 방사청이 행하는 수출입통제 업무에 관하여 방사청의 다른 훈령 및 지침 등에 우선하여 적용한다.

② 전략물자에 대한 수출입통제 업무와 관련하여 본 훈령에서 정하는 사항이「대외무역법」과 그 하위법령 및 그 위임 행정규칙에 규정된 바와 충돌할 경우, 「대외무역법」과 그 하위법령 및 그 위임 행정규칙을 우선 적용한다. 다만 방산물자 및 국방과학기술에 대한 수출입통제 업무와 관련하여 본 훈령이「방위사업법」과 그 하위 법령에 위임받은 사항은 그러하지 아니한다.

③ 이 훈령에서 규정하지 않은 사항은「대외무역법」과 동법 시행령 및 시행규칙, 「전략물자 수출입고시」,「방위사업법」과 동법 시행령 및 시행규칙, 「방위사업관리규정」,「관세법」등 관련규정에 따른다.

제6절 군용전략물자 수출허가

1. 개 요

2019년 5월 31일 제정한 '군용전략물자 수출허가 처리지침'은 '군용전략물자 수출허가 권한'을 방위사업청장에게 위임토록 규정한「군용전략물자 수출통제 훈령」(2007.6.)의 재제정이다.[75]

75) 군용전략물자 수출허가 처리지침 [시행 2019. 5. 31.] [국방부훈령 제2282호, 2019. 5. 31., 제정] 제정이유.

2. 목 적

현행 '군용전략물자 수출허가 처리지침'은「행정권한의 위임 · 위탁에 관한 규정」제24조제5항에 의하여 군용전략물자의 수출에 관한 허가 권한을 방위사업청장에게 위임함에 따라 이에 필요한 사항을 규정함을 목적으로 한다.[76)]

3. 구 성

'군용전략물자 수출허가 처리지침'은 제1조 목적, 제2조 정의, 제3조 군용전략물자 수출허가 등의 업무처리, 제4조 관련기관의 정책 부합성 검토, 제5조 관계부처와의 협의, 제6조 군용전략물자 수출허가 등의 실적 통보, 제7조 유효기간으로 구성되어 있다.

4. 주요내용

제2조(정의) 이 지침에서 사용하는 용어의 뜻은 다음과 같다.

1. "군용전략물자"라 함은「전략물자 수출입고시」의 별표 3(군용물자품목)에 해당되는 전략물자 및 위 고시 별표 2(이중용도품목)에 해당되는 전략물자 중 수입국정부가 군사목적으로 사용할 경우를 말한다.
2. "군용전략물자등"이라 함은 "군용전략물자" 또는 대외무역법 제19조 제3항에 따른 상황허가 대상인 물품등을 말한다.
3. "국제수출통제체제"란 다음 각 목에 해당하는 것을 말한다.

   가. 바세나르체제 (WA, Wassenaar Arrangement)
   나. 핵공급국그룹 (NSG, Nuclear Suppliers Group)
   다. 미사일기술통제체제 (MTCR, Missile Technology Control Regime)
   라. 오스트레일리아그룹 (AG, Australia Group)
   마. 화학무기의 개발 · 생산 · 비축 · 사용 금지 및 폐기에 관한 협약 (CWC, Chemical Weapons Convention)
   바. 세균무기(생물무기) 및 독소무기의 개발 · 생산 · 비축 금지 및 폐기에 관한 협약 (BWC, Biological Weapons Convention)
   사. 무기거래조약 (ATT, Arms Trade Treaty)

---

76) 군용전략물자 수출허가 처리지침 [시행 2022. 4. 1.] [국방부훈령 제2642호, 2022. 4. 1., 일부개정] 제1조.

제3조(군용전략물자 수출허가 등의 업무처리)

① 방위사업청장은 군용전략물자등에 대한 다음 각 호의 업무를 수행한다.

1. 군용전략물자의 수출허가
2. 군용전략물자는 아니나 대량파괴무기와 그 운반수단인 미사일의 제조 · 개발 · 사용 또는 보관 등의 용도로 전용될 가능성이 높은 물품등의 상황허가
3. 군용전략물자등의 중개허가 및 경유 · 환적허가

② 방위사업청장은 국제수출통제체제 원칙 및 다음 각 호의 관련 규정에 따라 제1항에 기재된 업무를 처리한다.

1. 「대외무역법」및 같은 법 시행령
2. 「원자력안전법」
3. 「화학무기 · 생물무기의 금지와 특정화학물질 · 생물작용제 등의 제조수출입 규제 등에 관한 법률」, 같은 법 시행령 및 시행규칙
4. 「전략물자 수출입고시」 등

③ 방위사업청장은 군용전략물자 수출허가 업무의 원활한 처리를 위해 국방기술품질원, 국방과학연구소 등 유관기관 등의 기술지원을 받아 군용전략물자 수출입통제 정책 수립 및 제도 정비를 지속 추진하며, 국제수출통제체제의 국제적 논의에 적극 대응한다.

제4조(관련기관의 정책 부합성 검토)

① 방위사업청장은 군용전략물자 수출통제 정책 수립시 관련 기관 및 부서의 소관 정책에 부합되는지에 대한 검토를 요청할 수 있다.

② 국방부 관련 기관 및 부서의 장은 제1항의 요청을 받은 경우 군사 · 외교관계, 주변국 정세(외교적 민감성 및 북한과의 협력관계 포함), 대북영향, 전력운용, 군수관리, 국방과학기술 보호 등 소관사항을 검토한다.

제5조(관계부처와의 협의)

① 방위사업청장은 군용전략물자에 대한 허가 시 군사적 주요사안에 대하여는 국방부장관과 미리 협의하여야 한다.

② 방위사업청장은 군용전략물자에 대한 허가 시 국가안보 및 외교정책의 수행에 중대한 영향을 미칠 수 있다고 판단하는 경우 외교부장관과 미리 협의하여야 한다.

제6조(군용전략물자 수출허가 등의 실적 통보)

① 방위사업청장은 수입목적확인서 발급실적과 수출허가 및 수출허가 거부 실적을 매 반기별로 반기 종료 이후 45일 이내에 국방부장관, 산업통상자원부장관, 외교부장관에게 통보하여야 한다.

② 방위사업청장은 바세나르체제 통제품목 중 다음 각 호의 어느 하나에 해당되는 경우에는 즉시 국방부장관, 산업통상자원부장관, 외교부장관에게 통보하여야 한다.

1. 민감 또는 초민감품목의 수출허가를 거부한 경우
2. 최근 3년 동안 다른 회원국으로부터 수출 거부된 품목과 동일한 품목의 수출을 허가한 경우

제3편

국가안보와 국가정보

제3편 국가안보와 국가정보

제3편에서는 방산안보를 포함하고 있는 국가안보와 국가정보에 대하여 살펴보고자 한다.

제5장 국가안보

제5장 국가안보 분야에는 국가안전보장회의와 국가안보실 및 국가안보실의 방산보안 활동에 대하여 살펴본다.

제1절 국가안전보장회의

1. 개 요

1963년 국가안전보장회의의 조직 · 직무범위 기타 필요한 사항을 정하기 위하여 국가안전보장회의법을 제정하였다.77)

① 국가안전보장회의는 국가안전보장에 관련되는 대외정책 · 군사정책과 국내정책의 수립에 관하여 대통령의 자문에 응하도록 하였다.

② 국가안전보장회의는 대통령, 국무총리, 경제기획원장관, 외무부장관, 내무부장관, 재무부장관, 국방부장관, 대통령이 지명하는 무임소국무위원 및 중앙정보부장등으로 구성하고, 대통령은 회의의 의장이 되도록 하였다.

③ 합동참모회의의장은 회의에 참석하여 발언할 수 있도록 하였다.

④ 중앙정보부장(현 국가정보원장)은 국가안전보장에 관련된 국내외정보를 수집, 평가하여 이를 보고하도록 하였다.

⑤ 의사의 정리, 자료수집 및 연구 기타 서무에 관한 사무를 처리하기 위하여 사무국을 설치하도록 하고, 국장은 1급인 일반직 국가공무원으로 보

---

77) 국가안전보장회의법 [시행 1963. 12. 17.] [법률 제1508호, 1963. 12. 14., 제정]

하도록 하였다.

2. 국가안전보장회의법의 목적

국가안전보장회의법은 「대한민국헌법」 제91조에 따라 국가안전보장회의의 구성과 직무 범위, 그 밖에 필요한 사항을 규정함을 목적으로 한다.78)

「대한민국헌법」 제91조
① 국가안전보장에 관련되는 대외정책 · 군사정책과 국내정책의 수립에 관하여 국무회의의 심의에 앞서 대통령의 자문에 응하기 위하여 국가안전보장회의를 둔다.
② 국가안전보장회의는 대통령이 주재한다.
③ 국가안전보장회의의 조직 · 직무범위 기타 필요한 사항은 법률로 정한다.

3. 국가안전보장회의법의 구성

국가안전보장회의법의 구성은 제1조(목적), 제2조(구성), 제3조(기능), 제4조(의장의 직무), 제5조, 제6조(출석 및 발언), 제7조, 제7조의2(상임위원회), 제8조 (사무기구), 제9조(관계 부처의 협조), 제10조(국가정보원과의 관계)이다.

4. 주요 내용

가. 국가안전보장회의법의 구성(제2조)

① 국가안전보장회의(이하 "회의"라 한다)는 대통령, 국무총리, 외교부장관, 통일부장관, 국방부장관 및 국가정보원장과 대통령령으로 정하는 위원으로 구성한다.

② 대통령은 회의의 의장이 된다.

나. 국가안전보장회의법의 기능(제3조)

회의는 국가안전보장에 관련되는 대외정책, 군사정책 및 국내정책의 수립에 관하여 대통령의 자문에 응한다.

---

78) 국가안전보장회의법 [시행 2014. 1. 10.] [법률 제12224호, 2014. 1. 10., 일부개정]

다. 국가안전보장회의 의장의 직무(제4조)

① 의장은 회의를 소집하고 주재(主宰)한다.

② 의장은 국무총리로 하여금 그 직무를 대행하게 할 수 있다.

라. 국가안전보장회의 출석 및 발언(제6조)

의장은 필요하다고 인정하는 경우에는 관계 부처의 장, 합동참모회의(合同參謀會議) 의장 또는 그 밖의 관계자를 회의에 출석시켜 발언하게 할 수 있다.

마. 국가안전보장회의 상임위원회(제7조의2)

① 회의에서 위임한 사항을 처리하기 위하여 상임위원회를 둔다.

② 상임위원회는 위원 중에서 대통령령으로 정하는 자로 구성한다.

③ 상임위원회의 구성과 운영, 그 밖에 필요한 사항은 대통령령으로 정한다.

바. 국가안전보장회의 사무기구(제8조)

① 회의의 회의운영지원 등의 사무를 처리하기 위하여 국가안전보장회의사무처(이하 이 조에서 "사무처"라 한다)를 둔다.

② 사무처에 사무처장 1명과 필요한 공무원을 두되, 사무처장은 정무직으로 한다.

③ 사무처의 조직과 직무범위, 사무처에 두는 공무원의 종류와 정원, 그 밖에 필요한 사항은 대통령령으로 정한다.

사. 국가안전보장회의 관계 부처의 협조(제9조)

회의는 관계 부처에 자료의 제출과 그 밖에 필요한 사항에 관하여 협조를 요구할 수 있다.

5. 국가안전보장회의법의 시사점

가. 국가정보원과의 관계(10조)

국가정보원장은 국가안전보장에 관련된 국내외 정보를 수집·평가하여 회의에 보고함으로써 심의에 협조하여야 한다.

제2절 국가안보실

1. 개 요

국민경제를 부흥하고, 국민의 안전을 최우선으로 하는 창조적이고 유능한 정부를 구축하기 위하여 정부기능을 효율적으로 재배치하는 내용으로 「정부조직법」이 개정(법률 제11690호, 2013. 3. 23. 공포 · 시행)되어 국가안보실이 신설됨에 따라 그 하부조직과 기능 및 정원 등을 구체적으로 정하려는 것이다.[79)]

2. 국가안보실 직제 목적

국가안보실 직제는 국가안보실의 조직과 직무범위, 그 밖에 필요한 사항을 규정함을 목적으로 한다.[80)]

3. 국가안보실 직제 구성

국가안보실 직제령의 구성은 제1조(목적), 직무(제2조), 국가안보실장(제3조), 차장(제4조), 국가위기관리센터장(제4조의2), 비서관(제5조), 비서관 등의 충원에 관한 특례(제5조의2), 하부조직(제6조) 및 국가안보실에 두는 공무원의 정원(제7조)이다.

4. 국가안보실 직제의 주요내용

가. 국가안보실 직무(제2조)

국가안보실은 국가안보에 관한 대통령의 직무를 보좌한다.

나. 국가안보실장(제3조)

국가안보실장은 대통령의 명을 받아 국가안보실의 사무를 처리하고, 소속 공무원을 지휘 · 감독한다.

---

79) 국가안보실 직제 [시행 2013. 3. 23.] [대통령령 제24427호, 2013. 3. 23., 제정]
80) 국가안보실 직제[시행 2024. 1. 11.] [대통령령 제34126호, 2024. 1. 11., 일부개정] 제1조.

다. 국가안보실 차장(제4조)

① 국가안보실에 제1차장, 제2차장 및 제3차장을 두며, 각 차장은 정무직으로 한다. 〈개정 2024. 1. 11.〉

② 삭제 〈2022. 5. 12.〉

③ 국가안보실장이 부득이한 사유로 그 직무를 수행할 수 없을 때에는 제1차장, 제2차장, 제3차장의 순으로 그 직무를 대행한다. 〈개정 2017. 5. 11., 2024. 1. 11.〉

라. 국가위기관리센터장(제4조의2)

① 국가위기 관련 상황 관리 및 초기대응을 위하여 국가안보실장 밑에 국가위기관리센터장 1명을 둔다.

② 센터장은 고위공무원단에 속하는 일반직 또는 별정직공무원으로 보한다.

마. 국가안보실 비서관(제5조)

① 국가안보실장 밑에 비서관을 둔다. 〈개정 2022. 5. 12.〉

② 각 비서관은 고위공무원단에 속하는 일반직공무원 또는 별정직공무원으로 보한다.

바. 국가안보실 비서관 등의 충원에 관한 특례(제5조의2)

제4조의2(국가위기관리센터장)제2항 및 제5조(비서관)제2항에도 불구하고 특별한 사유가 있는 경우 각 비서관 및 국가위기관리센터장은 다음 각 호의 사람으로 대체하여 충원할 수 있다.

1. 고위공무원단에 속하는 외교부 소속 외무공무원 또는 통일부 소속 공무원
2. 제1호의 직위에 상응하는 국방부 소속 현역장교 또는 국가정보원 직원

사. 국가안보실 하부조직(제6조)

국가안보실에 두는 하부조직과 그 분장사무는 국가안보실장이 정한다.

아. 국가안보실에 두는 공무원의 정원(제7조)

① 국가안보실에 두는 공무원의 정원은 별표와 같다.

② 국가안보실에 두는 공무원의 직급별 정원은 훈령·예규 및 그 밖의 방법

으로 정한다. 〈신설 2023. 4. 11.〉

③ 국가안보실에 두는 공무원의 정원 중 일반직공무원 정원의 20퍼센트의 범위에서 필요한 인원은 임기제공무원으로 임용할 수 있다. 〈개정 2023. 4. 11.〉

④ 국가안보실에 두는 공무원의 정원 중 고위공무원단에 속하는 공무원 정원의 30퍼센트의 범위에서 필요한 인원은 3급 또는 4급 일반직공무원이나 이에 상당하는 별정직공무원으로 대체할 수 있다. 〈신설 2018. 8. 1., 2023. 4. 11.〉

5. 국가안보실 직제 시사점

가. 국가안보실장 밑에 두는 비서관의 명칭과 소속 삭제 이유

국가안보실 직제(대통령령 제32648호, 2022. 5. 12) 일부 개정시 대통령의 국가안보에 관한 직무를 효율적으로 보좌하고 급변하는 안보환경에 신속하게 대응하기 위하여 국가안보실장 밑에 두는 비서관의 명칭과 소속을 삭제하여 보다 탄력적으로 조직을 운영할 수 있도록 하려는 것이다.

1) 제4조(차장)제2항을 삭제한다. 〈2022. 5. 12.〉

삭제 전 제4조(차장)제2항 : 제1차장은
안보국방전략비서관 · 신기술사이버안보비서관 및 정보융합비서관의 소관 업무에 관하여 국가안보실장을 보좌하고, 제2차장은 평화기획비서관 · 외교정책비서관 및 통일정책비서관의 소관 업무에 관하여 국가안보실장을 보좌한다.

2) 제5조(비서관)제1항을 다음과 같이 한다. 〈2022. 5. 12.〉

① 국가안보실장 밑에 비서관을 둔다.

변경 전 제5조(비서관)제1항 : 제1차장 밑에
안보국방전략비서관 · 신기술사이버안보비서관 및 정보융합비서관 각 1명을 두고, 제2차장 밑에 평화기획비서관 · 외교정책비서관 및 통일정책비서관 각 1명을 둔다.

나. 국가안보실 비서관 직책 변천 및 직제 삭제 (2022. 5. 12.)

구분	2015.4.3	2017.5.11	2018.8.1	2019.3.6	2021.12.14	삭제후 운영
1차장	정책조정, 안보전략, 정보융합, 사이버안보, 위기관리 센터장	안보전략, 국방개혁, 평화군비 통제	안보전략, 국방개혁, 평화군비 통제, 사이버정보	안보전략, 국방개혁, 사이버 정보	안보국방 전략, 신기술 사이버 안보, 정보융합	안보전략 외교 통일 경제안보
2차장	외교 · 국방 · 통일 업무 중 국가안보 업무	외교정책, 통일정책, 정보융합, 사이버안보	외교정책, 통일정책	평화기획, 외교정책, 통일정책	평화기획, 외교정책, 통일정책	국방 사이버안보 국가위기 관리 센터장

다. 국가안보실 직제 개편 (2024. 1. 11)

2024년 1월 11일 정부는 국가안보실을 1실 3차장 체제로 개편했다. 1 · 2 · 3차장이 각각 외교안보, 국방안보, 경제안보를 담당한다. 제1차장은 외교 · 안보 분야 현안 및 국가안보실 정책 전반을 조정 · 관리하며, 국가안전보장회의(NSC) 사무처장을 겸직하고, 제2차장은 국군통수권을 보좌하면서 국방안보 역량을 구축하고, 국방정책 현안관리와 국가위기관리 체제를 상시 가동한다.

신설 제3차장은 경제안보 · 과학기술 · 사이버 안보를 포함한 신흥안보업무를 담당한다. 기존에 공급망, 수출통제, 원전 등을 담당하던 경제안보비서관실의 기능에 핵심 · 신흥기술협력, 기술 보호 등 과학기술안보업무를 추가 · 강화하고, 제2차장 산하에 있던 사이버안보비서관실이 제3차장실로 이관한다.[81] 방산안보 업무는 국방안보를 총괄하는 제2차장이 담당한다.

81) 국가안보실, 국가안보실 직제 개편(제3차장 신설) 보도자료, 2024.1.9.

〈국가안보실 조직도〉[82]

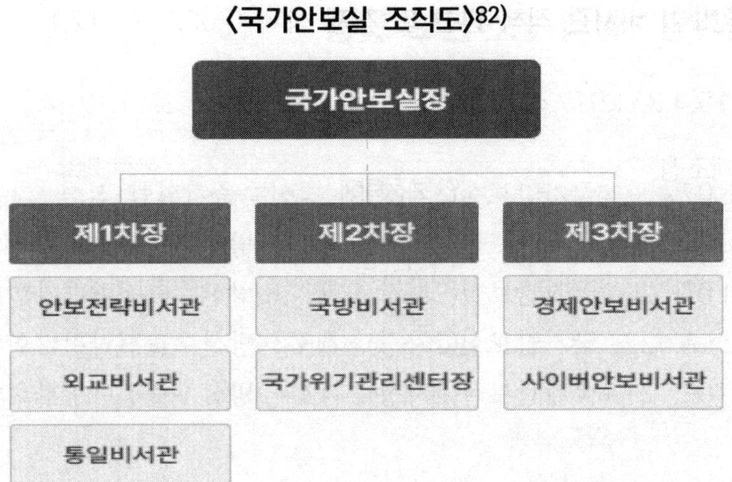

2023년 6월 국가안보실이 공개한 윤성렬 정부의 '국가안보전략'에서 국방안보 분야 방위산업 관련 내용은 다음과 같다. 대한민국은 지속적인 기술 혁신을 통해 최첨단 무기체계를 독자 개발하여 수출하는 방위산업 강국으로 도약하였다. 특히, 2022년에는 최근 5년 수출액 평균의 5배 수준인 총 173억 달러를 기록하며 방산 수출 역사상 최대규모의 성과를 달성하였다. 윤석열 정부는 방위산업을 국가안보와 경제를 견인할 수출전략사업으로 육성하고 첨단전력 건설과 방산 수출 확대의 선순환 구조를 마련하기 위하여 범정부 차원의 지원체계를 강화해 나갈 것이다. 이를 위해 범정부 차원의 방산수출 지원체계를 수립하고, 방산수출 방식을 다변화하며, 맞춤형 지원으로 수출경쟁력을 강화한다.[83]

82) 대한민국 대통령실 조직도, 2024.2.24., (https://www.president.go.kr/yongsan_office/organization)
83) 윤석열 정부의 국가안보전략, 국가안보실, 2023.6, pp.62-63.

제3절 국가안보실의 방산안보 활동

1. 개 요

- 2023. 02. 국가안보실(2차장)에 방산수출기획팀 신설
- 2023. 04. 26. 국가안보실(2차장), 제1차 방산수출전략평가회의 실시
- 2023. 07. 20. 국가안보실(2차장), 제2차 방산수출전략평가회의 실시
- 2023. 11. 22. 국가안보실(2차장), 제3차 방산수출전략평가회의 실시
- 2024. 02. 21. 국가안보실(2차장), 제4차 방산수출전략평가회의 실시

2. 방산수출전략 평가회의

2024년 2월 21일 국가안보실 제2차장(인성환)은 용산 대통령실에서 '제4차 방산수출전략평가회의'를 주재했다.[84] 회의는 국가안보실이 주관해 정부와 기업이 방산수출 현안과 전략을 논의하는 네 번째 회의다.

지난 2년간 빠르게 성장해 온 국내 방위산업을 더욱 전략적으로 지원하기 위한 정부의 2024년 정책 방향을 공유하고, 기업이 다양한 수출시장에서 직면하고 있는 어려움을 빠르게 해소하는 방안을 모색하고자 개최됐다.

회의에는 국방부, 기획재정부, 외교부, 산업통상자원부, 방위사업청 등 정부 부처와 한화에어로스페이스, 현대로템, LIG넥스원, KAI, HD현대중공업, 한화오션, 풍산 등 방산기업, 한국방위산업진흥회, 방산물자교역지원센터(KODITS), 국방기술진흥연구소 등이 참석했으며, 참석자들은 ① 2024년 기업별 수출 현안, ② 권역별·분야별 방산수출 중장기 추진전략, ③ 방위산업과 방산수출 지원을 위한 제도 개선방안 등을 중점적으로 논의해 아래와 같은 3가지 업무 추진 방향을 도출했다.

---

84) 대통령실, 새해 맞은 K-방산,'미래 먹거리'로 경제 활성화 기여, 보도자료(국방비서관 담당), 2024.2.21. (https://www.president.go.kr/search)

가. 국가 경제성장에 기여하는 K-방산의 새로운 도약

정부는 세계 각국과 국방·방산 협력의 범주를 확대하며 국가 간 연대를 강화하고 있다. 지난 2년간 괄목할 만한 성과를 창출해 온 우리 방위산업 또한 다양한 국가의 심화한 안보위협에 최적의 대안을 제공하며 빠르게 성장하고 있다.

2024년에도 정부와 기업은 당면한 방산수출 현안을 함께 해결하고, 상호 긴밀히 협업하며 K-방산의 새로운 도약을 위해 힘을 합쳐 나갈 것이다. 이번 회의를 통해 방산기업들은 다양한 수출 현안과 2024년 사업계획을 공유하고, 국가별 고위급 면담 확대와 우리 군의 수출지원 강화, 신속한 수출허가, 방산수출 관련 정책금융 지원 확대 등 다양한 분야의 정부 지원을 요청했다.

날로 심화하는 북한의 안보위협에 철저히 대응해 온 우리 국방역량과 범정부 차원의 제도개선, 수출 시장개척을 위한 기업의 오랜 노력이 더 큰 방산수출 성과를 창출하고, 국가경제 성장에 실질적으로 기여할 수 있도록 정부가 앞장서겠다.

나. 대한민국 방위산업의 새로운 미래를 위한 전략 마련

지속 가능한 방산수출 성과 창출과 안정적인 방산강국 지위 확보를 위해 방산수출 중장기 전략을 수립했다. 평화를 지켜내는 산업인 방위산업은 국가 위상을 제고하는 또 하나의 전략산업이다.

안보환경과 방산시장의 급격한 변화에 적시 대응하고 세계 4대 방산수출 강국으로 진입할 수 있도록 우주, AI, 유무인복합체계 등 국방 첨단전략 분야를 집중 육성해 수출 중심으로 방위산업을 재편한다. 또한, 금융지원 등 정부 지원체계를 선진화해 산업 역량도 강화한다. 주요 수출권역별 맞춤형 전략을 수립하고, 상호 호혜적 중장기 협력관계 구축을 위해 협력방식을 다변화해 방산 선진국으로 도약 한다.

다. 우리 기업이 세계 방산시장에서 우위를 점할 수 있도록 지원

우리 무기체계의 우수성을 세계에 알리고, 국내 방산기업이 세계 방산시장에서 우위를 점할 수 있도록 정부가 더 열심히 할 것이다. 세계가 주목하는 우리 방위산업이 대한민국을 대표하는 전략산업으로 성장할 수 있도록 다양한 국가와 협력을 강화하고 제도적 기반을 세밀하게 정비할 것이다.

2024년에는 미국, 폴란드, 루마니아, 발트3국, 중동국가 등 다양한 국가와 전략적으로 소통하며, 지난 2년간 공고히 쌓아온 대한민국의 국방·방산 역량을 한층 더 강화할 것이다. 특히, 한미동맹의 협력 범위를 확장하고, 우리 기업의 글로벌 방산시장 진출의 토대가 될 것으로 기대되는 '한미 국방상호조달협정(Reciprocal Defense Procurement Agreement, RDP-A)'이 연내 체결될 수 있도록 미측과 긴밀한 협력하에 속도감 있게 추진할 것이다.

국가안보실 제2차장(인성환)은 회의를 마치며, "방산수출은 상대 국가의 역사적 배경과 안보환경에 대한 충분한 이해를 바탕으로 이루어지는 국가 간 전략적 협력의 일환"이라면서 "정부와 기업, 군이 긴밀히 협력해야만 성과를 창출할 수 있는 분야"라고 강조했다. 이어서 "지금이야말로 우리 방위산업의 기반을 공고히 하고, 우리 기업의 경쟁력을 강화해야 한다"라고 언급하면서 참석자들에게 "K-방산이 미래 먹거리 산업으로 국가경제 활성화에 기여할 수 있도록 노력해 나가자"고 당부했다.

제6장 국가정보

제6장 국가정보에서는 협의의 국가정보인 '국가정보원법'과 국가정보기획·조정 업무인 '정보 및 보안업무 기획·조정 규정'에 대하여 살펴본다.

제1절 협의의 국가정보

1. 개 요

협의의 국가정보로 국가 차원의 국가정보를 담당하는 국가정보원은 1961년 중앙정보부로 창설되어 1981년 국가안전기획부로 개칭되었다가 1999년 국가정보원으로 변경되었다.

〈연 혁〉

가. 중앙정보부법 [법률 제619호, 1961. 6. 10., 제정]

국가안전보장에 관련되는 국내외 정보사항 및 범죄 수사와 군을 포함한 정부 각 부의 정보 수사 활동을 조정 감독하기 위하여 국가재건최고회의 직속하에 '중앙정보부'를 설치하려는 것이다.

나. 국가안전기획부법 [법률 제3313호, 1980. 12. 31., 전부개정]

'중앙정보부'를 '국가안전기획부'로 개칭하고, 직원범죄에 대한 자체수사권의 일부를 제한하며, 정보기관 간의 유기적 협조체제를 제도화함으로써 새로운 정보기구상을 정립하여 본연의 기능수행으로 정상화를 기하려는 것이다.

다. 국가정보원법 [법률 제5681호, 1999. 1. 21., 일부개정]

과거 '국가안전기획부'의 부정적 이미지를 쇄신하고 국가 및 국민을 위한 참다운 국가정보기관으로 거듭나기 위하여 '국가안전기획부'의 명칭을 '국가정보원'으로 변경하려는 것이다.

2. 국가정보원법의 목적

국가정보원법은 국가정보원의 조직 및 직무 범위와 국가 안전보장 업무의 효율적인 수행을 위하여 필요한 사항을 규정함을 목적으로 한다.[85]

3. 국가정보원법의 구성

국가정보원법은 제1조 목적, 제2조 지위, 제3조 국정원의 운영 원칙, 제4조 직무, 제5조 국가기관 등에 대한 협조 요청 등, 제6조 조직, 제7조 직원, 제8조 조직 등의 비공개, 제9조 원장·차장·기획조정실장, 제10조 겸직 금지, 제11조 정치 관여 금지, 제12조 겸직 직원, 제13조 직권 남용의 금지, 제14조 불법 감청 및 불법위치추적 등의 금지, 제15조 국회에의 보고 등, 제16조 예산회계, 제17조 국회에서의 증언 등, 제18조 회계검사 및 직무감찰의 보고, 제19조 직원에 대한 수사중지 요청, 제20조 무기의 사용, 제21조 정치 관여죄, 제22조 직권남용죄, 제23조 불법감청·위치추적 등의 죄, 제24조 공소시효에 관한 특례 및 부칙으로 구성되어 있다.

4. 국가정보원 업무의 주요내용

가. 국가정보원의 직무

국가정보원의 직무(제4조제1항)는 정보의 수집·작성·배포, 국가 기밀에 대한 보안업무, 정보와 보안 대응조치, 사이버공격 및 위협에 대한 예방 및 대응, 정보 및 보안업무의 기획·조정 및 그 밖에 다른 법률에 따라 국정원의 직무로 규정된 사항이다.

국가정보원법 제4조(직무)

① 국정원은 다음 각 호의 직무를 수행한다.

1. 다음 각 목에 해당하는 정보의 수집·작성·배포

가. 국외 및 북한에 관한 정보

나. 방첩(산업경제정보 유출, 해외연계 경제질서 교란 및 방위산업침해에 대한 방첩을 포함한다), 대테러, 국제범죄조직에 관한 정보

다. 「형법」 중 내란의 죄, 외환의 죄, 「군형법」 중 반란의 죄, 암호 부정사용의

---

85) 국가정보원법 [시행 2024. 1. 1.] [법률 제17646호, 2020. 12. 15., 전부개정]

죄, 「군사기밀 보호법」에 규정된 죄에 관한 정보
라. 「국가보안법」에 규정된 죄와 관련되고 반국가단체와 연계되거나 연계가 의심되는 안보침해행위에 관한 정보
마. 국제 및 국가배후 해킹조직 등 사이버안보 및 위성자산 등 안보 관련 우주 정보

2. 국가 기밀(국가의 안전에 대한 중대한 불이익을 피하기 위하여 한정된 인원만이 알 수 있도록 허용되고 다른 국가 또는 집단에 대하여 비밀로 할 사실 · 물건 또는 지식으로서 국가 기밀로 분류된 사항만을 말한다. 이하 같다)에 속하는 문서 · 자재 · 시설 · 지역 및 국가안전보장에 한정된 국가 기밀을 취급하는 인원에 대한 보안 업무. 다만, 각급 기관에 대한 보안감사는 제외한다.

3. 제1호 및 제2호의 직무수행에 관련된 조치로서 국가안보와 국익에 반하는 북한, 외국 및 외국인 · 외국단체 · 초국가행위자 또는 이와 연계된 내국인의 활동을 확인 · 견제 · 차단하고, 국민의 안전을 보호하기 위하여 취하는 대응조치

4. 다음 각 목의 기관 대상 사이버공격 및 위협에 대한 예방 및 대응

가. 중앙행정기관(대통령 소속기관과 국무총리 소속기관을 포함한다) 및 그 소속기관과 국가인권위원회, 고위공직자범죄수사처 및 「행정기관 소속 위원회의 설치 · 운영에 관한 법률」에 따른 위원회
나. 지방자치단체와 그 소속기관
다. 그 밖에 대통령령으로 정하는 공공기관

5. 정보 및 보안 업무의 기획 · 조정

6. 그 밖에 다른 법률에 따라 국정원의 직무로 규정된 사항

나. 국가정보원의 운영원칙(제3조)

① 국정원은 운영에 있어 정치적 중립성을 유지하며, 국민의 자유와 권리를 보호하여야 한다.

② 국가정보원장 · 차장 및 기획조정실장과 그 밖의 직원은 이 법에서 정하는 정보의 수집 목적에 적합하게 정보를 수집하여야 하며, 수집된 정보를 직무 외의 용도로 사용하여서는 아니 된다.

5. 국가정보원법 하위법령(시행령)

가. 정보 및 보안 업무 기획 · 조정 규정

[시행 2023. 12. 19.] [대통령령 제33987호, 2023. 12. 19., 일부개정]

나. 국가정보자료관리규정

[시행 1999. 3. 31.] [대통령령 제16211호, 1999. 3. 31., 타법개정]

다. 방첩업무 규정

[시행 2024. 1. 1.] [대통령령 제33988호, 2023. 12. 19., 타법개정]

라. 보안업무규정

[시행 2021. 1. 1.] [대통령령 제31354호, 2020. 12. 31., 일부개정]

마. 사이버안보 업무규정

[시행 2024. 3. 5.] [대통령령 제34287호, 2024. 3. 5., 일부개정]

바. 안보 관련 우주 정보 업무규정

[시행 2021. 1. 1.] [대통령령 제31355호, 2020. 12. 31., 제정]

사. 안보침해 범죄 및 활동 등에 관한 대응업무규정

[시행 2024. 1. 1.] [대통령령 제33988호, 2023. 12. 19., 제정]

〈국정원의 방산침해 대응 활동〉

- 2023. 09. 11. 국정원 주도 방산침해대응협의회 출범
- 2023. 09. 18. 국정원, 제1회 방산안보 국제컨퍼런스 개최
- 2023. 12. 방산침해대응협의회에 기술보호운영위, 정보지원운영위 구성
- 2023. 12. 11 방산침해대응협의회 제1차 정기총회 개최

〈국가정보원, 방산업체 중심 '방산침해대응협의회' 출범〉

국가정보원은 2023년 9월 11일, 외국의 방산 침해 대응을 목적으로 민 · 관이 참여하는 '방산침해대응협의회'를 공식 출범했다.86) 국정원 청사에서 열린

86) 국가정보원, 국가정보원, 방산업체 중심 '방산침해대응협의회' 출범 보도자료, 2023.9.11. (https://www.nis.go.kr:4016/CM/1_4/view.do?seq=247)

출범식에는 '현대로템'·'LIG넥스원' 등 국내 주요 방산업체 15개사는 물론, 대통령실·국방부·방사청·방첩사령부 등 정부기관과 방위산업진흥회·산업기술보호협회 등 유관기관 관계자들이 참석했으며, 현대로템 이용배 대표이사가 방산침해 대응협의회 회장으로 선출되었다.

'방산침해대응협의회'는 최근 국내 방위산업의 성장세 속에서 방산 안보의 중요성이 강조됨에 따라, 민·관 소통 채널을 개설하여 외국의 방산 침해행위에 능동적으로 대응하기 위해 기획됐다. 참여 방산업체들은 앞으로 협의회를 통해 △북한의 해킹이나 방산무기 수출 시 기술유출 가능성 점검 △방위사업 동향 정보 제공 등 정부 차원의 체계적 지원을 받을 수 있을 것으로 기대된다.

협의회는 2023년 11월에 임시총회를 열어 회원사 추천 및 과반 동의를 거쳐 '기술보호 운영위', '정보지원 운영위' 등 실무기구를 구성해 본격적인 활동에 나설 방침이다. 국정원은 "이번에 창설된 협의회를 중심으로 대한민국이 글로벌 방산 강국으로서의 입지를 공고히 다질 수 있도록 측면 지원을 아끼지 않겠다"고 밝혔다.

〈방산침해 대응협의회, 첫 정기총회 개최〉

'방산침해 대응협의회'가 출범 후 첫 정기총회를 개최하고 본격적인 활동을 시작했다. 방산침해 대응협의회 이용배(현대로템 대표이사) 회장은 2023년 12월 11일 서울 송파구 시그니엘에서 첫 정기총회를 개최했다고 밝혔다.[87]

방산침해 대응협의회 정기총회에는 국가정보원, 국방부, 산업통상자원부, 방위사업청, 국군방첩사령부 등 정부기관과 한국방위산업진흥회, 한국산업기술보호협회, 국방기술품질원, 국방기술진흥연구소, 대한무역투자진흥공사(KOTRA), 대중소기업농어업협력재단, 중소벤처기업진흥공단 등 유관단체를 비롯해 회장사인 현대로템 등 주요 방산업체 15곳이 참석했다.

87) 국가정보원, 「방산침해 대응협의회」, 첫 정기총회 개최 보도자료, 2023.12.11. (https://www.nis.go.kr:4016/CM/1_4/view.do?seq=272)

정기총회에서는 방산침해대응협의회 설립취지와 추진사업, 조직구성 등 안건을 심의했으며 단기 및 중장기 사업 전략 발표와 함께 실효적인 협의회 운영방안을 논의했다. 방산침해 대응협의회는 ▲ 방산침해대응 인프라 혁신 ▲ 방산기술보호 기반 강화 ▲ 방위산업 글로벌 진출확대 기반강화 ▲ 방산침해 조기경보체계 구축 ▲ 민·관 협력 통합플랫폼 형성 등 5대 단기 및 중장기 전략을 수립하고 세부 중점과제를 통해 실효성 있는 방산침해대응 활동을 전개한다는 계획이다.

2024년도에는 방산업체를 중심으로 방산침해 제도개선 의견수렴 절차를 마련하고, 방산 수출시 기술보호 대응 방안 등을 수립해 방산 환경에 최적화된 '민·관 협력 통합 플랫폼'을 구축할 예정이다. 국정원·국방부·산업부·방사청·방첩사는 유관기관과 힘을 합쳐 K-방산 위상 저해 요인을 선제 발굴하여 업계에 실시간으로 공유하고 지원해 방산침해 조기경보 체계를 확립해 나갈 방침이다.

한편, 방산침해 대응협의회는 회원사간 지속적인 소통과 협력을 이어가기 위해 연 2회 정기총회를 개최하며 위원 과반수 요청시 임시총회를 추가 소집하기로 했다.

제2절 국가정보원 직무 관련 법령

1. 안보 관련 형법의 주요내용

국가정보원법에서는 형법 중 내란의 죄와 외환의 죄에 관한 수사와 정보의 수집·작성·배포를 명시하고 있다.

가. 내란의 죄(형법제2편제1장)

내란의 죄에는 제87조(내란), 제88조(내란 목적의 살인), 제89조(미수범), 제90조(예비, 음모, 선동, 선전), 제91조(국헌 문란의 정의)가 있다.

나. 외환의 죄(형법제2편제2장)

외환의 죄에는 제92조(외환유치), 제93조(여적), 제94조(모병 이적), 제95조(시설제공이적), 제96조(시설파괴이적), 제97조(물건제공이적), 제98조(간첩), 제99조(일반이적), 제100조(미수범), 제101조(예비, 음모, 선동, 선전), 제102조(준적국), 제103조(전시군수계약불이행), 제104조(동맹국)가 있다.

형법 제98조 제1항의 간첩죄의 경우 '적국을 위하여'로 명시하고 있어 적국이 아닌 외국을 위하여 한 행위는 처벌할 수 없는 불합리한 점이 있어 개정이 필요하다.

형법 제98조(간첩)

① 적국을 위하여 간첩하거나 적국의 간첩을 방조한 자는 사형, 무기 또는 7년 이상의 징역에 처한다.

② 군사상의 기밀을 적국에 누설한 자도 전항의 형과 같다.

2. 안보 관련 군형법의 주요내용

가. 반란의 죄(군형법제2편제1장)

군형법 중 반란의 죄에는 제5조(반란), 제6조(반란 목적의 군용물 탈취), 제7조(미수범), 제8조(예비, 음모, 선동, 선전), 제9조(반란 불보고), 제10조(동맹국에 대한 행위)가 있다.

나. 암호 부정사용죄(형법제2편제12장 위령(違令)의 죄 중 제81조)

다음 각 호의 어느 하나에 해당하는 사람은 2년 이상의 유기징역이나 유기금고에 처한다.

1. 암호를 허가 없이 발신한 사람
2. 암호를 수신(受信)할 자격이 없는 사람에게 수신하게 한 사람
3. 자기가 수신한 암호를 전달하지 아니하거나 거짓으로 전달한 사람

3. 군사기밀보호법 : 제7장 국방정보에서 기술

4. 국가보안법

가. 개 요

국가보안법은 국헌을 위배하여 정부를 참칭하거나 국가를 변란할 목적으로 단체를 구성하는 등 국가안보를 위태롭게 하는 각종의 행위를 처벌하려는 것이다.[88]

나. 국가보안법의 목적

국가보안법은 국가의 안전을 위태롭게 하는 반국가활동을 규제함으로써 국가의 안전과 국민의 생존 및 자유를 확보함을 목적으로 한다.[89]

다. 국가보안법의 구성

구 분	세부 기준
제1장 총칙	제1조 목적등, 제2조 정의
제2장 죄와 형	제3조 반국가단체의 구성등, 제4조 목적수행, 제5조 자진지원 · 금품수수, 제6조 잠입 · 탈출, 제7조 찬양 · 고무등, 제8조 회합 · 통신등, 제9조 편의제공, 제10조 불고지, 제11조 특수직무유기, 제12조 무고와 날조, 제13조 특수가중, 제14조 자격정지의 병과, 제15조 몰수 · 추징, 제16조 형의 감면, 제17조 타법적용의 배제
제3장 특별형사 소송규정	제18조 참고인의 구인 · 유치, 제19조 구속기간의 연장, 제20조 공소보류
제4장 보상과 원호	제21조 상금, 제22조 보로금, 제23조 보상, 제24조 국가보안유공자 심사위원회, 제25조 군법 피적용자에 대한 준용규정

라. 국가보안법의 주요내용

국가보안법 제4조(목적수행)

① 반국가단체의 구성원 또는 그 지령을 받은 자가 그 목적수행을 위한 행

88) 국가보안법 [시행 1948. 12. 1.] [법률 제10호, 1948. 12. 1., 제정]
89) 국가보안법 [시행 2017. 7. 7.] [법률 제13722호, 2016. 1. 6., 타법개정] 제1조제1항.

위를 한 때에는 다음의 구별에 따라 처벌한다.

1. 형법 제92조(외환유치), 제93조(여적), 제94조(모병이적), 제95조(시설제공이적), 제96조(시설파괴이적), 제97조(물건제공이적), 제99조(일반이적), 제250조(살인, 존속살해)제2항, 제338조(강도살인 · 치사) 또는 제340조(해상강도) 제3항에 규정된 행위를 한 때에는 그 각조에 정한 형에 처한다.

2. 형법 제98조(간첩)에 규정된 행위를 하거나 국가기밀을 탐지 · 수집 · 누설 · 전달하거나 중개한 때에는 다음의 구별에 따라 처벌한다.

가. 군사상 기밀 또는 국가기밀이 국가안전에 대한 중대한 불이익을 회피하기 위하여 한정된 사람에게만 지득이 허용되고 적국 또는 반국가단체에 비밀로 하여야 할 사실, 물건 또는 지식인 경우에는 사형 또는 무기징역에 처한다.
나. 가목외의 군사상 기밀 또는 국가기밀의 경우에는 사형 · 무기 또는 7년 이상의 징역에 처한다.

4. 교통 · 통신, 국가 또는 공공단체가 사용하는 건조물 기타 중요시설을 파괴하거나 사람을 약취 · 유인하거나 함선 · 항공기 · 자동차 · 무기 기타 물건을 이동 · 취거한 때에는 사형 · 무기 또는 5년 이상의 징역에 처한다.

5. (중략) 국가기밀에 속하는 서류 또는 물품을 손괴 · 은닉 · 위조 · 변조한 때에는 3년 이상의 유기징역에 처한다.

6. 제1호 내지 제5호의 행위를 선동 · 선전하거나 사회질서의 혼란을 조성할 우려가 있는 사항에 관하여 허위사실을 날조하거나 유포한 때에는 2년 이상의 유기징역에 처한다.

② 제1항의 미수범은 처벌한다.
③ 제1항제1호 내지 제4호의 죄를 범할 목적으로 예비 또는 음모한 자는 2년 이상의 유기징역에 처한다.
④ 제1항제5호 및 제6호의 죄를 범할 목적으로 예비 또는 음모한 자는 10년 이하의 징역에 처한다.

마. 국가보안법의 시사점

"반국가단체"라 함은 정부를 참칭하거나 국가를 변란할 것을 목적으로 하는 국내외의 결사 또는 집단으로서 지휘통솔체제를 갖춘 단체를 말한다(제2조제1항).

국가보안법을 해석 적용함에 있어서는 국가의 안전을 위태롭게 하는 반국가

활동을 규제함으로써 국가의 안전과 국민의 생존 및 자유 확보의 목적달성을 위하여 필요한 최소한도에 그쳐야 하며, 이를 확대해석하거나 헌법상 보장된 국민의 기본적 인권을 부당하게 제한하는 일이 있어서는 아니된다(제1조제2항).

제3절 국가정보 기획 · 조정

1. 개 요

1964년 제정한 '정보 및 보안업무 조정 · 감독규정'은 중앙정보부법 제2조제2항의 규정에 의하여 정보 및 보안업무의 조정 · 감독에 관하여 필요한 사항을 규정함을 목적으로 한다.[90]

2. 정보 및 보안업무 기획 · 조정 규정의 목적

현 '정보 및 보안업무 기획 · 조정 규정'은 「국가정보원법」 제4조제1항제5호 및 같은 조 제4항에 따라 정보 및 보안업무의 기획 · 조정에 관하여 필요한 사항을 규정함을 목적으로 한다.[91]

3. 정보 및 보안업무 기획 · 조정 규정의 구성

'정보 및 보안업무 기획 · 조정 규정'은 제1조 목적, 제2조 정의, 제3조 정보 및 보안 업무의 기획 · 조정, 제4조 기획업무의 범위, 제4조의2 국가 정보목표 우선순위의 결정, 제5조 조정업무의 범위, 제6조 조정의 절차, 제7조 정보사범 등의 내사등, 제8조 정보사범 등의 신병처리 등, 제9조 공소보류 등, 제10조 적성압수금품 등의 처리, 제11조 정보사업 · 예산 및 보안업무의 감사 제12조 시행규칙으로 구성되어 있다.

90) 정보 및 보안업무조정 · 감독규정[시행 1964. 3. 10.] [대통령령 제1665호, 1964. 3. 10., 제정]
91) 정보 및 보안 업무 기획 · 조정 규정 [시행 2023. 12. 19.] [대통령령 제33987호, 2023. 12. 19., 일부개정] 제1조 목적.

4. 정보 및 보안업무 기획 · 조정 규정의 주요내용

가. 용어의 정의(제2조)

이 영에서 사용하는 용어의 뜻은 다음과 같다. 〈개정 2023. 12. 19.〉

1. "국외정보"란 다음 각 목의 정보를 말한다.
가. 외국의 정치 · 경제 · 사회 · 문화 · 군사 · 과학 · 기술 · 운송 · 통신 · 지리 · 인물 · 환경 · 보건 등에 관한 정보
나. 가목에 따른 정보가 국가안보 · 국익 · 국민안전에 미치는 영향에 관한 정보

1의2. "북한정보"란 다음 각 목의 정보를 말한다.
가. 북한의 정치 · 경제 · 사회 · 문화 · 군사 · 과학 · 기술 · 운송 · 통신 · 지리 · 인물 · 환경 · 보건 등에 관한 정보
나. 가목에 따른 정보가 국가안보 · 국익 · 국민안전에 미치는 영향에 관한 정보

2. "안보위해정보"란 다음 각 목의 정보를 말한다.
가. 「국가정보원법」 제4조제1항제1호나목에 따른 정보
나. 제5호에 따른 정보사범 등에 관한 정보

> 국가정보원법 제4조(직무) ① 국정원은 다음 각 호의 직무를 수행한다.
> 1. 다음 각 목에 해당하는 정보의 수집 · 작성 · 배포
> 나. 방첩(산업경제정보 유출, 해외연계 경제질서 교란 및 방위산업침해에 대한 방첩을 포함한다), 대테러, 국제범죄조직에 관한 정보
> 5. 정보 및 보안 업무의 기획 · 조정

3. "통신정보"라 함은 전기통신수단에 의하여 발신되는 통신을 수신 · 분석하여 산출하는 정보를 말한다.
4. "통신보안"이라 함은 통신수단에 의하여 비밀이 직접 또는 간접으로 누설되는 것을 미리 방지하거나 지연시키기 위한 방책을 말한다.

5. "정보사범 등"이라 함은 형법 제2편제1장(내란) 및 제2장(외환)의 죄, 군형법 제2편제1장(반란) 및 제2장(이적)의 죄, 동법 제80조(군사기밀누설) 및 제81조(암호 부정사용)의 죄, 군사기밀보호법 및 국가보안법에 규정된 죄를 범한 자와 그 혐의를 받는 자를 말한다.

6. "정보 · 수사기관"이란 다음 각 목의 국가기관을 말한다.
가. 국가정보원, 나. 검찰청, 다. 경찰청, 라. 해양경찰청, 마. 국군방첩사령부
바. 그 밖에 정보 및 보안업무를 수행하는 국가기관 중 국가정보원장(이하 "국정원장"이라 한다)이 지정하는 국가기관

나. 조정업무의 범위(제5조)

국정원장이 정보 및 보안업무에 관하여 행하는 조정 대상기관과 업무의 범위는 다음과 같다. 〈개정 2017. 7. 26., 2023. 12. 19.〉

1) 법무부(제4호)

가. 안보위해정보에 관한 사항

나. 정보사범 등에 대한 검찰정보의 처리에 관한 사항

다. 공소보류된 자의 신병처리에 관한 사항

라. 적성압수금품등의 처리에 관한 사항

마. 정보사범 등의 보도 및 교도에 관한 사항

바. 출입국자의 보안에 관한 사항

사. 삭제 〈2023. 12. 19.〉

2) 국방부(제5호)

가. 국외정보 · 북한정보 · 안보위해정보 · 심리정보(외국인 또는 북한 구성원의 감정 · 견해 · 태도 · 행동 등에 영향을 미치는 정보를 말한다) · 통신정보 및 통신보안 업무에 관한 사항

나. 제4호 나목부터 마목까지에 규정된 사항

다. 신원조사업무에 관한 사항

라. 정보사범 등의 내사, 입건 전 조사, 수사 및 시찰에 관한 사항

다. 조정의 절차(제6조)

국정원장은 제5조의 조정을 행함에 있어 국가안보에 중대한 영향을 미치는 주요사안에 관하여는 직접 조정하고, 기타 사안에 관하여는 일반지침에 의하여 조정한다. 〈개정 1999. 3. 31.〉

라. 정보사업 · 예산 및 보안 업무의 감사(제11조)

① 국정원장은 제5조에 규정된 각급기관에 대하여 연 1회이상 정보사업 및 그에 따른 예산과 보안 업무 감사를 실시한다. 다만, 보안 업무 감사는 중앙단위 기관에 한한다. 〈개정 1999. 3. 31., 2023. 12. 19.〉

② 국정원장은 제1항의 감사를 실시함에 있어서 정책자료 발굴에 중점을 둔다. 〈개정 1999. 3. 31.〉

③ 국정원장은 제1항의 규정에 의한 감사 결과를 대통령에게 보고하고 피감사기관에 통보한다. 〈개정 1999. 3. 31.〉

④ 제3항의 규정에 의하여 감사결과를 통보받은 피감사기관의 장은 감사결과에 대하여 필요한 조치를 강구하여야 한다.

⑤ 국정원장은 제1항에 따른 감사 결과에 따라 그 업무성과가 우수한 기관 및 공무원을 선정하여 포상할 수 있다. 〈신설 2023. 12. 19.〉

제4편

국방정보와 국군방첩

제4편 국방정보와 국군방첩

제4편 국방정보와 국군방첩에서는 국방정보업무와 국군방첩업무를 살펴본다.

제7장 국방정보

제7장 국방정보에서는 협의의 국방정보와 군사기밀보호을 다룬다.

제1절 협의의 국방정보

1. 개 요

국방정보는 국방부 국방정보본부가 담당한다. 1981년 군사정보기구를 조직적·종합적으로 통합·운용함으로써 그 전문성을 제고시켜 군사에 관한 정보업무를 능률적으로 수행할 수 있게 하기 위하여 '국방정보본부령'을 제정하였다.[92)]

2. 국방정보본부 설치

군사정보 및 군사보안에 관한 사항과 군사정보전력의 구축에 관한 사항을 관장하기 위하여 국방부장관 소속으로 국방정보본부를 둔다.[93)]

3. 국방정보본부령의 구성

국방정보본부령은 제1조 설치, 제1조의2 업무, 제2조 본부장의 임명, 제3조 본부장의 직무 등, 제4조 부서와 부대의 설치, 제5조 정원으로 구성되어 있다.

---

92) 국방정보본부령 [시행 1981. 9. 30.] [대통령령 제10474호, 1981. 9. 30., 제정]
93) 국방정보본부령 [시행 2018. 12. 4.] [대통령령 제29322호, 2018. 12. 4., 일부개정] 제1조.

4. 국방정보본부령의 주요내용

제1조의2(업무)

국방정보본부는 다음 각 호의 업무를 수행한다. 〈개정 2011. 7. 1.〉

1. 국방정보정책 및 기획의 통합 · 조정 업무
2. 국제정세 판단 및 해외 군사정보의 수집 · 분석 · 생산 · 전파 업무
3. 군사전략정보의 수집 · 분석 · 생산 · 전파 업무
4. 군사외교 및 방위산업에 필요한 정보지원 업무
5. 재외공관 주재무관의 파견 및 운영 업무
6. 주한 외국무관과의 협조 및 외국과의 정보교류 업무
7. 합동참모본부, 각 군 본부 및 작전사령부급 이하 부대의 특수 군사정보 예산의 편성 및 조정 업무
8. 사이버 보안을 포함한 군사보안 및 방위산업 보안정책에 관한 업무
9. 군사정보전력의 구축에 관한 업무
10. 군사기술정보에 관한 업무
11. 군사 관련 지리공간정보에 관한 업무
12. 그 밖에 군사정보와 관련된 업무

제3조(본부장의 직무 등)

① 본부장은 국방부장관의 명을 받아 정보본부의 업무를 총괄하고, 정보본부에 예속 또는 배속된 부대를 지휘 · 감독한다.

② 본부장은 군사정보 · 전략정보 업무에 관하여 합동참모의장을 보좌하고, 합동참모본부의 군령 업무수행을 위한 정보업무를 지원한다.

제4조(부서와 부대의 설치)

① 정보본부에 필요한 참모부서를 두되, 그 조직과 사무분장에 관한 사항은 국방부장관이 정한다.

② 정보본부 예하에 다음 각 호의 부대를 둔다. 〈개정 2009. 12. 30., 2011. 7. 1., 2018. 12. 4.〉

1. 군사 관련 영상 · 지리공간 · 인간 · 기술 · 계측 · 기호 등의 정보(이하 "영상정보등"이라 한다)의 수집 · 지원 및 연구에 관한 업무와 적의 영상정보등의 수집에 대한 방어 대책으로서의 대정보(對情報)에 관한 업무를 관장하기 위한 **정보사령부**
2. 각종 신호정보의 수집 · 지원 및 연구에 관한 사항을 관장하기 위한 **777 사령부**
3. 사이버사령부(2011.7.1,삭제), 국방지형정보단(2018.12.4.삭제)

〈국방정보본부 예하부대 연혁〉
- 국방부제777부대령[시행 1956. 10. 1.] [대통령령 제1179호, 1956. 10. 1., 제정]
- 육군정보사령부령 [시행 1972. 2. 9.] [대통령령 제5958호, 1972. 2. 9., 제정]
- 국군정보사령부령[시행 1990. 9. 29.] [대통령령 제13131호, 1990. 9. 29., 제정]
- 국군정보사령부령[시행 1999. 3. 30.] [대통령령 제16208호, 1999. 3. 30., 타법 국군정보사령부령 및 국방부 제777부대령은 이를 각각 폐지한다.

5. 국방정보본부령의 시사점

국방정보본부장은 타 국방부 직할부대와는 다르게 국방부장관의 정보 및 보안분야 정책업무를 수행하면서 법령관리와 훈령제정권을 가지고 있다. 군사비밀보호법과 동법 시행령을 관리하고, 국방보안업무훈령 및 방위산업보안업무훈령을 제정, 운영하면서 주기적인 검토를 통하여 문제점을 보완하고 개정하여, 국방보안 및 방산보안 업무를 발전시키고 있다.

제2절 군사기밀보호

1. 개 요

1972년 국가안전보장에 필요불가결한 군사기밀의 보호에 관하여 우리나라 현행법은 간첩이나 이적 또는 용공목적으로 군사기밀을 탐지·누설한 자에 대한 처벌규정만을 두고 있을 뿐 기밀보호상 소홀히 넘길 수 없는 보안상의 과실행위와 단순누설에 대하여는 아무런 처벌규정이 없으며, 군사기밀 누설의 본원이 되는 업무상 누설에 있어서도 공무원이 아닌 위탁업무수행자등의 누설이 등한시 되어 있을 뿐만 아니라, 군사기밀의 범위 및 한계가 모호하여 기밀보호에 중대한 지장을 초래하고 있으므로, 이러한 현행법상의 불비한 점을 보완·처벌함으로써 군사상의 기밀을 보호하여 국가안전보장에 기여하도록 하기 위하여 '군사기밀보호법'을 제정하였다.[94]

94) 군사기밀보호법 [시행 1972. 12. 26.] [법률 제2387호, 1972. 12. 26., 제정]

2. 군사기밀보호법의 목적

'군사기밀보호법'은 국방정보본부에서 관리하고 있으며, 군사기밀을 보호하여 국가안전보장에 이바지함을 목적으로 한다.[95)]

3. 군사기밀보호법의 구성

'군사기밀보호법'은 제1조 목적, 제2조 정의, 제3조 군사기밀의 구분, 제4조 군사기밀의 지정 원칙 및 지정권자, 제5조 군사기밀의 보호조치 등, 제6조 군사기밀의 해제, 제7조 군사기밀의 공개, 제8조 군사기밀의 제공 및 설명, 제9조 공개 요청,

제10조 군사기밀 보호조치의 불이행 등, 제11조 탐지 · 수집, 제11조의2 비인가자의 군사기밀 점유, 제12조 누설, 제13조 업무상 군사기밀 누설, 제13조의2 군사기밀 불법 거래에 관한 가중처벌, 제14조 과실로 인한 군사기밀 누설, 제15조 외국 또는 외국인을 위한 죄에 관한 가중처벌, 제16조 신고 · 제출 · 삭제의 불이행, 제17조 군사보호구역 침입 등, 제18조 미수범, 제19조 자수 감면, 제20조 자격정지, 제20조의2 몰수 및 추징 등,

제21조 국제연합군 및 외국에서 제공받은 기밀 등에 대한 적용 및 제22조 검사의 수사 지휘 등으로 구성되어 있다.

4. 군사기밀보호법의 주요내용

"군사기밀"이란 일반인에게 알려지지 아니한 것으로서 그 내용이 누설되면 국가안전보장에 명백한 위험을 초래할 우려가 있는 군(軍) 관련 문서, 도화(圖畵), 전자기록 등 특수매체기록 또는 물건으로서 군사기밀이라는 뜻이 표시 또는 고지되거나 보호에 필요한 조치가 이루어진 것과 그 내용을 말한다(제2조 제1호).

---

95) 군사기밀보호법 [시행 2022. 12. 13.] [법률 제19076호, 2022. 12. 13., 일부개정] 국방부(국방정보본부 보안암호정책과), 제1조 목적.

군사기밀의 등급 구분에 관한 세부 기준
(시행령 제3조제2항 관련 별표1)

구 분	세부 기준
1. Ⅰ급비밀	가. 비밀 군사동맹 추진계획 또는 비밀 군사동맹조약 나. 전쟁 계획 또는 정책 다. 전략무기 개발계획 또는 운용계획 라. 극히 보안이 필요한 특수공작계획 마. 주변국에 대한 우리 측의 판단과 의도가 포함된 장기적이고 종합적인 군사전략
2. Ⅱ급비밀	가. 집단안보결성 추진계획 나. 비밀 군사외교활동 다. 전략무기 또는 유도무기의 사용지침서 및 완전한 제원 라. 특수공작계획 또는 보안이 필요한 특수작전계획 마. 주변국과 외교상 마찰이 우려되는 대외정책 및 정보보고 바. 군사령부급 이상까지 모두 포함된 편제 또는 장비 현황 사. 국가적 차원의 동원내용이 포함된 동원계획 아. 종합적이고 중장기적인 전력 정비 및 운영 · 유지 계획 자. 간첩용의자를 내사 또는 수사 중인 수사기관 또는 군부대 활동내용 차. 암호화 프로그램 카. 군용 암호자재
3. Ⅲ급비밀	가. 전략무기 또는 유도무기 저장시설 또는 수송계획 나. 종합적인 연간 심리전 작전계획 다. 상황 발생에 따른 일시적인 작전활동 라. 사단(해군 함대, 공군 비행단 포함. 이하 이 표에서 같다)급 이상 부대의 전체 편제 또는 장비 현황 마. 연대급 이상 증편 계획 바. 정보부대 또는 군 방첩 업무 수행 부대의 세부조직 및 세부임무 사. 장성급 장교를 장으로 하는 전투부대, 정보부대 및 군 방첩업무 수행부대의 현직 지휘관의 인물 첩보 아. 종합적인 방위산업체의 생산 또는 수리 능력 자. 사단급 이상 통신망 운용지시 및 통신규정 차. 전산보호 소프트웨어 카. 군용 음어자재(陰語資材)

군사기밀보호법의 처벌조항

제10조(군사기밀 보호조치의 불이행 등)

① 군사기밀을 취급하는 사람이 정당한 사유 없이 제5조제1항에 따른 표시, 고지나 그 밖에 군사기밀 보호에 필요한 조치를 하지 아니한 경우에는 2년 이하의 징역에 처한다.

② 군사기밀을 취급하는 사람이 정당한 사유 없이 군사기밀을 손괴 · 은닉하거나 그 밖의 방법으로 그 효용을 해친 경우에는 1년 이상의 유기징역에 처한다.

제11조(탐지 · 수집)

군사기밀을 적법한 절차에 의하지 아니한 방법으로 탐지하거나 수집한 사람은 10년 이하의 징역에 처한다.

제11조의2(비인가자의 군사기밀 점유)

업무상 군사기밀을 취급하였던 사람이 그 취급 인가가 해제된 이후에도 군사기밀을 점유하고 있는 경우에는 2년 이하의 징역 또는 2천만원 이하의 벌금에 처한다.

제12조(누설)

① 군사기밀을 탐지하거나 수집한 사람이 이를 타인에게 누설한 경우에는 1년 이상의 유기징역에 처한다.

② 우연히 군사기밀을 알게 되거나 점유한 사람이 군사기밀임을 알면서도 이를 타인에게 누설한 경우에는 5년 이하의 징역 또는 5천만원 이하의 벌금에 처한다.

제13조(업무상 군사기밀 누설)

① 업무상 군사기밀을 취급하는 사람 또는 취급하였던 사람이 그 업무상 알게 되거나 점유한 군사기밀을 타인에게 누설한 경우에는 3년 이상의 유기징역에 처한다.

② 제1항에 따른 사람 외의 사람이 업무상 알게 되거나 점유한 군사기밀을 타인에게 누설한 경우에는 7년 이하의 징역에 처한다.

제13조의2(군사기밀 불법 거래에 관한 가중처벌)

① 제11조부터 제13조까지에 따른 죄를 범한 자가 금품이나 이익을 수수, 요구, 약속 또는 공여한 경우 그 죄에 해당하는 형의 2분의 1까지 가중처벌한다.

② 삭제 〈2015. 3. 27.〉

제14조(과실로 인한 군사기밀 누설)

과실로 제13조제1항의 죄를 범한 사람은 2년 이하의 징역 또는 2천만원 이하의 벌금에 처한다. 〈개정 2014. 5. 9.〉

제15조(외국 또는 외국인을 위한 죄에 관한 가중처벌)
외국 또는 외국인(외국단체를 포함한다)을 위하여 제11조부터 제13조까지에 규정된 죄를 범한 경우에는 그 죄에 해당하는 형의 2분의 1까지 가중처벌한다.

제16조(신고 · 제출 · 삭제의 불이행)
① 군사기밀을 보관하는 사람이 이를 분실하거나 도난당한 경우에 지체 없이 그 사실을 소속 기관 또는 감독 기관의 장에게 신고하지 아니한 경우에는 3년 이하의 징역 또는 3천만원 이하의 벌금에 처한다.
② 군사기밀을 습득하거나 타인으로부터 제공받아 점유한 사람이 수사기관이나 군부대로부터 제출요구를 받고 즉시 이를 제출하지 아니한 경우 2년 이하의 징역 또는 2천만원 이하의 벌금에 처한다.
③ 압수의 목적물인 군사기밀이 「형사소송법」 제106조제3항 또는 같은 법 제219조에 따라 출력이나 복제의 방법으로 제출된 경우 그 점유자가 검사(군검사를 포함한다) 또는 그 지휘를 받은 사법경찰관(군사법경찰관을 포함한다)으로부터 컴퓨터용디스크, 그 밖에 이와 비슷한 정보저장매체에 남아 있는 군사기밀의 삭제 요구를 받고 즉시 이를 삭제하지 아니한 때에는 2년 이하의 징역 또는 2천만원 이하의 벌금에 처한다. 〈신설 2015. 9. 1., 2022. 12. 13.〉

제17조(군사보호구역 침입 등)
① 군사보호구역을 침입한 사람은 2년 이하의 징역 또는 2천만원 이하의 벌금에 처한다.
② 군사보호구역을 침입하여 군사기밀을 훔친 사람 또는 군사기밀을 손괴 · 은닉하거나 그 밖의 방법으로 그 효용을 해친 사람은 1년 이상의 유기징역에 처한다.

제18조(미수범)
제11조부터 제13조까지, 제15조 및 제17조의 미수범은 처벌한다.

제19조(자수 감면)
이 법에 규정된 죄를 범한 사람이 자수하였을 때에는 그 형을 감경하거나 면제한다.

제20조(자격정지)
이 법에 규정된 죄에 관하여 징역형을 선고할 때에는 그 형의 장기 이하의 자격정지를 병과(倂科)할 수 있다.

제20조의2(몰수 및 추징 등)
① 이 법에 따른 죄를 범한 자 또는 그 정을 아는 제3자가 받은 해당 재산이나

이익은 몰수한다. 다만, 몰수가 불가능한 때에는 그 가액을 추징한다.
② 검사 또는 군검사는 이 법에 따른 죄를 범한 자에 대하여 소추를 하지 아니할 때에는 압수물 중 군사기밀에 해당하는 부분의 삭제나 폐기 또는 국고귀속을 명할 수 있다. 〈개정 2022. 12. 13.〉

5. 군사기밀보호법의 시사점

가. 국제연합군 및 외국에서 제공받은 기밀 등에 대한 적용(법제21조)

이 법은 우리나라에 주둔하고 있는 국제연합군의 기밀, 국군과 연합작전을 수행하고 있는 외국군의 기밀 및 군사에 관한 조약이나 그 밖의 국제협정 등에 따라 외국으로부터 제공받은 기밀로서 군사기밀에 해당하는 것에 대하여도 적용한다.

나. 「보안업무규정」의 적용(군사기밀보호법 시행령 제10조)

군사기밀 보호에 관하여 이 영에서 규정한 사항을 제외하고는 「보안업무규정」에서 정하는 바에 따른다.

제8장 국군방첩

제8장 국군방첩에서는 협의의 국군방첩업무로 국군방첩사령부령과 군방첩업무로 군방첩업무훈령에 대하여 살펴본다.

제1절 협의의 국군방첩

1. 개 요

가. 국군방첩사령부 연혁

- 1957. 11. 21. 육군특무부대로 창설
- 1960. 07. 20. 육군방첩부대로 개명(해군해병 별도)
- 1968. 09. 23. 육군방첩부대 폐지, 육군보안부대 창설(해군해병 별도)
- 1977. 09. 26. 국군보안부대로 창설
- 1994. 05. 13. 국군기무사령부로 개명
- 2018. 09. 01. 국군기무사령부 폐지, 군사안보지원사령부 창설
- 2022. 11. 01. 국군방첩사령부로 개명

나. 국군보안부대령의 제정이유

[시행 1977. 9. 26.] [대통령령 제8704호, 1977. 9. 26., 제정]

군사보안 및 군방첩에 관한 사항과 군법회의법 제44조제2호에 규정된 범죄의 수사에 관한 사항을 관장하게 하기 위하여 국방부에 국군보안부대를 둔다.

다. 국군기무사령부령의 개정이유

[시행 1994. 5. 13.] [대통령령 제14258호, 1994. 5. 13., 전부개정]

법령의 제명을 "국군기무부대령"에서 "국군기무사령부령"으로 바꾸어 국방부장관소속하에 국군기무사령부를 두도록 하고, 국군기무사령부에 필요한 참모부서와 그 예하에 국방부직할부대 및 합동참모본부지원 기무부대 · 각군본부지원 기무부대 · 부대지원 기무부대 · 통신기무부대 및 기무학교를 두도록 하는

등 그 조직 및 운영에 관한 사항을 정하려는 것이다.

라. 국군기무사령부령의 폐지이유

[시행 2018. 9. 1.] [대통령령 제29113호, 2018. 8. 21., 폐지]

군사보안, 군 방첩(防諜) 및 군에 관한 첩보의 수집·처리 등에 관한 업무를 수행하기 위하여 국방부 직할부대로 설치한 국군기무사령부를 군 조직 개혁의 일환으로 폐지하려는 것이다.

마. 군사안보지원사령부령의 제정이유

[시행 2018. 9. 1.] [대통령령 제29114호, 2018. 8. 21., 제정]

군사보안, 군 방첩(防諜) 및 군에 관한 정보의 수집·처리 등에 관한 업무를 수행하기 위하여 군사안보지원사령부를 국방부 직할부대로 설치하고, 군사안보지원사령부의 소속 군인 및 군무원 등이 직무를 수행할 때 법령 및 정치적 중립을 지키도록 명시하며, 정치활동에 관여하는 행위 등을 지시 또는 요구받은 경우 이의를 제기하고 집행을 거부할 수 있도록 하고, 군사안보지원사령부 소속 군인 및 군무원 등에 대한 감사, 검열 및 직무감찰 등의 업무를 수행하는 감찰실을 두도록 하는 등 군사안보지원사령부의 조직, 운영 및 직무 범위를 구체적으로 정하려는 것이다.

바. 국군방첩사령부령의 개정이유

[시행 2022. 11. 1.] [대통령령 제32968호, 2022. 11. 1., 일부개정]

군사보안, 군 방첩(防諜) 등의 업무를 수행하기 위하여 「국군조직법」에 따라 설치된 군사안보지원사령부의 명칭을 국군방첩사령부로 변경하고, 해당 사령부의 예하부대 중 군사안보지원부대의 명칭을 국군방첩부대로, 학교기관의 명칭을 국군방첩학교로 각각 변경하려는 것이다.

2. 국군방첩사령부령의 목적 [대통령령 제33409호, 2023. 4. 18., 일부개정/시행]

국군방첩사령부령은 「국군조직법」 제2조제3항에 따라 군사보안, 군 방첩(防諜) 및 군에 관한 정보의 수집·처리 등에 관한 업무를 수행하기 위하여 국군방첩사령부를 설치하고, 그 조직·운영 및 직무 범위에 관한 사항을 규정함을 목적으로 한다(제1조).

3. 국군방첩사령부령의 구성

국군방첩사령부령은 제1조 목적, 제2조 설치, 제3조 기본원칙, 제4조 직무, 제5조 직무 수행 시 이의제기 등, 제5조의2 자료의 제출 요청, 제6조 조직, 제7조 사령관 등의 임명, 제8조 사령관 등의 임무, 제9조 정원, 제10조 무기 휴대 및 사용, 제11조 위장 명칭의 사용 금지로 구성되어 있다.

4. 국군방첩사령부령의 주요내용

국군방첩사령부는 군 보안업무, 군 방첩업무, 군 관련 정보의 수집·작성 및 처리 업무, 「군사법원법」 제44조제2호에 따른 범죄의 수사에 관한 사항 및 지원업무의 직무를 수행한다(제4조제1항). 〈개정 2023. 4. 18.〉

제4조(직무) ① 사령부는 다음 각 호의 직무를 수행한다.
1. 다음 각 목에 따른 군 보안 업무
가. 「보안업무규정」 제45조제1항에 따라 국방부장관에게 위탁되는 군사보안에 관련된 인원의 신원조사
나. 「보안업무규정」 제45조제2항 단서에 따라 국방부장관에게 위탁되는 군사보안 대상의 보안측정 및 보안사고 조사
다. 군 보안대책 및 군 관련 보안대책의 수립·개선 지원
라. 그 밖에 국방부장관이 정하는 군인·군무원, 시설, 문서 및 정보통신 등에 대한 보안 업무

2. 다음 각 목에 따른 군 방첩 업무
가. 「방첩업무 규정」 중 군 관련 방첩업무
나. 군 및 「방위사업법」에 따른 방위산업체 등을 대상으로 한 외국·북한의 정보활동 대응 및 군사기밀 유출 방지
다. 군 방첩대책 및 군 관련 방첩대책의 수립·개선 지원

3. 다음 각 목에 따른 군 관련 정보의 수집·작성 및 처리 업무
가. 국내외의 군사 및 방위산업에 관한 정보
나. 대(對)국가전복, 대테러 및 대간첩 작전에 관한 정보
다. 다음에 해당되는 기관 및 단체에 관한 정보

1) 「정부조직법」 제33조에 따른 국방부 · <u>방위사업청</u> · 병무청
2) 「국군조직법」 제2조에 따른 각군 · 합동참모본부 · 합동부대 · 기관
3) 「국방과학연구소법」에 따른 <u>국방과학연구소</u>,
「한국국방연구원법」에 따른 <u>한국국방연구원</u> 및
「방위사업법」에 따른 <u>국방기술품질원 · 방위산업체 · 전문연구기관</u>
4) 그 밖에 국방부장관의 조정 · 감독을 받는 기관 및 단체

라. 다음에 해당되는 사람에 관한 군 관련 불법 · 비리 정보

1) 군인 및 군무원
2) 「군인사법」에 따른 장교 · 준사관 · 부사관 임용예정자
3) 「군무원인사법」에 따른 군무원 임용예정자
4) 그 밖에 <u>다목에 따른 기관 및 단체에서 방위사업 분야에 종사하는 사람</u>
(「방위사업법」에 따른 방위산업체 · 전문연구기관 및 「민법」 제32조에 따라 설립된 비영리법인은 제외한다)

마. 「공공기관의 정보공개에 관한 법률」 제2조제3호에 따른 공공기관의 장이 법령에 근거하여 요청한 사실의 확인을 위한 군 관련 정보(다목에 따른 기관 및 단체에서 복무 중이거나 복무할 당시의 사람에 관한 정보로 한정한다)

4. 「군사법원법」 제44조제2호에 따른 범죄의 수사에 관한 사항

<u>군사법원법 제44조(군사법경찰관의 직무범위) 제2호</u>

2. 제43조제2호(국군방첩사령부)에 규정된 사람 : 「형법」 제2편제1장(내란) 및 제2장(외환)의 죄, 「군형법」 제2편제1장(반란) 및 제2장(이적)의 죄, 「군형법」 <u>제80조(군사기밀 누설)</u> 및 제81조(암호 부정사용)의 죄와 「국가보안법」, <u>「군사기밀보호법」</u>, 「남북교류협력에 관한 법률」 및「집회 및 시위에 관한 법률」(국가보안법에 규정된 죄를 범한 사람이 집회 및 시위에 관한 법률에 규정된 죄를 범한 경우만 해당된다)에 규정된 죄

5. 다음 각 목에 따른 지원 업무
가. 사이버 방호태세 및 정보전(情報戰) 지원
나. 「정보통신기반 보호법」 제8조에 따라 지정된 주요정보통신 기반시설 중 국방분야 주요정보통신기반시설의 보호 지원
다. 방위사업청에 대한 방위사업 관련 군사보안 업무 지원
라. 군사보안에 관한 연구 · 지원
마. 대테러 · 대간첩 작전 지원

5. 국군방첩사령부령의 시사점

가. 방위사업 관련 군사보안 업무 지원의 범위 및 절차 등

방위사업 관련 군사보안 업무 지원의 범위 및 절차는 국방부장관이 국가정보원장 또는 방위사업청장과 협의하여 정한다(제4조제2항). 군사보안에 관한 연구·지원의 범위는 국방부장관이 국가정보원장과 협의하여 정한다(제4조제3항).

나. 국군방첩업무 기본원칙(국군방첩사령부령 제3조)

① 사령부 소속의 모든 군인 및 군무원 등(이하 "군인등"이라 한다)은 직무를 수행할 때 국민 전체에 대한 봉사자로서 관련 법령 및 정치적 중립을 지켜야 한다.

② 사령부 소속의 모든 군인등은 직무를 수행할 때 다음 각 호의 행위를 해서는 아니 된다.

1. 정당 또는 정치단체에 가입하거나 정치활동에 관여하는 모든 행위
2. 이 영에서 정하는 직무 범위를 벗어나서 하는 민간인에 대한 정보 수집 및 수사, 기관 출입 등의 모든 행위
3. 군인등에 대하여 직무 수행을 이유로 권한을 오용·남용하는 모든 행위
4. 이 영에 따른 권한을 부당하게 확대 해석·적용하거나 헌법상 보장된 국민(군인 및 군무원을 포함한다)의 기본적 인권을 부당하게 침해하는 모든 행위

다. 직무 수행 시 이의제기 등(국군방첩사령부령 제5조)

사령부 소속의 모든 군인등은 상관 또는 사령부 소속의 다른 군인등으로부터 제3조(기본원칙)제2항 각 호에 해당하는 행위를 하도록 지시 또는 요구를 받은 경우 국방부장관이 정하는 절차에 따라 이의를 제기할 수 있다. 이 경우 지시 또는 요구가 시정되지 아니하면 그 직무의 집행을 거부할 수 있다.

제2절 군 방첩업무

1. 개 요

군 방첩업무는 국군방첩사령부가 주로 담당한다. '군 방첩업무 훈령'은 비공개로 운영된다. 방위사업청 예규인 방첩업무규정의 제1조(목적)에서 '군 방첩업무 훈령'의 적절한 운영을 기하기 위하여 필요한 사항을 규정한다고 언급하고 있다.

'군 방첩'이란 군사상 기밀(군관련 국가기밀을 포함한다)을 탐지 · 수집하는 등 국가안보와 국익에 반하는 북한, 외국 및 외국인 · 외국단체 · 초국가행위자 또는 이와 연계된 군관련 내국인의 정보활동을 찾아내고 그 정보활동을 확인 · 견제 · 차단하기 위하여 하는 정보의 수집 · 작성 및 배포 등을 포함한 군에서 수행하는 모든 대응 활동을 말한다(방사청 방첩업무규정 제2조제2호).

2. 군 방첩업무훈령의 시사점

군방첩업무훈령 관리기관은 국방부 법무관리관실로 알려져 있어 국방부의 보안정책을 총괄하는 국방정보본부 보안암호정책과로 이관하여 국방부의 방첩, 보안, 및 기술보호 정책업무가 통합관리 되어야 할 것이다.

제5편

방산보안과 방산기술보호

제9장 방산보안

제1절 국가보안

제2절 협의의 방산보안

제10장 방산기술보호

제1절 방위산업기술보호법

제2절 방위산업기술보호지침

제3절 방산기술보호시행계획

제4절 방산기술유출 · 침해사고대응

제5편 방산보안과 방산기술보호

제5편에서는 방위산업보안업무와 방위산업기술보호 업무를 다룬다.

제9장 방산보안

제9장 방산보안에서는 국가보안과 방산보안으로 구별하여 살펴본다. 국가보안에서는 대통령령인 보안업무규정과 대통령 훈령인 보안업무규정 시행규칙을 살펴보고, 협의의 방산보안에서는 국방부 훈령인 방위산업보안업무훈령을 살펴본다.

제1절 국가보안

1. 보안업무규정

가. 개 요

1964년 중앙정보부법 제2조제2항의 규정에 의하여 보안업무 수행에 필요한 사항을 규정함을 목적으로 대통령령인 보안업무규정을 제정하였다.[96]

나. 보안업무규정의 목적

현 보안업무규정은 「국가정보원법」 제4조에 따라 국가정보원의 직무 중 보안 업무 수행에 필요한 사항을 규정함을 목적으로 한다.[97]

다. 보안업무규정의 구성

「국가정보원법」 제4조에 근거한 대통령령인 보안업무규정은 제1장 총칙, 제

96) 보안업무규정 [시행 1964. 3. 10.] [대통령령 제1664호, 1964. 3. 10., 제정]
97) 보안업무규정 [시행 2021. 1. 1.] [대통령령 제31354호, 2020. 12. 31., 일부개정] 제1조.

2장 비밀보호, 제3장 국가보안 시설 및 국가보호 장비보호, 제4장 신원조사, 제5장 보안조사, 제6장 중앙행정 기관등의 보안감사, 제7장 보칙 등 총 64조로 이루어져 있다.

구 분	세부 기준
제1장 총칙	제1조 목적, 제2조 정의, 제3조 보안책임, 제3조의2 보안 기본정책 수립 등, 제3조의3 보안심사위원회
제2장 비밀보호	제4조 비밀의 구분, 제5조 비밀의 보호와 관리 원칙, 제6조, 제7조 암호자재 제작·공급 및 반납, 제8조 비밀·암호자재의 취급, 제9조 비밀·암호자재취급 인가권자, 제10조 비밀·암호자재취급의 인가 및 인가해제, 제11조 비밀의 분류, 제12조 분류원칙, 제13조 분류지침, 제14조 예고문, 제15조 재분류 등, 제16조 표시, 제17조 비밀의 접수·발송, 제18조 보관, 제19조 출장 중의 비밀 보관, 제20조 보관책임자, 제21조 비밀의 전자적 관리, 제22조 비밀관리기록부, 제23조 비밀의 복제·복사 제한, 제24조 비밀의 열람, 제25조 비밀의 공개, 제26조, 제27조 비밀의 반출, 제28조 안전 반출 및 파기 계획, 제29조 비밀문서의 통제, 제30조 비밀의 이관, 제31조 비밀 소유 현황 통보
제3장 국가보안 시설 및 국가보호 장비보호	제32조 국가보안시설 및 국가보호장비 지정, 제33조 국가보안시설 및 국가보호장비 보호대책의 수립, 제34조 보호지역, 제35조 보안측정, 제35조의2 보안측정 결과의 처리
제4장 신원조사	제36조 신원조사, 제37조 신원조사 결과의 처리
제5장 보안조사	제38조 보안사고 조사, 제38조의2 보안사고 조사 결과의 처리
제6장 중앙행정 기관등의 보안감사	제39조 보안감사, 제40조 정보통신보안감사, 제41조 감사의 실시, 제42조 보안감사 결과의 처리
제7장 보칙	제43조 보안담당관, 제44조 계엄지역의 보안, 제45조 권한의 위탁, 제46조 고유식별정보의 처리

라. 보안업무규정의 주요내용

1) 권한의 위탁(보안업무규정 제45조)

① 국가정보원장은 제36조(신원조사)에 따른 신원조사와 관련한 권한의 일부를 국방부장관과 경찰청장에게 위탁할 수 있다.

② 국가정보원장은 필요하다고 인정할 때에는 각급기관의 장에게 제35조(보안측정)에 따른 보안측정 및 제38조(보안사고 조사)에 따른 보안사고 조사와 관련한 권한의 일부를 위탁할 수 있다. 다만, 국방부장관에 대한 위탁은 국방부 본부를 제외한 합동참모본부, 국방부 직할부대 및 직할기관, 각군, 「방위사업법」에 따른 방위산업체, 연구기관 및 그 밖의 군사보안대상의 보안측정 및 보안사고 조사로 한정한다.

③ 국가정보원장은 필요하다고 인정할 때에는 제2항에 따라 권한을 위탁받은 각급기관의 장에게 보안측정 및 보안사고 조사 결과의 통보를 요구할 수 있다.

④ 국가정보원장은 제21조(비밀의 전자적 관리)제3항에 따른 통합 비밀관리시스템의 구축 · 운영을 관계 중앙행정기관등의 장에게 위탁할 수 있다.

2) 보안업무규정의 시사점

국가정보원장이 국방부장관에게 위탁한 내용은 '국방부 본부를 제외한 합동참모본부, 국방부 직할부대 및 직할기관, 각군, 「방위사업법」에 따른 방위산업체, 연구기관 및 그 밖의 군사보안대상의 보안측정(제35조) 및 보안사고 조사(제38조)로 한정'하고 있다.

2. 보안업무규정 시행규칙

가. 개 요

대통령 훈령인 보안업무규정 시행규칙은 「보안업무규정」의 시행에 필요한 사항을 규정함을 목적으로 한다.[98)]

98) 보안업무규정 시행규칙 [시행 2022. 11. 28.] [대통령훈령 제450호, 2022. 11. 28., 일부

나. 보안업무규정 시행규칙의 구성

구 분	세부 기준
제1장 총칙	제1조 목적, 제2조 보안 업무에 관한 각급기관의 장의 역할, 제2조의2 보안 업무 수행실태 확인에 관한 국가정보원장의 역할, 제2조의3 보안심사위원회의 구성 · 운영
제2장 비밀보호	제3조 암호자재의 제작, 제4조 암호자재의 배부 · 반납 등, 제5조 암호자재의 관리, 제6조 암호자재의 운용, 제7조 암호자재의 긴급 파기, 제8조 암호자재의 사고, 제9조 암호자재의 인계인수, 제10조 비밀의 취급, 제11조 비밀취급의 한계, 제12조 비밀취급 인가의 제한, 제13조 비밀취급 인가의 특례, 제14조 서약, 제15조 비밀 · 암호자재 취급 인가증, 제16조 분류 금지와 대외비, 제17조 비밀세부 분류지침, 제18조 예고문, 제19조 재분류 검토, 제20조 재분류 요청 등, 제21조 예고문의 변경요청, 제22조 재분류 통보, 제23조 문서 등의 비밀 표시, 제24조 필름 및 사진의 표시, 제25조 지도 · 괘도 등의 표시, 제26조 상황판 등의 표시, 제27조 증거물 등의 표시, 제28조 비밀의 녹음 등, 제29조 재분류 표시, 제30조 면 표시, 제31조 비밀의 접수 · 발송, 제32조 접수증, 제33조 보관기준, 제34조 보관용기, 제35조 보관책임자, 제36조 보관책임자의 교체, 제37조 전자적 수단에 의한 비밀의 관리, 제38조 비밀의 전자적 처리규격, 제39조 비밀관리기록부의 사용방법, 제40조 관리번호, 제41조 복제 · 복사의 제한 표시, 제42조 사본번호, 제43조 사본근거 표시, 제44조 비밀문서의 분리, 제45조 비밀의 대출 및 열람, 제46조 보안조치, 제47조 [종전 제47조는 제2조의3으로 이동], 제48조 비밀의 반출, 제49조 안전 반출 및 파기 계획, 제50조 파기, 제51조 비밀의 인계, 제52조 비밀 소유 현황 및 비밀취급 인가자 현황 조사의 절차 및 통보

개정] 제1조.

구 분	세부 기준
제3장 국가보안 시설 및 국가보호 장비보호	제52조의2 국가안전보장에 중요한 시설 또는 장비, 제52조의3 국가보안시설 및 국가보호장비 지정 및 해제 절차, 제52조의4 국가보안시설의 보호대책, 제52조의5 보안측정의 유형, 제53조 보호지역의 설정 대상, 제54조 보호지역의 구분, 제55조 보호지역의 설정 방침
제4장 신원조사	제56조 조사기관 및 조사대상, 제57조 요청절차, 제58조 신원조사 사항, 제59조 신원조사결과의 처리, 제60조 조회 및 협조
제5장 보안조사	제61조 [종전 제61조는 제52조의2로 이동], 제62조 [종전 제62조는 제52조의5로 이동], 제63조 삭제 , 제64조 보안사고의 통보, 제65조 조치, 제65조의2 보안사고 조사, 제66조 정보통신보안 규정 위반
제6장 중앙행정기관등의 보안감사	제67조 감사의 실시
제7장 보칙	제68조 보안담당관의 임무, 제69조 보안교육, 제70조 비밀 및 암호자재 관련 자료의 보관, 제71조 시행세칙

다. 보안업무규정 시행규칙의 주요내용

1) 시행세칙(제71조)

① 중앙행정기관등의 장은 국가정보원장과 미리 협의하여 이 훈령 운용에 필요한 보안 업무 시행세칙을 작성 · 시행해야 한다. 〈개정 2020.3.17, 2022.11.28〉

② 국방부장관은 이 훈령에서 정한 사항 외에 국방부본부, 합동참모본부, 국방부 직할부대 및 직할기관, 각 군, 「방위사업법」에 따른 방위산업체 및 연구기관의 보안에 관하여 필요한 세부 사항을 국가정보원장과 협의를 거쳐 따로 정한다. 〈개정 2020.3.17〉

라. 보안업무규정 시행규칙의 시사점

보안업무규정 시행규칙 제71조(시행세칙) 제2항에 의거 국방부의 보안정책을 관장하는 국방정보본부에서는 국방보안업무훈령과 방위산업보안업무훈령을 국방부 훈령으로 제정 · 운영 · 관리하고 있다.

제2절 협의의 방산보안

1. 개 요

협의의 방산보안으로 국방부 훈령인 '방위산업보안업무훈령'은 비공개로 운영하고 있으며, 한국방위산업진흥회 홈페이지 업무소개에서 방산보안 업무를 지원하고 있다.[99] 주요내용은 보안측정, 방산관련 용역업체지정, 비밀취급인가, 비밀소유현황 조사/보고, 정보통신보안업무 지원이 있으며,[100] 방산보안 평가 항목과 방산보안의 날을 추가하였다.

2. 보안측정

가. 보안측정 시기(방위산업보안업무훈령 제136조)

1) 방산업체

1. 방산업체로 지정할 때 2. 방산업체가 매매 · 경매 또는 인수 · 합병되는 경우 3. 소재지 이전(주소체계 변경 제외), 회사명이나 대표자 변경(경영지배권 변화) 등 방산업체 지정 교부서상 중요 정보 변경 시

2) 전문연구기관 : 방위사업청장이 위촉할 때

3) 방산계약업체 : 방위사업과 관련하여 국방부 및 각 군, 방위사업청, 국방부 출연기관, 방산업체 등과 계약 중이거나 계약을 체결하고자 하는 업체 중 다음 사유 해당 시 보안측정을 받아야 한다.

1. 비밀을 취급하거나 탐색 또는 체계개발사업 참여 시 2. 기타 사업 발주기관, 방산업체에서 필요하다고 인정하는 경우

99) 방산보안에 대하여는 김영기, 산업 및 방산보안과 국가정보, 한국국가정보학회 2018 연례 학술회의 논문집, 2018.12.14., pp.75-104, 참조.
100) 한국방위산업진흥회 홈페이지-업무소개-보안측정 (https://www.kdia.or.kr/kdia/contents/business72.do)

4) 전산망

1. 신설 또는 교체, 증설, 내 · 외부망과 연결 시 2. 외부 용역으로 위탁관리 시 그 운용 전

5) 기타

중대한 보안 취약요소(해킹, 사이버테러 등) 식별, 보안사고 발생 · 주요 시설이전 등 특별한 보안대책이 필요하다고 판단되거나 관계법령 등에 의해 보안측정이 필요하다고 인정되는 경우

나. 보안측정 절차(방위산업보안업무훈령 제136조의 2)

1) 보안측정 요청(지시)

제136조의 보안측정은 다음 각 호의 기관과 방산업체가 필요여부를 판단하여 측정기관에 요청(지시)한다.

1. 제136조1호, 2호에 의한 보안측정은 방위사업청장이 국군방첩사령관에게 요청 2. 제136조3호, 5호의 국방부 및 각 군, 방위사업청, 국방부 출연기관의 장은 국군방첩사령관에게 보안측정을 요청(또는 지시) 3. 제136조3호, 4호, 5호의 방산업체 대표는 국방부장관에게 별지 제6호 서식의 보안측정 신청서를 첨부하여 보안측정을 신청(FAX 등)하고, 국방부장관은 국군방첩사령관에게 보안측정을 지시

2) 서류의 제출(입력)

보안측정 대상 업체 또는 기관은 국군방첩사 인터넷 홈페이지를 통해 다음 각 호의 서류를 제출(입력)한다. 다만, 전항 3호의 경우는 보안측정을 신청한 방산업체가 방산관련업체의 서류를 제출(입력)한다.

1. 별지 제6호 서식의 보안측정 신청서 2. 사업자등록증명원, 법인등기부등본

3) 보안측정 절차

보안측정은 다음 각 호에 따라 실시한다.

1. 국군방첩사령관은 보안측정 점검내용, 별표 16 · 17 · 18 방산업체 및 방산관련 업체 보안측정 자가진단 항목표, 보안측정절차, 연락처 등이 포함된 보안측정 안내서를 대상 업체 등에 배부한다. 다만, 보안측정 안내서의 세부사항은 국군방첩사령관이 정하는 바에 따른다.
2. 안내서를 받은 업체 등의 대표는 자가진단 등으로 보안측정을 준비 후 국군방첩사령관(보안측정관)에게 자가진단 결과를 보낸다.
3. 업체 등의 자가진단표를 받은 국군방첩사령관은 보완사항을 업체에 통보할 수 있다.
4. 보안측정 결과는 현장에서 업체 등 대표(보안담당관)의 확인을 받는다.

4) 보안측정 절차도 (요청(신청)권자 및 구비 서류 입력자)

측정사유	요청(신청)	구비서류 입력	비 고
방산업체 지정, 전문연구기관 위촉	방사청→ 국군방첩사	방산업체, 전문연구기관	방산업체 지정 · 매매 · 이전 · 대표자 변경시 등 포함
기관-일반업체 계약	계약기관(국방부, 방사청, 출연기관) → 국군방첩사	피계약업체 (방산업체, 방산관련업체, 일반업체)	
방산업체-협력업체	방산업체 → 국방부 → 국군방첩사	방산업체	방산업체에서 신청 (공문+신청서) 구비서류 입력 (안보지원사 홈페이지)

3. 방산관련 용역업체 지정

가. 비밀발간업체 지정

1) 관련근거 : 방위산업보안업무훈령 제14조(민간시설을 이용한 비밀발간)

2) 비밀발간업체 지정절차

방산업체 대표는 민간시설을 이용하여 비밀을 발간하고자 할 때 국방부장관, 조달청장, 광역시장 및 도지사가 지정한 비밀발간업체를 이용하여야 하며, 비밀발간승인서에 의하여 국방부장관의 승인을 얻어야 한다. 지정된 비밀발간업체를 이용할 수 없는 특별한 경우에 방진회장을 경유 국방부장관에게 비밀발간업체 지정을 건의하고, 비밀발간업체로 지정할 받은 후 비밀을 발간할 수 있다.

3) 비밀발간업체 지정시 유의사항

비밀발간업체로 지정을 요청한 방산업체의 대표는 업체종사원의 비취인가증 발급을 방진회장을 경유, 국방부 장관에게 요청 및 지정된 비밀 발간업체에 대하여 보안지원 및 감독의 책임이 있다.

보안사고 발생 및 3년간 비밀발간실적이 없을 경우에는 지정취소를 방진회장을 경유, 국방부장관에게 건의하여야 한다.

나. ILS요소 개발업체 지정

1) 관련근거 : 방위산업보안업무훈령 제15조(비밀사업 외주용역)

2) ILS요소 개발업체 지정 절차

① 방산업체 대표가 방산관련 군사비밀 및 군사대외비를 제공·설명·열람이 필요한 사업(종합군수지원 개발사업을 포함한다)에 대해 방산업체 이외의 민간업체 및 단체(기관)에 외주용역을 맡기고자 할 경우에는 용역개시일 7일 전까지 국방부장관의 승인을 얻어야 한다.

② 업체 대표가 비밀사업 외주용역 지정 및 이용에 대해 국방부 장관의 승인을 얻고자 할 경우 다음 각 호의 사항을 포함하여야 한다.

1. 사업계획서 및 의뢰 사유
2. 자격요건(개발능력 등) 및 적격 여부(업체대표 발행)
3. 예측되는 비밀의 제공(설명) 내용
4. 용역수행 업체 직원의 비밀취급인가 책정 및 신원조사 결과
5. 용역기간 내 유효한 보안측정 결과
6. 용역 관련 보안대책
7. 별지 제5호 서식의 비밀용역의뢰 승인서

다. 방산관련 보험

가) 관련근거 : 방위산업보안업무훈령 제133조(보험 및 손해사정)

나) 방산보험 내용

① 방산업체의 보험목적물을 취급하는 화재 · 손해보험협회와 방위산업 공제조합은 보안측정을 통해 보안요건 구비가 확인되어야 하며, 관련 업무는 비밀취급인가를 받은 인원이 처리하도록 해야 한다.

② 보험목적물에 이재가 발생한 경우 이재사정은 보안측정을 필한 손해사정 검정회사의 비밀취급인가자로 하여금 조사하게 하여야 한다.

③ 보험과 관련된 모든 방산관련 비밀내용은 최대한 기재를 생략하거나 위장 기재함을 원칙으로 하며, 특히, 방산시설물(공장, 건물, 주요 기계설비 등)의 설치 및 배치도 등은 적극 보호하여야 한다.

④ 화재 · 손해보험협회와 방위산업 공제조합은 방산업체 보험목적물과 관련하여 보안요건이 구비되지 않은 업체에 재보험을 가입할 수 없다.

다) 한국화재보험 가입 범위

보험의 계약대상은 모든 방산업체(연구기관 포함)의 방위산업 시설물 및 방위산업 물자이다.

방산시설과 같은 울타리안에 있는 일반시설물도 보험계약 대상으로 일괄 취급함을 원칙으로 한다.

방산업체에서 방산시설과 일반시설물을 혼용 사용하고 있는 전기, 수도, 가스 기타 방산시설과 완전 분리 사용시 보험대상에서 제외한다.

4. 비밀취급인가

가. 관련근거

- 방위산업보안업무훈령 제57조(비밀 및 암호취급 인가권자 · 절차)
- 방위산업보안업무훈령 제58조(비밀취급인가증 발급)

- 방위산업보안업무훈령 제59조(비밀취급인가의 제한)
- 방위산업보안업무훈령 제60조(비밀취급인가의 취소)
- 방위산업보안업무훈령 제113, 114조(외국인 신원확인 및 비밀취급인가)

나. 비밀취급인가 절차

방산업체 대표가 소속 및 하도급업체(협력업체) 종사원 등에 대하여 비밀취급 인가를 요청할 때에는 다음 각 호의 사항과 신원조사결과 회보 확인서(회보일 기준 5년 이내 조사결과)를 첨부하여 한국방위산업진흥회를 경유 국방부장관에게 요청하여야 한다.

비밀을 취급할 수 있도록 자격을 부여하는 절차로서, 직책상 해당등급의 비밀을 일상적으로 취급하는 자에 한하여 인가 신청한다.

다. 구비서류

신청자 명단(성명, 생년월일, 인가등급), 신원회보 근거 확인서

〈신원회보 근거 확인서〉

업체명 :

조사기관	회보일자	연번	직위	성명	생년월일	조사목적	조사결과	비고

확인자 : 보안담당관 직위 성 명 (인)

라. 유의사항

신청자 명단(업체 고유번호, 소속, 생년월일, 성명, 인가등급 이유)을 기재한다.

업체 상호명 변경 및 비밀취급인가자 직책 변경은 업체 보안담당관이 비밀취급인가증 이면에 변경내용을 기재하고 날인한다.

업체 출입증이 발급되는 경우에는 별도의 비취인가증을 발급하지 않고 출입증 뒷면에 "상기자는 군사 O급 비밀(암호) 취급인가자임." 을 표시하여 사용한다.

마. 비밀취급인가증 취소

1) 비밀취급인가증 취소사유

1. 경징계 이상의 처분을 받았거나 보안업무규정을 위반하여 업무에 지장을 초래한 때
2. 신체 또는 정신상의 이상으로 직무를 담당할 수 없을 때
3. 비밀취급이 불필요하게 된 때
4. 퇴직, 파면, 제적 또는 면직 등의 사유로 이직된 때
5. 그 밖에 부적격 사유가 발생하여 비밀취급을 제한한 필요가 있을 때

2) 비밀취급인가증 취소시 구비서류

해제자 명단(비취인가번호, 소속, 직위, 성명, 취소사유 등)이 포함된 해제 통보

〈유의사항〉

1. 퇴사자의 경우 비밀취급인가를 반드시 해제하도록 사규에 명문화
2. 당사자 인사기록카드에 그 사유 및 근거 기재

바. 비밀취급인가 직위책정

가) 비밀취급인가 직위책정 절차

방산업체 대표는 직책별로 비밀취급인가의 필요성을 검토한 후 비취인가 직위책정표를 작성하여 방진회로 통보한다.

나) 서약서 집행

비밀취급인가증을 교부할 때에는 보안담당관이 비밀취급자용 서약서에 의한 서약을 집행하여야 하며, 서약서는 인가증 교부용 서약서철에 철하여 비치한다.

비밀취급인가 해제 시는 비밀취급해제자용 서약서를 재집행하여 인가증 교부시 서약서와 동일철에 철하여 보관한다.

비밀취급이 인가되지 아니한 방산업무 관련자(공사, 기술용역, 방산물자 제조납품)는 일반종사자용 서약서에 의거 서약을 집행한다.

5. 비밀소유현황 조사/보고

가. 관련근거 : 방위산업보안업무훈령 제46조(비밀의 소유 현황조사)

나. 비밀소유현황 조사/보고 절차

① 비밀을 보관하고 있는 업체 대표는 매년 6월말과 12월말을 기준하여 별지 제10호 서식의 비밀소유 및 비밀취급인가자 현황을 연 2회 조사하여야 한다.

② 업체 대표는 제1항의 규정에 의하여 조사한 결과를 종합하여 다음달 20일까지 비밀소유 및 비밀취급인가자 현황을 한국방위산업진흥회장에게 통보하고, 한국방위산업진흥회장은 이를 종합하여 국방부장관에게 보고하여야 한다.

※ 매년 6월말, 12월말 기준 익월 20일까지 비밀소유현황, 비밀증감현황, 비취인가자 현황을 작성한다.

6. 정보통신보안업무 지원

가. 관련근거 : 방위산업보안업무훈령 제79조~제105조(정보통신보안)

나. 국가정보원 인증제품 목록

IT보안인증사무국 홈페이지 www.itscc.kr → 인증제품 목록 참조

다. 승인방법

국방부 장관이 승인하지 않은 보호시스템을 운용하고자 할 경우 도입단계에서 다음 각 호의 자료를 포함하여 방진회장을 경유, 국방부장관의 승인을 받아 운용하여야 한다.

1. 보호시스템 제품명
2. 설치목적
3. 보호시스템의 보안정책
4. 운용 환경
5. 보안기능 및 구현 방법

5. 상세 설계서 및 시험 결과 7. 기타 검토에 필요한 자료

7. 방산보안 평가 항목

방위산업보안업무훈령이 비공개로 운영됨에 따라 연구논문을 통해 본 방산보안 평가항목으로 협력업체의 정확한 보안실태를 평가하기 위하여 방위산업보안업무훈령과 방위산업기술보호체계를 포함한 다양한 정보보호체계를 접목하여 보안실태 평가표를 구성하였다.[101] 방산협력 업체용 방산보안실태 평가표를 보면 다음과 같다.

영역	세부영역	점검내용	항목수
계획보안	보안 규정	보안규정 재개정 관련항목	3
	보안 계획 및 점검	보안업무 계획 관련항목	4
	보안 교육관리	보안교육 관련항목	2
	사고 및 감사조치	보안사고 및 감사항목	4
	비상계획	비상대응 관련항목	3
문서보안	문서분류 체계	문서분류 및 처리 관련항목	4
	문서보안 관리	문서보안 및 장비 관련항목	4
인원보안	신원조사	신원조사 관련항목	3
	인사보안	보안 역할과 책임 관련항목	5
시설보안	보호구역관리	보호구역 관련항목	4
	출입통제	출입자 보안 관련항목	4
	CCTV 운영	CCTV 설치 및 관리항목	5
	시설보호대책	사무실 시설 관련항목	4
	소방설비	화재 설비 항목	3
정보통신 보안	시스템 보안	인프라 시스템 관련항목	14
	통신망관리 보안	정보통신망 운용 관련항목	4
	무선LAN 관리	무선LAN 운용 관련항목	5
	보안장비 관리	보안솔루션 관련항목	6
	단말기 보안	PC등 단말기 관련항목	8
	저장매체 보안	저장매체 보호 관련항목	5
	중요정보 자료	보호 관련항목	6

101) 황재연, 고기훈, 성국현, 방위산업 관련 협력업체 보안관리 방안, 정보보호학회지 제28권 제6호, 2018.12, p.46.

8. 방산보안의 날

방산기업들이 주요 기술의 유출을 막기 위해 한 달에 하루 '방산보안의 날'을 정해 인원과 시설, 장비 등의 보안 상태를 점검하기로 했다.[102] 2024년 2월 4일 방산업계에 따르면 방위산업진흥회는 회원사에 "방산업체 대상 방산기술 유출 예방활동 활성화를 위한 '방산보안의 날' 시행 권고를 안내하니, 적극 시행 바란다"는 내용의 공문을 보냈다.

방산보안의 날은 특정한 날짜가 정해지진 않아, 개별 업체가 월 1회 자율적으로 시행하면 된다. 방진회는 매월 세 번째 수요일로 지정돼 시행 중인 '사이버 · 보안 진단의 날'과 병행 추진할 것을 권고했다.

방진회는 방산보안의 날 시행 배경으로 "방산 관련 외국인 종사자 증가에 따른 기술유출 위험성이 증가했고, 방산업체 퇴직자 대상 보안의식을 강화할 필요가 있다"라며 "인원 · 시설 관련 보안의식을 고취할 수 있는 다양한 프로그램이 필요하다"라고 설명했다. 방산보안의 날에 △외국인 신원조사, 외국인관리계획서 작성 및 이행 현황 점검 △퇴직자 기술보호대책 이행 현황 점검 △방산 → 민수 보직이동자 기술보호대책 이행 현황 점검 등 '인원보안'을 점검하라고 회원사에 권고했다.

또한 △기술보호구역 출입권한 부여 현황 △외국인 근무구역 설정 및 통제 현황 △스마트폰 등 정보통신장비 사용 통제 현황 등 '시설보안'과 함께 △비인가 저장매체 통제 현황 △퇴직자 하드디스크 보관 및 정보체계 계정삭제 현황 △외국인 근로자 정보통신 장비 사용 및 시스템 권한 부여 현황 등을 챙겨야 한다고 강조했다.

K-방산 기술유출 가능성이 있는 사건이 발생한 가운데 이뤄져 각 업체도 높은 관심을 보이고 있는 것으로 전해졌다. 한국형 전투기 KF-21 개발에 참여하기 위해 한국항공우주산업(KAI)에 파견된 인도네시아 기술자는 2024년 1월 17일 이동식저장장치(USB)를 외부로 반출하려다 적발됐다. 방위사업청과 국가정보원, 국군방첩사령부 등으로 구성된 조사팀은 USB에 담긴 정보의 내용과 보안 수준을 확인 중이다.

---

102) 허고운, "기술유출 막아라"…방산업계, 매월 '방산보안의 날' 시행한다, 뉴스1, 2024.2.4. (https://www.news1.kr/articles/?5310727)

방산기술보호

제10장 방산기술보호에서는 방위산업기술 보호법과 방산기술보호 지침, 방산기술보호 시행계획 및 방산기술 유출·침해사고 대응이 있다.

제1절 방위산업기술보호법(약칭: 방산기술보호법)

1. 개 요

우리나라의 방위산업 수출 대상국이 2006년 47개국에서 2013년 87개국으로 증가했으며, 기술 수준은 미국 대비 80퍼센트로 스웨덴과 공동 10위의 수준을 보이고 있다. 이러한 현실에 발맞추기 위해 우리나라는 방위산업기술이 복제되거나 대응·방해 기술이 개발되어 그 가치와 효용이 저하되는 것을 방지할 필요가 있으며 국제사회의 구성원으로서 부적절한 수출 방지를 위한 보호가 필요한 실정이다.

그러나, 방위산업기술이 「방위사업법」·「대외무역법」 및 「산업기술의 유출방지 및 보호에 관한 법률」 등[103] 다양한 법률에 의해 관리되고 있기에, 오히려 부실 관리의 우려가 있다.

이에 방위사업청장이 보호할 필요가 있는 국방 분야의 방위산업기술을 지정하고, 업체 자율적으로 방위산업기술 보호체계를 구축하며, 국가가 이를 지원하도록 하고, 불법적인 기술유출 발생 시 처벌할 수 있도록 하는 규정 등을 마련하여 궁극적으로 국가의 안전보장과 국제평화의 유지에 기여할 수 있도록 하기 위하여 2015년 방위산업기술보호법(약칭: 방산기술보호법)을 제정하였다.[104]

---

103) 산업기술보호법과 방산기술보호법 관련 기술보호 법제는 김영기, 산업기술보호를 위한 방첩 및 산업보안법제 개선방안, 국가정보학회, 국가정보연구 제7권제1호, 2014.6.30, pp. 101-165, 참조.

104) 방위산업기술보호법(약칭: 방산기술보호법) [시행 2016. 6. 30.] [법률 제13632호, 2015. 12. 29., 제정]

2. 목적 [시행 2021. 6. 23.] [법률 제17683호, 2020. 12. 22., 일부개정]

방위산업기술 보호법은 방위산업기술을 체계적으로 보호하고 관련 기관을 지원함으로써 국가의 안전을 보장하고 방위산업기술의 보호와 관련된 국제조약 등의 의무를 이행하여 국가신뢰도를 제고하는 것을 목적으로 한다(제1조 목적).

3. 방산기술보호법의 구성

방위산업기술 보호법은 제1조 목적, 제2조 정의, 제3조 다른 법률과의 관계, 제4조 종합계획의 수립 · 시행, 제5조 시행계획의 수립 · 시행, 제6조 방위산업기술보호위원회, 제7조 방위산업기술의 지정 · 변경 및 해제 등, 제8조 연구개발사업 수행 시 방위산업기술의 보호, 제9조 방위산업기술의 수출 및 국내이전 시 보호, 제10조 방위산업기술의 유출 및 침해금지,

제11조 방위산업기술의 유출 및 침해 신고 등, 제11조의2 조사, 제12조 방위산업기술 보호를 위한 실태조사, 제13조 방위산업기술 보호체계의 구축 · 운영 등, 제14조 방위산업기술 보호를 위한 지원, 제15조 국제협력, 제16조 방위산업기술 보호에 관한 교육, 제17조 포상 및 신고자 보호 등, 제18조 자료요구, 제19조 비밀 유지의 의무 등, 제20조 벌칙 적용에서 공무원 의제, 제21조 벌칙, 제22조 예비 · 음모, 제23조 양벌규정, 제24조 과태료 구성되어 있다.

4. 방산기술보호법의 주요내용

가. 용어의 정의(제2조)

① 방위산업기술을 외국에서 사용하거나 사용되게 할 목적으로 제10조(방위산업기술의 유출 및 침해 금지)제1호 및 제2호에 해당하는 행위를 한 사람은 20년 이하의 징역 또는 20억원 이하의 벌금에 처한다.

1. **"방위산업기술"**이란 방위산업과 관련한 국방과학기술 중 국가안보 등을 위하여 보호되어야 하는 기술로서 방위사업청장이 제7조에 따라 지정하고 고시한 것을 말한다.

2. **"대상기관"**이란 방위산업기술을 보유하거나 방위산업기술과 관련된 연구개발 사업을 수행하고 있는 기관으로서 다음 각 호의 어느 하나에 해당하는 기관을 말한다.

가. 「국방과학연구소법」에 따른 국방과학연구소
나. 「방위사업법」에 따른 방위사업청 · 각군 · 국방기술품질원 · 방위산업체 및 전문연구기관
다. 그 밖에 기업 · 연구기관 · 전문기관 및 대학 등

3. **"방위산업기술 보호체계"**란 대상기관이 방위산업기술을 보호하기 위하여 대통령령으로 정하는 다음 각 목의 체계를 말한다.

가. 보호대상 기술의 식별 및 관리 체계 : 대상기관이 체계적으로 보호대상 기술을 식별하고 관리하는 체계
나. 인원통제 및 시설보호 체계 : 허가받지 않은 사람의 출입 · 접근 · 열람 등을 통제하고, 방위산업기술과 관련된 시설을 탐지 및 침해 등으로부터 보호하기 위한 체계
다. 정보보호체계 : 방위산업기술과 관련된 정보를 안전하게 보호하고, 이에 대한 불법적인 접근을 탐지 및 차단하기 위한 체계

나. 방산기술보호법 제21조(벌칙)

방산기술보호법제10조(방위산업기술의 유출 및 침해 금지)

누구든지 다음 각 호의 어느 하나에 해당하는 행위를 하여서는 아니 된다.

1. 부정한 방법으로 대상기관의 방위산업기술을 취득, 사용 또는 공개(비밀을 유지하면서 특정인에게 알리는 것을 포함한다. 이하 같다)하는 행위
2. 제1호에 해당하는 행위가 개입된 사실을 알고 방위산업기술을 취득 · 사용 또는 공개하는 행위
3. 제1호에 해당하는 행위가 개입된 사실을 중대한 과실로 알지 못하고 방위산업기술을 취득 · 사용 또는 공개하는 행위

② 제10조(방위산업기술의 유출 및 침해 금지)제1호 및 제2호에 해당하는 행위를 한 사람은 10년 이하의 징역 또는 10억원 이하의 벌금에 처한다.

③ 제10조(방위산업기술의 유출 및 침해 금지)제3호에 해당하는 행위를 한 사람은 5년 이하의 징역 또는 5억원 이하의 벌금에 처한다.

④ 제19조(비밀 유지의 의무 등)를 위반하여 비밀을 누설·도용한 사람은 7년 이하의 징역이나 10년 이하의 자격정지 또는 7천만 원 이하의 벌금에 처한다.

방산기술보호법 제19조(비밀 유지의 의무 등)
다음 각 호의 어느 하나에 해당하거나 해당하였던 사람은 그 직무상 알게 된 비밀을 누설하거나 도용해서는 아니 된다.
1. 대상기관의 임직원(교수·연구원 및 학생 등 관계자를 포함한다)
2. 제6조(방위산업기술보호위원회)에 따라 방위산업기술 보호에 관한 심의 업무를 수행하는 사람
3. 제9조(방위산업기술의 수출 및 국내이전 시 보호)제1항에 따라 방위산업기술의 수출 및 국내이전 등 관련 업무를 수행하는 사람
4. 제11조(방위산업기술의 유출 및 침해 신고 등)에 따라 유출 및 침해행위의 신고접수 및 방지 등의 업무를 수행하는 사람
5. 제12조(방위산업기술 보호를 위한 실태조사)에 따라 방위산업기술 보호체계의 구축·운영에 대한 실태조사 업무를 수행하는 사람

⑤ 제1항부터 제3항까지의 죄를 범한 사람이 그 범죄행위로 인하여 얻은 재산은 몰수한다. 다만, 그 재산의 전부 또는 일부를 몰수할 수 없는 때에는 그 가액을 추징한다.

⑥ 제1항 및 제2항의 미수범은 처벌한다.

⑦ 제1항부터 제3항까지의 징역형과 벌금형은 병과할 수 있다.

다. 방산기술보호법 제22조(예비·음모)

① 제21조(벌칙)제1항의 죄를 범할 목적으로 예비 또는 음모한 사람은 5년 이하의 징역 또는 5천만 원 이하의 벌금에 처한다.

② 제21조(벌칙)제2항의 죄를 범할 목적으로 예비 또는 음모한 사람은 3년 이하의 징역 또는 3천만 원 이하의 벌금에 처한다.

라. 방산기술보호법 제23조(양벌규정)

법인의 대표자나 법인 또는 개인의 대리인, 사용인, 그 밖의 종업원이 그 법인 또는 개인의 업무에 관하여 제21조(벌칙)제1항부터 제3항까지의 어느 하나에 해당하는 위반행위를 하면 그 행위자를 벌하는 외에 그 법인 또는 개인에게도 해당 조문의 벌금형을 과한다. 다만, 법인 또는 개인이 그 위반행위를 방

지하기 위하여 해당 업무에 관하여 상당한 주의와 감독을 게을리하지 아니한 경우에는 그러하지 아니하다.

마. 방산기술보호법 제24조(과태료)

① 다음 각 호의 어느 하나에 해당하는 사람에게는 3천만원 이하의 과태료를 부과한다.

1. 제11조(방위산업기술의 유출 및 침해 신고 등)제1항에 따른 방위산업기술 유출 및 침해 신고를 하지 아니한 사람
2. 제13조(방위산업기술 보호체계의 구축 · 운영 등)제3항에 따른 시정명령을 이행하지 아니한 사람
3. 제13조(방위산업기술 보호체계의 구축 · 운영 등)제4항에 따른 방위산업기술 보호체계의 운영과 관련한 각종 조치를 기피 · 거부 또는 방해한 사람
4. 제18조(자료요구)에 따른 관련 자료를 제출하지 아니하거나 허위로 제출한 대상기관(행정기관은 제외한다)의 장

② 제1항에 따른 과태료의 부과 · 징수, 재판 및 집행 등의 절차에 관한 사항은 「질서위반행위규제법」을 따른다.

5. 방산기술보호법의 시사점

방위산업기술 보호법은 제6조 방위산업기술보호위원회, 제10조 방위산업기술의 유출 및 침해금지, 제11조 방위산업기술의 유출 및 침해 신고 등, 제11조의2 조사, 제12조 방위산업기술 보호를 위한 실태조사 조항을 두고 있다.

방위산업기술보호위원회(제6조) 제3항제4호에서 방위산업기술보호위원회 위원에 정보수사기관을 명시하고 있다. 방위산업기술의 보호 관련 업무를 수행하는 대통령령으로 정하는 정보수사기관의 실 · 국장급 공무원 또는 장성급 장교로서 소속기관의 장이 추천하는 사람 중에서 국방부장관이 위촉하는 사람을 말한다.

방위산업기술 보호법 제6조제3항제4호에서 "대통령령으로 정하는 정보수사기관"이란 다음 각 호의 기관을 말한다(시행령제5조제2항).[105]

1. 국가정보원 2. 검찰청 3. 경찰청 4. 해양경찰청 5. 국군방첩사령부

제2절 방위산업기술보호지침

1. 개 요

방위산업기술보호지침은 방위산업기술보호법의 방위산업기술 보호체계 구축·운영 및 실태조사 등의 내용을 구체화하였다.106)

2. 방위산업기술보호지침의 목적

방위산업기술보호지침은 「방위산업기술보호법」및 「방위산업기술보호법 시행령」에 따라 대상기관의 방위산업기술보호에 필요한 방법과 절차 등을 제공하고, 법 제12조(방위산업기술 보호를 위한 실태조사) 및 영 제17조(방위산업기술 보호를 위한 실태조사)에 따른 실태조사 등에 필요한 사항을 정함을 목적으로 한다.107)

3. 방산기술보호지침의 구성

구 분	세부 기준
제1장 총칙	제1조 목적, 제2조 정의, 제3조 보호종류, 제4조 방위산업기술 보호 연간 시행계획의 수립, 제5조 방위산업기술 보호내규의 작성, 제6조 기술보호 책임자의 임명, 제6조의2 기술보호 책임자의 직무, 제7조 방위산업기술보호교육, 제8조 방위산업기술보호 심의회 구성 및 운영, 제9조 유출 및 침해 대응, 제10조 기술 보호 관련 서류의 보존, 제11조 자가진단
제2장 기술의 식별 및 관리	제12조 기술의 식별·판정, 제12조의2 기술의 판정, 지정·변경 및 해제 등, 제13조 기술의 관리, 제14조 기술의 취급, 제15조

105) 정보수사기관 역할에 대하여는 김영기, 방산안보와 정보수사기관의 역할, 제7회 방산기술 보호 및 보안워크숍, 한국방위산업진흥회, 한국방위산업학회 방산기술보호연구회(공동주최) 발표논문, 2021.12.10. 참조.

106) 방위산업기술보호지침 [시행 2019. 3. 1.] [방위사업청훈령 제492호, 2019. 2. 21., 제정]

107) 방위산업기술보호지침 [시행 2023. 5. 16.] [방위사업청훈령 제797호, 2023. 5. 16., 일부개정] 제1조.

구 분	세부 기준
	기술의 취급 · 관리 인원, 제16조 외부 공개 및 제공 시 검토, 제17조 현황 통보
제3장 인원통제	제18조 신원조사 등, 제19조 보직이동 및 퇴직관리, 제20조 외부인 관리, 제21조 외국인 관리, 제22조 외부인 · 외국인의 기술 취급 범위, 제23조 직무상 해외 출장 관리
제4장 시설보호	제24조 기술보호구역 설정 및 보호 대책, 제25조 기술보호구역 출입권한 부여 및 마스터키 관리, 제26조 외부인 · 외국인 근무구역 관리, 제27조 기술보호구역 정보통신장비 사용 통제, 제28조 외부인 · 외국인 방문 시 출입통제
제5장 정보보호	제29조 정보보호시스템 설치 및 운용, 제30조 정보통신망 관리 · 운용, 제31조 정보통신기기 및 저장매체 관리, 제32조 전산자료 반출 관리, 제32조의2 기타사항
제6장 연구개발시 방위산업 기술보호	제33조 연구개발사업의 범위, 제34조 연구개발사업 수행 및 종료 시 방위산업기술 보호, 제35조 무기체계 연구개발사업 수행 시 방위산업기술 보호, 제36조 기술연구개발사업 시 방위산업기술 보호, 제37조 연구개발간 기술협력 시 방위산업기술 보호대책
제7장 수출 및 국내이전 시 기술보호	제38조 수출 및 국내이전 시 방위산업기술 보호체계 구축 · 운영, 제39조 합작 · 기술제휴 등의 경우 방위산업기술 보호, 제40조 대상기관 매매 등의 경우 방위산업기술 보호
제8장 방산협력 업체 기술보호	제41조 협력업체 기술보호
제9장 방위산업 기술보호 실태 조사 실시 및 결과 조치 등	제42조 실태조사 대상 · 범위 등, 제42조의2 실태조사의 통합 실시 등, 제43조 개선권고, 제44조 시정명령, 제45조 실태조사심의 위원회, 제46조 재검토 기한

4. 방산기술보호지침의 주요내용

방위산업기술보호지침은 총 9장으로 다음과 같이 제1장 총칙, 제2장 기술의 식별 및 관리, 제3장 인원통제, 제4장 시설보호, 제5장 정보보호, 제6장 연구개발 시 방위산업 기술보호, 제7장 수출 및 국내이전 시 기술보호, 제8장 방산협력 업체 기술보호, 제9장 방위산업 기술보호 실태조사 실시 및 결과 조치 등이다.

방위산업기술보호지침 제9장제42조의2에서 실태조사의 통합실시 등을 명시하고 있다.

가. 방산기술보호지침 제42조의2(실태조사의 통합 실시 등)

① 방위산업기술 보호를 위한 실태조사는 「방위산업보안업무훈령」에 따른 군사기밀 보안관리의 실태 확인을 위한 보안감사와 통합(이하 "통합 실태조사"라 한다)하여 실시할 수 있다.

② 통합 실태조사는 방위사업청장(국방기술보호국장)이 영 제17조(방위산업기술 보호를 위한 실태조사)제2항 및 제42조(실태조사 대상 · 범위 등)제4항에 따라 정보수사기관(국가정보원 및 국군방첩사령부 등을 말한다)의 협조를 받아 실시할 수 있다.

③ 통합 실태조사는 제42조(실태조사 대상 · 범위 등)제3항에 따라 정기(정기 통합 실태조사)와 수시(수시 통합 실태조사)로 구분하여 실시할 수 있다. 이 경우 정기 통합 실태조사는 법 제5조(시행계획의 수립 · 시행)에 따른 시행계획에 반영하여 실시한다.

④ 방위사업청장(국방기술보호국장)은 제3항에 따른 정기 통합 실태조사를 실시하는 경우에는 해당 실시결과를 국방부장관에게 보고한 후 대상기관의 장에게 서면으로 통지할 수 있다.

⑤ 통합 실태조사는 이 지침이 정하는 바에 따라 분야별(기술식별 · 관리, 인원통제, 시설보호, 정보보호, 연구개발 및 수출 · 국내이전 시 기술보호/방산협력업체 기술보호, 군사기밀관리 등)로 나누어 실시할 수 있다. 이 경우 정보보호 분야는 국가정보원, 군사기밀관리 분야는 국군방첩사령부의 협조를 받아 실시한다. 다만, 필요한 경우 국가정보원은 정보보호 분야에 대한 실태조사를 국군방첩사령부와 합동으로 실시할 수 있다.

⑥ 통합 실태조사는 대상기관의 사업장을 방문하여 조사하는 현장점검평가 방식 또는 대상기관이 서면으로 제출한 자료를 조사하는 서면평가 방식

으로 실시할 수 있다. 이 경우 서면평가 방식으로 통합 실태조사를 실시하는 경우에는 대상기관의 장은 제42조(실태조사 대상 · 범위 등)제4항에 따라 특별한 사유가 없으면 관련 자료의 제출 요구에 따라야 한다.

⑦ 정기 통합 실태조사 결과는「무기체계 제안서 평가업무 지침」의 연구개발사업 제안서의 기술유출방지대책 평가항목에 반영할 수 있다.

⑧ 국방기술보호국장(기술보호과장)은 통합 실태조사의 실시에 관한 세부사항 등을 효과적으로 논의하기 위하여 관계 기관(국방부, 국가정보원, 국방정보본부, 국군방첩사령부 등)과 협의회를 구성하여 운영할 수 있다.

5. 방산기술보호지침의 시사점

방위산업기술 보호를 위한 실태조사는 「방위산업보안업무훈령」에 따른 군사기밀 보안관리의 실태 확인을 위한 보안감사와 통합(이하 "통합 실태조사"라 한다)하여 실시하고 있으며, 통합 실태조사는 방위사업청장(국방기술보호국장)이 영 제17조(방위산업기술 보호를 위한 실태조사)제2항 및 제42조제4항에 따라 정보수사기관(국가정보원 및 국군방첩사령부 등을 말한다)의 협조를 받아 실시하고 있다.

그러나 방위산업보안업무훈령」에 따른 국군방첩사령부의 보안감사를 통합 실태조사에서는 군사기밀관리 분야만 담당하고 있고, 실태조사 내용의 공유도 제한되는 문제가 있어 보안감사를 별도로 시행하는 방안도 검토되어야 할 것이다.

제3절 방산기술보호시행계획

1. 개 요

방위사업청에서는 2021년도에 수립한 「2022-2026 방위산업기술보호 종합계획」에 따라 세부 추진목표 및 과제를 제시하는 계획문서로서 「방위산업기술 보호법」 제5조에 따라 방위산업기술보호 시행계획을 매년 수립 · 시행하고 있다.108)

2. 방산기술보호시행계획 수립 · 시행

2024년도 방위산업기술보호 시행계획의 중점 추진 방향은 1. 방위산업기술 보호기반 강화, 2. 기술보호 대내외 협력 활성화, 3. 기술보호 인식 제고 및 인력 관리 강화, 4. 자율적 보호체계 구축 유도 및 지원 확대로 튼튼한 방위산업기술 보호체계 구축을 위해 「2024년도 방위산업기술보호 시행계획」 차질없이 수행하는 것이다.

〈2024년도 방위산업기술보호 시행계획의 추진목표와 방향〉109)

목 표	튼튼한 방위산업기술 보호체계 구축을 통한 국가안전보장 및 국익 제고 기여
비 전	◈ 방위산업기술 보호기반 강화 및 기술보호 협력체계 발전 ◈ 방위산업기술 보호인식 제고 및 보호역량 향상 ◈ 자율적 방위산업기술 보호체계 구축 유도 및 지원 강화
방 향	추 진 과 제
방위산업기술 보호기반 강화	① 사이버위협 대응역량 강화 ② 기술관리 체계 고도화 ③ 방위산업기술 수출 및 도입 시 보호기반 구축 ④ 방위산업기술보호 정부역량 강화

108) 방위사업청, 2024년도 방위산업기술보호 시행계획, 2023. 12. 요약.
109) 방위사업청, 2022~2026 방위산업기술보호 종합계획(요약).

기술보호 대내외 협력 활성화	⑤ 기술보호 공조체계 내실화 ⑥ 기술보호 국제협력 활성화
기술보호 인식 제고 및 인력 관리 강화	⑦ 기술보호 교육 활성화 및 교육체계 고도화 ⑧ 국방연구개발 핵심인력 관리 강화 ⑨ 기술보호 인식 확산
자율적 보호체계 구축 유도 및 지원 확대	⑩ 기술보호체계 구축 지원 확대 ⑪ 방위산업기술보호 대상기관 책임성 강화 ⑫ 기술보호 지식 및 정보 공유 활성화

3. 방산기술 보호체계 구축 · 운영 지원

방위사업청에서는 방위력 개선사업에 참여하는 중소 · 중견기업의 기술보호 수준을 향상시키기 위해 2024년「방위산업기술 보호체계 구축 · 운영 지원사업」의 참여기업을 모집 지원한다.110)

〈 방위산업기술보호체계 구축 · 운영 지원사업 주요현황 〉

구 분	기술유출방지시스템 구축 지원	통합보안장비 임차료 지원
지원 내용	인원통제, 시설보호체계, 정보보호체계 등 기술적 · 물리적 보안솔루션 구축 비용 지원	보안관제서비스 지원이 가능한 통합보안장비(UTM) 임차료 지원
지원 규모	총 사업비의 50% ~ 80% (최대 1억 원 / 5천만원까지 지원)	총 12개월분 (최대 250만원까지 지원)
지원 대상	◦「중소기업기본법」제2조에 따른 중소기업 또는 「중견기업법」제2조 제1호에 따른 중견기업 중 – 방위사업법 제35조에 따른 방산업체 및 방산업체의 협력업체*로서 현재 방위력개선사업에 참여중인 기업 * 최근 3년간 방위력개선사업에 참여한 실적이 있는 기업 ** 임차료 지원사업의 경우, 통합보안장비를 임차 중이거나 신청할 기업 ◦ 기술유출방지시스템 구축 지원은 별도 지원대상 및 내용 참조	

110) 방위사업청, `24년 방위산업기술 보호체계 구축 · 운영 지원사업 공고, 방위사업청 공고 제2024-12호, 2024.2.13.

구 분	기술유출방지시스템 구축 지원	통합보안장비 임차료 지원
	※ 지원 제외대상 ① 휴 · 폐업중인 기업, 기업 또는 대표자가 금융기관 등의 금융질서 문란자*로 관리중인 기업 * 금융질서문란자 : 신용정보관리규약에 따라 연체, 대의변제 · 대지급 부도 관련인, 금융질서 문란, 화의 · 법정관리 · 청산절차 등의 정보가 등록되어 있는 자 ② 부채비율 1,000% 이상이거나 최근 결산년도 기준 자본잠식인 경우 ③ 본 사업과 동일한 목적으로 정부지원금을 받은 기업 * 기술유출방지시스템 구축 지원의 경우 중소벤처기업부의 동일 사업 수혜를 받은 기업	
문의처	방위사업청 국방기술보호국 기술보호과 ☎ 02-2079-6976	

제4절 방위산업기술 유출 · 침해사고 대응

1. 개요

방위산업기술 유출·침해사고 대응 매뉴얼은 방위산업기술 유출·침해사고(이하 "기술 유출 사고")가 발생한 경우, 대상기관(업체)에서 체계적이고 신속한 대응으로 피해를 최소화하기 위해 2020년 3월 작성되었다. 방위사업청은 방위산업기술 유출·침해사고 신고센터를 운영하고 있다.[111] 피해대상기관은 기술유출 침해사고가 발생한 것을 인지한 경우 또는 발생이 의심되는 경우 지체 없이 신고하여야 한다. 신고를 하지 않는 경우 3000만 원 이하의 과태료가 부과된다.

방산기술보호법 제24조(과태료)
① 다음 각 호의 어느 하나에 해당하는 사람에게는 3천만원 이하의 과태료를 부과한다.
1. 제11조(방위산업기술의 유출 및 침해 신고 등) 제1항에 따른 방위산업기술 유출 및 침해 신고를 하지 아니한 사람

111) 방위사업청 홈페이지-민원·참여-신고센터-방위산업기술 유출·침해사고 신고센터 (https://www.dapa.go.kr/popup/sttemntCnter/pop9.jsp)

2. 방산기술 유출·침해사고 대응 매뉴얼 구성

구 분	내 용
Ⅰ. 개요	1. 목적, 2. 용어의 정의, 3. 기술유출 사고 유형 및 예시, 4. 관련 법규
Ⅱ. 대상기관에서의 대응 절차	1. 사전준비, 2. 신고 방법, 3. 기술유출 사고 시 대응절차, 4. 기술유출 대응조치 종결 후 관리
Ⅲ. 기술유출 사고사례	1. 인력에 의한 기술유출, 2. 정보시스템 해킹에 의한 기술유출, 3. 정보통신시스템 사용 부주의 및 보안성 검토 미흡에 의한 기술유출, 4. 불법 수출에 의한 기술유출, 5. 기업합병 · 기술이전에 의한 기술유출, 6. 부도 · 폐업 등으로 인한 기술유출

3. 기술 유출 사고 유형 및 예시

유 형	예 시
인력에 의한 기술 유출	• 핵심 기술인력이 해외로 이직 또는 해외 창업 • 퇴사자가 경쟁업체에 기술 유출 • 외국인 직원이 기술 유출
정보시스템 해킹에 의한 기술 유출	• APT 공격, 악성코드 등으로 기술 유출 • 랜섬웨어 공격으로 파일 암호화하여 기술 침해 등
정보통신시스템 사용 부주의에 의한 기술 유출	• 이메일, 팩스, 무선공유기, P2P 등의 사용 부주의로 기술 유출 • 노트북, USB 등을 외부에서 분실
불법 수출에 의한 기술 유출	• 국가의 수출 승인 없이 방산물자 및 방위산업기술을 수출
기업합병, 기술이전 시 기술 유출	• 정부 승인 또는 허가 없이 합병 또는 기술이전 • 계약 협상 단계에서 기술자료를 공유했으나 계약이 파기되어 기술 유출
보안성 검토 미흡에 의한 기술 유출	• 외부로 공개되는 자료의 보안성 검토가 미흡하여 기술 공개 • 저장장치, 운용장비 정비시 보안성 검토가 미흡하여 기술자료 유출
기타	• 군 기관 등 사칭하여 기술 자료 요청 • 도청을 통한 기술 유출 • 부도, 폐업 시 기술 유출

4. 기술유출 유형별 대응방법

유출유형	대상기관의 대응 방법
인력에 의한 기술유출	• 피의자가 증거를 인멸할 수 있으므로 임직원 및 언론에 사고 사실이 노출되지 않도록 조치한다. • 기술유출에 대한 자체 조사를 수행하고 유출 사실을 입증할 증거를 확보하도록 한다. • 유출된 기술이 어디에서 어떤 형태로 유출되었는지 확인하고, 해당 기술의 유출에 따른 파급효과를 분석하도록 한다. • 대상기관이 법률 상담 등을 요청하면 변호사 등 전문가를 연계하여 상담을 제공하여 피해를 최소화할 수 있도록 협조한다.
정보시스템 해킹에 의한 기술유출	• 자료 추가 유출방지를 위해 해킹을 당한 PC·서버를 네트워크에서 분리한다. • 악성코드 발견 시에는 다음과 같이 조치한다. - 최초 사고 PC·서버에서 발견된 악성코드는 분석을 통해 목적지 IP 등을 확인해야 하므로 악성코드를 삭제하지 않고 정보수사기관에 제공한다. - 네트워크에 연결된 다른 PC·서버를 대상으로 악성코드 진단 후 삭제한다. • 악성코드가 발견되지 않았어도 사고 컴퓨터를 포맷하지 말고 원형 그대로 보존하여 정보수사기관에 제공한다. • 대상기관이 법률 상담 등을 요청하면 변호사 등 전문가를 연계하여 상담을 제공하여 피해를 최소화할 수 있도록 협조한다. • 다음과 같은 디지털 증거를 보존하여 정보수사기관에 제공하도록 한다. - 침입 탐지 · 차단시스템 이벤트 및 탐지 패킷 로그 - 침해사고 시점 내외부 네트워크 통신 기록 - 정보통신시스템 계정별 접근 및 사용 기록 - 어플리케이션 설치 및 사용 포트 기록 - 망간 자료연계 시스템 탐지 로그 - 스팸 탐지 로그 - 악성코드 감염 기록 - 방화벽(또는 UTM) 아웃바운드 로그
정보통신시스템 사용 부주의 및 보안성 검토 미흡에 의한 기술유출	• 유출된 기술이 어디에서 어떤 형태로 유출되었는지 확인하고, 해당 기술의 유출에 따른 파급효과를 분석하도록 한다. • 외부로 기술이 공개된 경우 최대한 관련 자료를 회수하도록 한다.

유출유형	대상기관의 대응 방법
기업합병, 기술이전에 의한 기술유출	• 피의자가 증거를 인멸할 수 있으므로 임직원 및 언론에 사고 사실이 노출되지 않도록 조치한다. • 기술유출에 대한 자체 조사를 수행하고 유출 사실을 입증할 증거를 확보하도록 한다. • 기업합병 계약서 또는 실사간 체결한 MOU에 포함된 '방산기술보호특약' 등 자료를 확보하도록 한다. • 해당 기술의 유출에 따른 파급효과를 분석하도록 한다. • 대상기관이 법률 상담 등을 요청하면 변호사 등 전문가를 연계하여 상담을 제공하여 피해를 최소화할 수 있도록 협조한다.

제6편

방산방첩과 침해대응

제6편 방산방첩과 침해대응

제6편에서는 방산방첩과 방산 침해에 대한 대응을 다룬다.

제11장 방산방첩

제11장 방산방첩에서는 국가방첩업무와 방사청의 방첩업무를 살펴본다.

제1절 국가방첩

1. 개 요

2012년 국가안보와 국익에 반하는 외국의 정보활동을 찾아내고 그 정보활동을 견제·차단하기 위하여 국가정보원 등 방첩기관이 방첩업무를 수행하는 경우 방첩기관 간 또는 방첩기관과 관계기관 간 방첩업무의 통합적 수행에 필요한 협조체계를 구축하고, 방첩기관 등의 구성원이 외국인을 접촉한 경우에 특이사항이 발견된 때에는 이를 신고하는 절차를 마련하는 등 효율적인 국가 방첩업무의 수행에 필요한 사항을[112] 정하기 위하여 방첩업무규정을 제정하였다.[113]

2. 방첩업무규정의 목적

대통령령인 방첩업무규정은 「국가정보원법」 제4조에 따라 국가정보원의 직무 중 방첩(防諜)에 관한 업무의 수행과 이를 위한 기관 간 협조 등에 관한 사항을 규정하여 국가안보에 이바지함을 목적으로 한다.[114]

---

112) 방첩업무규정 개선방안에 대하여는 김영기, 방첩활동의 효율성 제고를 위한 법제도 개선방안, 한국국가정보학회 국가정보연구 제5권제2호, 2012.12.31, pp.7-57. 참조
113) 방첩업무규정 [시행 2012. 5. 14.] [대통령령 제23780호, 2012. 5. 14., 제정]
114) 방첩업무 규정 [시행 2024. 1. 1.] [대통령령 제33988호, 2023. 12. 19., 타법개정] 제1조.

3. 방첩업무규정의 구성

방첩업무규정은 제1조 목적, 제2조 정의, 제3조 방첩업무의 범위, 제4조 기관 간 협조, 제4조의2 방첩정보공유센터, 제5조 방첩업무의 기획·조정, 제6조 국가방첩업무 지침의 수립 등, 제7조 외국인 접촉 시 국가기밀등의 보호, 제8조 외국인 접촉 시 특이사항의 신고 등, 제9조 외국 정보기관 구성원 접촉절차, 제10조 국가방첩전략회의의 설치 및 운영 등, 제11조 국가방첩전략실무회의의 설치 및 운영 등, 제12조 지역방첩협의회의 설치 및 운영 등, 제13조 방첩교육, 제14조 외국인 접촉의 부당한 제한 금지, 제15조 홍보, 제16조 고유식별정보의 처리로 구성되어 있다.

4. 방첩업무규정의 주요내용

2023년 12월 27일 국가정보원은 외국의 정보활동으로 인한 안보위협이 커진 현실을 반영하여 이에 대응하는 우리나라의 방첩활동을 견고히 하는 동시에 현 국가방첩시스템을 한층 강화하기 위해 방첩기관의 직무수행에 필요한 법적 근거를 정비하는 등「방첩업무 규정」개정안을 국가정보원 공고 제2023-6호로 2024년 2월 5일까지 입법예고 하였다. 이하에서는 현행규정에 (입법예고안)을 첨부하였다.

가. "방첩"의 정의

"방첩"이란 국가안보와 국익에 반하는 외국 및 외국인·외국단체·초국가행위자 또는 이와 연계된 내국인(이하 "외국등"이라 한다)의 정보활동을 찾아내고 그 정보활동을 확인·견제·차단하기 위하여 하는 정보의 수집·작성 및 배포 등을 포함한 모든 대응활동을 말하며, 외국등의 정보활동이란 외국등의 정보 수집활동과 그 밖의 활동으로서 대한민국의 국가안보와 국익에 영향을 미칠 수 있는 모든 활동을 말한다(제2조 정의 제1호 및 제2호).

〈방첩업무규정 제정 및 개정시 방첩의 범위와 대상 변천〉

- 2012년 05월 14일 : 외국의 정보활동
- 2020년 12월 31일 : 북한, 외국 및 외국인·외국단체·초국가행위자 또는 이와 연계된 내국인(이하 "외국등"이라 한다)의 정보활동
  * 국정원법 제3조(직무) 제1항제1호 중 대공업무 삭제
- 2023년 12월 19일 : 외국 및 외국인·외국단체·초국가행위자 또는 이와 연계된 내국인(이하 "외국등"이라 한다)의 정보활동
  * 안보침해 범죄 및 활동 등에 관한 대응업무규정 제정, 동 규정 부칙 제2조(다른 법령의 개정) 방첩업무 규정 제2조제1호 중 "북한, 외국"을 "외국"으로 한다.

나. "방첩기관" 및 "관계기관"의 정의

"방첩기관"이란[115] 방첩에 관한 업무를 수행하는 국가정보원, 법무부, 관세청, 경찰청, (특허청 추가 입법예고), 해양경찰청. 국군방첩사령부를 말하며(제2조제3호), "관계기관"이란 방첩기관 외의 기관으로서 다음 각 목의 기관을 말한다(제2조제4호).

가. 「정부조직법」 또는 그 밖의 법령에 따라 설치된 국가기관
나. 지방자치단체 중 국가정보원장이 제10조에 따른 국가방첩전략회의의 심의를 거쳐 지정하는 지방자치단체
다. 「공공기관의 운영에 관한 법률」 제4조에 따른 공공기관 중 국가정보원장이 제10조에 따른 국가방첩전략회의의 심의를 거쳐 지정하는 기관

⇨ 방첩 관계기관에 유도무기, 항공기, 함정 전차 등을 생산하는 방산업체가 미포함되어 있어 방산업체등의 외국인 접촉 시 국가기밀등의 보호에 대한 업무가 누락되어 이에 대한 보완 검토가 요구된다.

다. 방첩업무의 범위

방첩업무규정 제3조에서 국가정보원, 법무부, 관세청, 경찰청, 해양경찰청, 국군방첩사령부 등 방첩기관이 수행하는 업무(이하 "방첩업무"라 한다)의 범위는 다음 각 호와 같다. (~~이 경우 제2호의2의 업무는 국가정보원만 수행한다.~~

115) 방첩기관의 역할에 대하여는 김영기, 방산안보와 방첩기관의 역할, 한국국가정보학회 2021 연례학술회의 논문집, 2021.12.17., pp.81-123. 참조.

삭제 입법예고)

1. 외국등의 정보활동에 대한 정보 수집 · 작성 및 배포
2. 외국등의 정보활동에 대한 확인 · 견제 및 차단
2의2. 외국등의 정보활동 관련 국민의 안전을 보호하기 위하여 취하는 대응조치
3. 방첩 관련 기법 개발 및 제도 개선
4. 다른 방첩기관 및 관계기관에 대한 방첩 관련 정보 제공
5. (제1호, 제2호, 제3호 및 제4호의 업무와 관련한 그 밖에 방첩업무와 관련하여, 변경 입법예고) 국가안보 및 국익을 지키기 위한 활동

라. 기관간 협조

방첩업무규정 제4조(기관 간 협조) 제1항은 방첩기관의 장은 방첩업무 수행을 위하여 필요한 경우 다른 방첩기관의 장이나 관계기관의 장에게 협조를 요청할 수 있다. 동조 제2항은 제1항에 따라 협조 요청을 받은 기관의 장은 협조 요청에 따르지 못할 특별한 사유가 있는 경우를 제외하고는 협조하여야 한다. (동조 제3항 방첩기관은 방첩업무의 수행을 위하여 외국 정보 · 수사기관과 교류 · 협력할 수 있다. 신설 입법예고)

마. 방첩정보공유센터

방첩업무규정 제4조의2(방첩정보공유센터) 제1항은 방첩기관 간, 방첩기관과 관계기관 간 방첩 관련 정보의 원활한 공유와 제3조(방첩업무의 범위)에 따른 방첩업무의 효율적인 수행을 위하여 국가정보원장 소속으로 (변경 입법예고. 방첩정보공유센터를 둔다. 방첩정보공유센터(이하 "센터"라 한다)를 두며, 센터가 수행하는 업무는 다음 각 호와 같다.

1. 방첩 관련 정보의 공유 및 이를 위한 플랫폼(데이터의 연계 · 융합 분석을 위한 시스템을 말한다)의 구축 · 운영
2. 방첩기관 및 관계기관(이하 "방첩기관등"이라 한다)에서 보유한 방첩 관련 정보의 종합 · 분석 · 평가 및 방첩기관등 간 합동 대응 지원
3. 방첩 관련 신고 · 제보 등의 분석 · 처리
4. 그 밖에 국가정보원장이 방첩업무 수행을 위하여 필요하다고 인정하는 업무

동조 제3항에서 국가정보원장은 제1항에 따른 (변경 입법예고 방첩정보공유센터의 운영 업무수행)을 위하여 필요한 경우 방첩기관 및 관계기관(이하 "방

첩기관등"이라 한다)의 장에게 소속 공무원의 파견 등 인력 지원과 외국등의 정보활동에 관여된 인물 · 단체에 대한 정보와 외국등의 정보활동을 사전에 탐지 · 차단하기 위한 정보 및 그 밖에 방첩기관등 간 합동 대응에 필요한 정보 공유에 대한 협조를 요청할 수 있다.

바. 외국인 접촉 시 국가기밀등의 보호

방첩업무규정 제7조(외국인 접촉 시 국가기밀등의 보호) 제1항은 방첩기관등의 구성원은 외국을 방문하거나 외국인을 접촉할 때에는 국가기밀, 산업기술 또는 국가안보 · 국익 관련 중요 정책사항(이하 "국가기밀등"이라 한다)이 유출되지 않도록 유의하여야 한다. 동조 제2항은 방첩기관등의 장은 그 기관의 업무 성격을 고려하여 소속 구성원이 외국인을 접촉하는 경우에 발생할 수 있는 국가기밀등의 유출 위험을 방지하기 위하여 필요한 사항에 관한 규정을 마련 · 시행하여야 한다. 동조 제3항은 방첩기관등의 장은 소속 구성원 중에서 제1항 및 제2항에 따른 업무를 전담하는 직원을 지정할 수 있다.

사. 외국인 접촉 시 특이사항의 신고 등

방첩업무규정 제8조(외국인 접촉 시 특이사항의 신고 등) 제1항은 방첩기관등의 구성원(방첩기관등에 소속된 위원회의 민간위원을 포함한다)이 외국인(제9조에 따른 외국 정보 · 수사기관이 정보활동에 이용하는 내국인을 포함한다)을 접촉한 경우에 그 외국인이 국가기밀등이나 그 밖의 국가안보 및 국익 관련 정보를 탐지 · 수집하려고 하는 경우나, 접촉한 외국인이 방첩기관등의 구성원을 정보활동에 이용하려고 하는 경우, 접촉한 외국인이 그 밖의 국가안보 또는 국익을 침해하는 활동을 하는 사람인 경우에 해당한다고 의심할 만한 상당한 이유가 있을 경우에는 지체없이 그 사실을 소속 방첩기관등의 장에게 신고하여야 하며, 해당 방첩기관등의 장은 그 신고 내용을 국가정보원장에게 통보하여야 한다.

동조 제4항에서 국가정보원장은 제1항에 따른 신고 내용이 국가안보와 방첩업무에 이바지하였다고 인정되는 경우에는 신고자에 대하여 「정부 표창 규정」 등에 따라 포상하거나 국가정보원장이 정하는 바에 따라 포상금을 지급할 수 있다.

아. 외국 정보기관 구성원 접촉절차

방첩업무규정 제9조(외국 정보 · 수사기관 구성원 접촉절차 등) 제1항은 방첩기관등의 구성원이 법령에 따른 직무 수행 외의 목적으로 변경 입법예고, ~~외국 정보기관(특정국가에서 다른 국가에 대한 정보 수집을 주된 목적으로 설치된 그 국가의 기관을 말한다)의 구성원을~~ 외국 정보 · 수사기관(특정국가에서 다른 국가에 대한 정보활동을 주된 목적으로 하거나 수사 및 이를 위한 범죄정보 수집업무를 수행하는 그 국가의 기관을 말한다. 이하 이 조에서 같다)의 구성원을 접촉하려는 경우 소속 방첩기관등의 장에게 미리 보고하여야 하며, 해당 방첩기관등의 장은 그 내용을 국가정보원장에게 통보하여야 한다.

추가 입법예고, 동조 제2항은 제1항에도 불구하고 방첩기관등의 구성원이 부득이한 사유로 미리 보고하지 않았을 때는 접촉 이후 즉시 소속 방첩기관등의 장에게 보고하고, 해당 방첩기관등의 장은 그 내용을 국가정보원장에게 통보하여야 한다. 동조 제3항은 방첩기관등의 장은 구성원이 제1항 및 제2항에 따른 보고 의무를 위반할 경우 필요한 처분이나 조치를 명하기 위한 세부사항을 정할 수 있다.

자. 국가방첩전략회의의 설치 및 운영 등

방첩업무규정 제10조(국가방첩전략회의의 설치 및 운영 등) 제1항은 국가방첩전략의 수립 등 국가 방첩업무에 관한 중요 사항을 심의하기 위하여 국가정보원장 소속으로 국가방첩전략회의를 둔다. 동조 제3항은 전략회의의 의장은 국가정보원장이 되고, 위원은 대부분 관계부처 차관급 공무원이며, 국방부에서는 국방정보본부의 본부장 및 국군방첩사령부의 사령관이고 방사청과 경찰청은 차장으로 명시되어 있다.

입법예고안에는 교육부차관과 특허청 차장을 추가 하였으며, 제6항에서 전략회의의 의장은 분야별 방첩업무에 관한 중요 사항을 세부적으로 논의하기 위해 소회의를 둘 수 있다.

차. 방첩교육과 홍보 · 보상

방첩업무규정 제13조(방첩교육) 제1항에서 방첩기관등의 장은 해당 기관의 업무 수행과 관련하여 그 기관 소속 구성원이 외국등의 정보활동에 효율적으로 대응하기 위하여 필요한 자체 방첩교육에 관한 계획을 수립하여 시행해야 한다. 동조 제2항에서는 방첩기관등의 장은 필요한 경우 제1항에 따른 소속 구성원에 대한 방첩교육을 국가정보원장에게 위탁하여 실시할 수 있다.

방첩업무규정 제15조(홍보 · 보상) 제1항에서는 방첩기관의 장은 홍보를 통하여 소관 방첩업무에 대한 국민의 이해를 증진시키기 위하여 노력하여야 한다. 추가 입법예고, 제2항에서는 국가정보원장은 방첩업무 수행에 도움이 되는 제보 또는 신고 등을 한 자에게 국가정보원장이 정하는 바에 따라 포상금(물품을 포함한다)을 지급하거나 표창을 수여할 수 있다.

5. 방첩업무규정의 시사점

가. 방산방첩업무 규정 구체화 및 방첩관계기관에 방산업체 포함

방첩업무규정은 「국가정보원법」 제4조(직무)에 따라 국가정보원의 직무 중 방첩(防諜)에 관한 업무의 수행과 이를 위한 기관 간 협조 등에 관한 사항을 규정하고 있는데, 방첩업무규정에「국가정보원법」 제4조(직무) 제1항제1호나목에 있는 '방위산업침해에 대한 방첩'에 업무의 수행과 이를 위한 기관 간 협조 등에 관한 사항의 구체화가 필요하다.

> 국가정보원법 제4조(직무)
> ① 국정원은 다음 각 호의 직무를 수행한다.
> 1. 다음 각 목에 해당하는 정보의 수집 · 작성 · 배포
> 나. 방첩(산업경제정보 유출, 해외연계 경제질서 교란 및 방위산업침해에 대한 방첩을 포함한다), 대테러, 국제범죄조직에 관한 정보

또한, 방첩관계기관에 국가기관과 국가정보원장이 제10조에 따른 국가방첩전략회의의 심의를 거쳐 지정하는 지방자치단체 및 공공기관까지만 명시하고 있어(제2조제4호), 유도무기, 항공기, 함정 전차 등을 생산하는 방산업체가 미포함되어 있어 이에 대한 검토 및 반영이 요구된다.

나. 기관별 방첩업무규정 개정 및 시행

방첩기관 및 방첩 관계기관의 자체 방첩업무 행정규칙 개정 현황은 다음과 같으며,[116] 대통령령인 국정원의 방첩업무규정 개정 등과 연계하여 최신화가 요구된다.

〈방첩기관 및 방첩 관계기관의 자체 방첩업무 행정규칙 개정 현황〉

해양경찰청 방첩업무규칙 [훈령 제331호, 2023. 8. 10., 전부개정/시행]
고용노동부 방첩업무규정 [훈령 제423호, 2022. 12. 1., 일부개정/시행]
공정거래위원회 방첩업무규정 시행지침 [훈령 제272호, 2019. 2. 1., 일부개정/시행]
과학기술정보통신부 방첩업무규정 시행지침 [훈령 제58호, 2019. 2. 7., 일부개정]
관세청 방첩업무에 관한 훈령 [훈령 제2280호, 2023. 7. 21., 폐지제정/시행]
국가보훈부 방첩업무규정 시행지침 [훈령 제2호, 2023. 6. 5., 타법개정/시행]
국립전파연구원 방첩업무규정 시행지침 [훈령 제52호, 2017. 8. 23., 타법개정/시행]
국토교통부 방첩업무시행지침 [훈령 제5호, 2013. 4. 11., 일부개정/시행]
금융위원회 방첩업무규정 시행지침 [훈령 제44호, 2013. 7. 1., 제정/시행]
농촌진흥청 방첩업무규정 시행지침 [훈령 제925호, 2012. 12. 28., 제정/시행]
문화체육관광부 방첩업무규정 시행지침 [훈령 제374호, 2019. 4. 16., 일부개정/시행]
보건복지부 방첩업무규정 운용세칙 [훈령 제216호, 2022. 12. 30., 타법개정/시행]
산업통상자원부 방첩업무 시행지침 [훈령 제2013-7호, 2013. 5. 23., 제정/시행]
새만금개발청 방첩업무 규정 시행지침 [훈령 제165호, 2021. 5. 6., 제정/시행]
식품의약품안전처 방첩업무 운영규정 [훈령 제56호, 2014. 4. 1., 제정/시행]
여성가족부 방첩업무규정 시행지침 [훈령 제52호, 2013. 7. 5., 제정/시행]
외교부 방첩업무규정 시행지침 [훈령 제83호, 2016. 12. 20., 폐지제정/시행]
원자력안전위원회 방첩업무규정 시행지침 [훈령 제148호, 2020. 8. 21., 일부개정]
인사혁신처 방첩업무규정 시행규칙 [훈령 제58호, 2017. 12. 18., 제정/시행]
중소벤처기업부 방첩업무규정 시행지침 [훈령 제49호, 2019. 10. 22., 일부개정/시행]
질병관리청 방첩업무규정 운용세칙 [훈령 제38호, 2021. 12. 23., 제정/시행]
특허청 방첩업무규정 시행세칙 [훈령 제1106호, 2023. 4. 5., 제정/시행]
해양수산부 방첩업무시행지침 [훈령 제615호, 2021. 9. 27., 일부개정/시행]
행정안전부 방첩업무규정 시행세칙 [훈령 제185호, 2021. 3. 12., 제정/시행]
환경부 방첩업무규정 시행지침 [훈령 제1220호, 2016. 6. 21., 제정/시행]
방사청 방첩업무 규정 [예규 제807호, 2022. 10. 18., 일부개정/시행]
중앙전파관리소 방첩업무규정 시행세칙 [예규 제186호, 2023. 11. 24., 일부개정/시행]

116) 국가법령정보센터-방첩업무규정-법령체계도-행정규칙(검색일 : 2024. 3. 10.)
(https://www.law.go.kr/lsStmdInfoP.do?lsiSeq=257021&ancYnChk=0)

제2절 방사청 방첩업무

1. 개 요

방위사업청 방첩업무규정 시행지침은 방첩업무규정(대통령령 제23780호, 이하 "규정"이라 한다) 및 군방첩업무훈령 (국방부훈령 제1503호, 이하 "군훈령"이라 한다)의 적절한 운영을 기하기 위하여 필요한 사항을 규정하였다.117)

2. 방사청 방첩업무규정의 목적

방위사업청 예규인 방첩업무규정은 「국가정보원법」 제4조, 「방첩업무규정」, 「군방첩업무훈령」의 적절한 운영을 기하기 위하여 필요한 사항을 규정함을 목적으로 한다(제1조 목적).118)

3. 방사청 방첩업무규정의 구성

방위사업청 예규인 방첩업무규정은 제1조 목적, 제2조 정의, 제3조 적용, 제4조 방첩업무 담당부서 및 담당관, 제5조 개인의 임무와 책임, 제6조 외국인 접촉절차, 제7조 외국인 접촉시 특이사항 등의 신고, 제8조 외국 정보기관 구성원 접촉절차, 제9조 외국 정보기관 방문 등 국제협력 절차, 제10조 해외근무 시 방첩대책, 제11조 외국인 접촉의 부당한 제한 금지, 제12조 방첩교육, 제13조 기타 통보 사항, 제14조 방첩업무 전산시스템 운용, 제15조 서류의 보존, 제16조 조사 및 점검, 제17조 계도장 발부, 제18조 포상 및 방첩 상·벌점, 제19조 재검토 기한으로 구성되어 있다.

---

117) 방사청 방첩업무규정 [방위사업청예규 제154호, 2013. 8. 29., 제정/시행]
118) 방사청 방첩업무규정 [시행 2022. 10. 18.] [방위사업청예규 제807호, 2022. 10. 18., 일부개정] 제1조.

4. 방사청 방첩업무규정의 주요내용

가. 방사청 방첩업무규정 적용기관(제3조)

이 예규는 방위사업청(청본부 및 소속기관을 포함한다)(이하 "청"이라 한다) 및 산하 모든 기관에 적용한다.

⇨ 방사청 방첩업무훈령에도 방산업체는 방첩업무 적용대상에 제외되어 있다.

나. 방사청 방첩업무 담당부서 및 담당관(방첩업무규정 제4조)

① 청의 방첩담당관은 운영지원과장이 임명과 동시에 그 직을 수행하고, 직위를 떠난 경우에는 해임된 것으로 본다.

② 분임방첩담당관은 청의「보안업무규정」(방위사업청훈령, 이하 "청 보안업무규정"이라 한다)상의 분임보안담당관이 겸임한다.

1. 청본부 : 각 국장 · 관이 임명하는 과장 또는 담당관, 비서실장, 대변인, 비상기획보안팀장, 조직인사담당관이 임명하는 팀장
2. 기반전력사업본부, 미래전력사업본부 : 각 부(단)장이 지명하는 과 · 팀장

③ 방첩담당관의 임무는 다음 각 호와 같다.

1. 「방첩업무규정」(대통령령, 이하 "규정"이라 한다) 제7조제2항,「군방첩업무훈령」(국방부훈령, 이하 "군훈령"이라 한다) 제7조에 따른 방첩관련 자체훈령 제정 · 시행에 관한 업무
2. 분임방첩담당관의 임무에 대한 총괄역할을 하며, 방첩사고관련 사항 발생시 국가정보원 및 국군방첩사령부에 통보

④ 분임방첩담당관의 임무는 다음 각 호와 같다.

1. 규정 제8조제1항, 군훈령 제9조에 따른 외국인 접촉 시 특이사항의 접수 및 방첩담당관 보고에 관한 업무
2. 규정 제9조, 군훈령 제10조에 따른 외국정보기관 구성원 접촉 관리에 관한 업무
3. 규정 제13조, 군훈령 제12조에 따른 방첩교육 시행에 관한 확인 업무
4. 기타 방첩업무의 원활한 수행을 위해 필요한 업무

다. 방사청의 해외 근무 시 방첩대책(방첩업무규정 제10조)

① 각 부서의 장은 해외 파견 근무자 · 공무국외출장자 · 장단기 연수자(이하 "해외 근무 직원"이라 한다)가 외국등의 정보활동에 효율적으로 대응하기 위하여 해외 근무 직원 출국 전에 다음 각 호의 방첩수칙을 포함하여 방첩교육을 실시한다.

1. 출장용 노트북 등 전산통신기기 별도 구비 · 사용
2. 노트북 등 전산통신기기에 비밀번호 설정 등 보호조치
3. 공항 이용 시 민감 자료는 기내 휴대
4. 숙소에 중요 자료 방치 금지
5. 대중교통수단 등 공공장소에서 민감 내용 언급 자제
6. 숙소 비치 전화기 · FAX 등 사용 최소화
7. 호텔 · 공항 · 회의장 등 공공장소內 Wi-Fi(와이파이) 활용 자제

② 해외 근무 직원은 현지 체류기간 동안 외국 정보기관 구성원(이하 "외국 정보요원"이라 한다)을 접촉하거나 외국인 접촉 시 다음 각 호의 특이사항이 발견될 경우 방첩담당관을 통해 지체없이 그 사실을 신고하여야 하며, 국내로 복귀 시 현지 체류기간 동안의 방첩상 위해요인에 대해 방첩담당관에게 보고하여야 한다.

1. 접촉한 외국인이 외국 정보기관 구성원으로 추정되거나 외국 정보기관에 포섭된 것으로 의심되는 경우
2. 접촉한 외국인이 대한민국의 대외비 · 민감자료 또는 국가기밀 등 자료를 소지하고 있는 것을 목격하거나 인지한 경우
3. 접촉한 외국인이 대한민국의 산업기밀(방위산업기밀 포함)을 유출하거나 유출을 기도한 사실을 인지한 경우
4. 접촉한 외국인이 해당 기관의 공식 접촉창구 이외에 휴대전화 번호 · e-메일 주소 등 개별 연락처 제공을 요청하는 경우
5. 외국 공관원 · 정보요원이 사적으로 접촉을 제의하거나 금품 · 향응, 특히 USB 등 정보통신기기를 선물로 제공하는 경우

③ 방첩담당관은 해외 근무 직원로부터 제2항의 신고를 받거나 특이사항을 발견한 경우 7일 이내에 그 내용을 국가정보원 및 국군방첩사령부에 통보하여야 한다.

라. 방사청 방첩업무 기타 통보 사항(방첩업무규정 제13조)

각 부서의 장은 다음 각 호에 명시된 사항을 방첩담당관에게 통보하여야 한다.

1. 외국 軍부대 · 기관 방문 및 외국인 부대 초청 등 외국인과의 공식 교류사업(행사) 개최시 교류사업(행사) 종료 후 10일 이내 별지 제6호서식의 교류계획 및 결과를 작성하여 통보(다만, 교류계획 및 결과가 공식 문서로 존안하는 경우에는 그 문서로 갈음할 수 있다).
2. 청 내에 1개월 이상 고정 출입 및 근무하고 있는 외국인에 대한 신원사항을 별지 제9호서식의 외국인 신원사항을 작성하여 고정 출입증발급일로부터 10일 이내에 통보한다.
3. 해당년도 국제 교류행사(국외출장 및 국내초청 등) 일정, 공무 국외출장 및 해외 파병 · 파견 · 유학(국외 위탁교육) · 연수 예정 인원 현황을 매년 1월 15일까지 통보하며, 방첩담당관은 1, 2호에 대한 사항을 5일 이내, 3호에 대한 사항은 매년 1월 31일까지 국군방첩사령부에 통보한다.

마. 방사청 계도장 발부(방첩업무규정 제17조)

① 청 직원의 업무수행 과정에서 방첩규정 및 지시 불이행 등 제반 정황이 인정되는 경우 별지 제10호서식의 계도장을 발부하며, 이때 별표 1(방첩 관련 상 · 벌점 부여 지침)에 의한 벌점을 부여하며 청 보안업무규정상의 보안벌점제도와 동일하게 처리한다.

② 계도장은 방첩담당관이 청장 명의로 발부하며, 현황을 유지 및 관리한다.

③ 누적된 방첩벌점은 발부일자로부터 2년간 유효하며 다음 각 호와 같이 가중 처벌한다.

1. 계도장 3회 또는 벌점 20점 이상 시 경고(서면) 조치
2. 서면 경고 2회 또는 벌점 40점 이상시 징계 건의

④ 방첩담당관은 현황을 종합하여 개인성과지표(BSC) 보안분야에 관련 사항을 포함한다.

바. 방사청 방첩업무포상 및 방첩 상 · 벌점(방첩업무규정 제18조)

① 방첩담당관은 소속직원 중 다음과 같은 방첩유공 · 과오가 있는 자에 대하여 별표 1(방첩 관련 상 · 벌점 부여 지침)에 따른 방첩 상 · 벌점을 부여 한다.

② 누적된 상·벌점은 2년간 유효하며, 방첩 상·벌점은 상쇄가 가능하다. 다만, 청 보안업무규정 제150조(보안계도장 발부) 제3항에 따라 이미 조치된 가중 처벌은 이후 부여된 보안(방첩)상점으로 취소되지 않는다.

5. 방사청 방첩업무규정의 시사점

산업통상자원부 방첩업무 시행지침 제3조(적용) 제1항은 '산업통상자원부와 그 소속기관 및 산하 공기업, 준정부기관, 기타 공공기관에 적용되는 것을 원칙으로 하며, 관계조항은 산하의 유관 주요기업체 및 단체에도 적용된다'라고 명시하여 '산하의 유관 주요기업체'를 포함하고 있으며, 동조 제2항에서는 '소속기관, 산하기관, 유관주요기업체 및 단체의 장은 이 지침에 규정되어 있지 않은 사항에 대하여는 각기 업무의 특수성을 감안하여 규정과 본 지침에 저촉되지 않는 범위 내에서 자체 내규를 정하여 사용할 수 있다'고 명시하여, 산업통상자원부 산하의 유관 주요기업체에 방산업체가 포함된다고 볼 수 있다.

위 주장은 근거는 방위사업법 제35조(방산업체의 지정 등)제1항이다. 제35조제1항은 '방산물자를 생산하고자 하는 자는 대통령령이 정하는 시설기준과 보안요건 등을 갖추어 산업통상자원부장관으로부터 방산업체의 지정을 받아야 한다. 이 경우 산업통상자원부장관은 방산업체를 지정함에 있어서 미리 방위사업청장과 협의하여야 한다'라고 명시하고 있다.

그러나, 방위사업청 예규인 방첩업무규정 제3조(적용)에는 '방위사업청(청본부 및 소속기관을 포함한다) 및 산하 모든 기관에 적용한다'라고만 명시하고 있어 방위산업체에 대한 적용이 제한되는 것으로 해석된다. 이에 대한 검토와 보완이 필요하다.

제12장 침해대응

제12장 침해대응에서는 안보침해에 대한 대응과 방산침해대응 및 안보수사를 다룬다.

제1절 안보침해대응

1. 개 요

국가안보 및 국민안전보호를 위해 국가정보원의 직무범위를 개편하는 등의 내용으로 「국가정보원법」이 개정된 것에 맞추어 국가안보를 침해하는 범죄·활동 등에 관한 대응업무의 수행원칙, 안보위해자의 확인·견제·차단 등과 관련된 세부 직무범위, 유류물 및 임의제출물의 보관 및 처리, 출국금지 및 출국정지 요청 기준, 유관기관과의 업무협력 방식, 유관기관과 상호 공유한 정보의 처리 기준, 중앙유관기관협의회 및 지역유관기관협의회의 구성·운영 등에 관한 사항을 '안보침해 범죄 및 활동 등에 관한 대응업무규정'으로 구체적으로 정하려는 것이다.[119] 이하에서는 '안보침해 범죄 및 활동 등에 관한 대응업무규정'을 '안보침해 대응업무규정'이라 한다.

2. 안보침해 대응업무규정의 목적

안보침해 범죄 및 활동 등에 관한 대응업무규정은 「국가정보원법」 제4조제1항에 따른 국가정보원의 직무 중 국가안보를 침해하는 범죄 및 활동 등에 관한 대응업무의 수행과 이를 위한 기관 간 협조 등에 필요한 사항을 규정함을 목적으로 한다(제1조 목적).

119) 안보침해 범죄 및 활동 등에 관한 대응업무규정 [시행 2024. 1. 1.] [대통령령 제33988호, 2023. 12. 19., 제정]

3. 안보침해 대응업무규정의 구성

안보침해 범죄 및 활동 등에 관한 대응업무규정은 제1조 목적, 제2조 정의, 제3조 대응업무의 수행 원칙, 제4조 직무활동의 세부 범위, 제5조 유류물 및 임의제출물, 제6조 출국금지 및 출국정지, 제7조 유관기관과의 협력, 제8조 공유한 정보의 처리 기준, 제9조 중앙유관기관협의회 등의 구성 · 운영, 제10조 업무역량 강화, 제11조 대국민 홍보, 제12조 신고 및 포상, 제13조 개인정보의 처리 등, 제14조 시행세칙으로 구성되어 있다.

4. 안보침해 대응업무규정의 주요내용

가. 용어의 정의(제2조)

이 영에서 사용하는 용어의 뜻은 다음과 같다.

1. **"대응업무"**란 국가정보원이 다음 각 목의 정보와 관련하여 「국가정보원법」제4조제1항제1호 각 목 외의 부분 및 같은 항 제3호에 따라 수행하는 직무 활동을 말한다.

> 국가정보원법 제4조(직무) ① 국정원은 다음 각 호의 직무를 수행한다.
> 1. 다음 각 목에 해당하는 정보의 수집 · 작성 · 배포
> 가. 국외 및 북한에 관한 정보
> 나. 방첩(산업경제정보 유출, 해외연계 경제질서 교란 및 방위산업침해에 대한 방첩을 포함한다), 대테러, 국제범죄조직에 관한 정보
> 다. 「형법」 중 내란의 죄, 외환의 죄, 「군형법」 중 반란의 죄, 암호 부정사용의 죄, 「군사기밀 보호법」에 규정된 죄에 관한 정보
> 라. 「국가보안법」에 규정된 죄와 관련되고 반국가단체와 연계되거나 연계가 의심되는 안보침해행위에 관한 정보
> 마. 국제 및 국가배후 해킹조직 등 사이버안보 및 위성자산 등 안보 관련 우주 정보
> 3. 제1호 및 제2호의 직무수행에 관련된 조치로서 국가안보와 국익에 반하는 북한, 외국 및 외국인 · 외국단체 · 초국가행위자 또는 이와 연계된 내국인의 활동을 확인 · 견제 · 차단하고, 국민의 안전을 보호하기 위하여취하는 대응조치

가. 법 제4조제1항제1호가목에 따른 정보 중 국가안보, 국익 또는 국민안전에 영향을 미칠 수 있는 모든 활동에 관한 정보

> 법 제4조(직무) ① 국정원은 다음 각 호의 직무를 수행한다.
> 1. 다음 각 목에 해당하는 정보의 수집 · 작성 · 배포
> 가. 국외 및 북한에 관한 정보

나. 법 제4조제1항제1호나목에 따른 정보 중 북한에 의하여 또는 북한과 연계하여 이루어지는 모든 활동에 관한 정보
* 외국등에 의하여 또는 외국등과 연계하여 ~ : 미해당(방첩업무)

> 법 제4조(직무) ① 국정원은 다음 각 호의 직무를 수행한다.
> 1. 다음 각 목에 해당하는 정보의 수집 · 작성 · 배포
> 나. 방첩(산업경제정보 유출, 해외연계 경제질서 교란 및 방위산업침해에 대한 방첩을 포함한다), 대테러, 국제범죄조직에 관한 정보

다. 법 제4조제1항제1호다목 및 라목에 따른 정보

> 제4조(직무) ① 국정원은 다음 각 호의 직무를 수행한다.
> 1. 다음 각 목에 해당하는 정보의 수집 · 작성 · 배포
> 다. 「형법」 중 내란의 죄, 외환의 죄, 「군형법」 중 반란의 죄, 암호 부정사용의 죄, 「군사기밀 보호법」에 규정된 죄에 관한 정보
> * 군사기밀에 방산기밀 포함
> 라. 「국가보안법」에 규정된 죄와 관련되고 반국가단체와 연계되거나 연계가 의심되는 안보침해행위에 관한 정보

2. **"유관기관"**이란 국가정보원이 대응업무를 수행하는 과정에서 상호 협력하는 다음 각 목의 기관을 말한다.

가. 검찰청, 나. 경찰청, 다. 해양경찰청, 라. 국군방첩사령부
마. 그 밖에 대응업무의 효율적 수행을 위해 필요하다고 인정되는 기관으로서 국가정보원장이 지정하는 기관

나. 대응업무의 수행원칙(제3조)

국가정보원은 국가안보와 국민안전을 위해 법령의 범위에서 사용가능한 인적 역량, 물적 수단 및 과학적 · 기술적 정보 등을 종합적으로 배분 · 활용하여 대응업무를 수행한다.

다. 직무활동의 세부범위(제4조)

국가정보원이 법 제4조제1항제3호에 따라 수행하는 직무활동의 세부 범위는 다음 각 호와 같다.

1. 국가안보와 국익에 반하는 활동을 하는 북한, 외국 및 외국인 · 외국단체 · 초국가행위자 또는 이와 연계된 내국인(이하 "안보위해자"라 한다)을 발견 · 추적하는 활동
2. 안보위해자에 대한 정보를 분석 · 검증하거나 해당 분석 · 검증 결과를 유관기관 및 국내외 관계기관 등에 배포 · 공유하는 활동
3. 안보위해자에 대한 역이용(逆利用), 와해(瓦解) 또는 추방 등의 저지(沮止) 활동
4. 안보위해자에 대한 행정 절차 및 사법 절차 등의 지원에 관한 활동
5. 국민의 생명 · 신체 · 재산을 침해하는 테러 · 피랍 · 사고 등을 예방하거나 피해 확산을 방지하기 위한 활동
6. 제1호부터 제5호까지의 직무수행과 관련된 해외정보기관 또는 관련 국제기구와의 인력 및 정보 등의 상호 협력 활동
7. 그 밖에 안보위해자에 대한 확인 · 견제 · 차단 및 국민안전 보호를 위한 대응 조치로서 국가정보원장이 필요하다고 인정하는 업무

라. 유관기관과의 협력(제7조)

① 국가정보원장은 법 제5조제3항에 따른 공조체계 구축을 위해 필요하다고 인정하는 경우에는 법 제4조제1항제1호나목부터 라목까지의 규정과 관련한 범죄를 수사하는 유관기관(각 수사기관이 합동으로 수사하기 위해 설치하는 기구를 포함한다)에 국가정보원 직원을 참여하게 할 수 있다. 이 경우 해당 국가정보원 직원은 법령에 규정된 직무범위에서 그 활동을 수행해야 한다.

② 국가정보원장은 유관기관으로부터 제2조제1호 각 목에 따른 정보의 분석 및 평가를 의뢰받은 경우에는 다른 특별한 사유가 없으면 이를 처리하여 회신할 수 있다.

③ 국가정보원장 및 유관기관의 장은 대응업무의 효율적 수행을 위해 필요하다고 인정하는 경우에는 제2조제1호 각 목에 따른 정보를 상호 간에 제공하여 공유할 수 있다.

〈침해대응 활동 개관〉

- 2023.09.11. 국정원 주도 방산침해대응협의회 출범
- 2023.09.18. 국정원, 제1회 방산안보 국제컨퍼런스 개최

- 2023.12. 방산침해대응협의회에 기술보호운영위, 정보지원운영위 구성
- 2023.12.11 방산침해대응협의회 제1차 정기총회 개최

제2절 방산침해대응

1. 개 요

방위산업은 미래 신성장 동력이자 첨단산업을 견인하는 중추로 국가안보와 직결되는 전략 산업이다. 방위산업에 대한 세계적인 수요가 급증하고 2023년 우리나라 방산수출액이 130억불에 달하는 등 방산시장의 규모가 커짐에 따라 첨단 방위산업을 둘러싼 국가 간 경쟁이 나날이 치열해지고 있으며, 방산기술 유출과 같은 안보위협이 커지고 있는 상황이다.

국가정보원은 이러한 위협에 선제적으로 대응해 방산기술유출을 예방하고, 민·관 과의 소통 확대를 위해 「방위산업침해대응센터(NDSC, National Defense Industry Security Center)」를 운영하며 우리의 방산기술·군사기밀과 전략물자가 외국으로 불법 유출되지 않도록 최선의 노력을 다하고 있다.[120]

2. 방위산업침해대응센터 주요업무

가. 방위산업기술 유출 차단 등 방위산업침해에 대한 방첩활동

국가안보에 중요한 방위산업기술 · 인력의 해외유출 등 외국에 의한 우리나라 방위산업 침해 행위 차단에 주력하고 있으며, 방위사업청 · 국군방첩사령부 등 유관기관과 협력하여 방산업계 대상 방위산업기술 보호활동을 전개하고 있다.

나. 전략물자 등 불법수출 차단활동

대량파괴무기의 제조 · 개발 · 사용에 이용 또는 전용가능한 전략물자의 불법수출 차단 활동을 실시하고 있으며, 산업통상자원부 · 외교부 · 방위사업청 · 관세청 등 유관기관과 협력하여 국제수출통제체제 준수를 위한 정보활동에 주력하고 있다.

---

120) 국가정보원 홈페이지-기관소개-센터소개-방위산업침해대응센터 (https://www.nis.go.kr/ID/1_7_8.do)

다. 군사기밀보호 활동

국가안보와 직결되는 군사기밀 및 방위산업 기밀을 보호하기 위한 예방활동에 주력 하면서 '군사기밀 보호법' 위반행위에 대한 대응활동도 수행하고 있다.

3. 방위산업침해대응센터 취재결과[121)]

가. 개요

2024년 3월 11일 한국일보가 방산산업기술 유출사건 증가에 따라 국정원의 방위산업침해대응센터 소속 요원 두 명을 만나 기술유출의 실태를 들어봤다.

방위산업기술 유출 사건을 전담해온 국정원 요원들은 "한국의 방산 수출의 범위가 넓어지면서 기술을 빼돌리려는 시도 역시 늘어나고 있다"고 경고했다. 경찰청 집계에 따르면, 2023년 2~10월 검찰에 송치된 방위산업 분야 범죄는 모두 5건. 한 해에 한두 건에 불과하던 범죄가 최근 들어 급증하는 추세를 보이고 있다.

나. 주요 방산기술 유출 사례

국정원 요원들은 새로운 형태의 유출 사례가 자주 눈에 띈다는 점을 강조했다. 방위산업이 갖는 기밀성과 특수성 때문에 기술 정보에 접근 가능한 내부자 소행이 대부분이었는데, 최근 퇴직자를 이용하거나 기술력을 가진 회사를 통째로 사들이는 등의 '신종 수법'이 심심찮게 발견된다는 것이다. 요원 B씨는 "보안 설계 비용을 감당하기 어려운 중소 규모 영세 협력업체를 노리거나 방산업체들을 인수합병하거나 대규모 지분 투자로 사실상 업체를 소유하려고도 한다"고 설명했다.

2020년 한국을 발칵 뒤흔든 국방과학연구소(ADD) 대규모 자료 유출 사건이 퇴직 연구원들에 의한 대표적 기술 유출 사건으로 꼽힌다. 이들은 이직하기 전, 자료를 휴대용 저장매체로 전송하는 방식으로 자료를 유출한 것으로 조사됐다. ADD 내부 보안 조치가 최소화로 돼 있는 점을 노린 것이다. 이 중 일부는 국산 첨단 로켓의 기밀 기술이 담긴 자료를 갖고 아랍에미리트(UAE)

---

121) 문재연, 대만 의원이 건넨 USB에 우리 잠수함 도면이?...'빨간불' 켜진 방산기술 보안, 한국일보, 2024. 3. 15. (https://n.news.naver.com/article/469/0000790574)

로 출국해버렸다. ADD 정보유출방지시스템(DLP)에는 이들이 남긴 접속 흔적만 30만 건에 달했다.

경남 창원 소재 한 방위산업체에 근무하던 30대 남성은 협력업체와 자료를 주고받은 이메일 기록에 첨부된 파일을 자신의 메일 계정으로 보내는 방식으로 기술을 빼돌렸다. 그렇게 개인 노트북에 저장한 파일은 4,200개가 넘었다.

2022년 1월, 대만 제1야당인 국민당의 마원진 의원이 주타이베이 한국 대표부를 찾았다. 그의 손에는 이동식 저장장치(USB)가 들려 있었다. 조사 결과, USB에는 한국이 개발한 잠수함 유수분리장치와 리튬이온배터리 고정장치, 도면 두 건 등이 담겨 있었다. 컨설팅 업체의 직원들이 빼돌린 기밀 정보였다. 당시 외교가를 떠들썩하게 했던 '한국 잠수함 기술 유출' 사건은 그렇게 시작됐다.

최근 항공우주연구원(KAI) 한국형 초음속 전투기 KF-21 기술 유출 사건은 인도네시아 파견 직원에 의한, 전에 보기 힘든 유출 사례로 꼽힌다. 국정원 측은 최근 한국일보의 서면 질의에 "수사가 진행 중인 사안"이라면서도 "우리 방산업체에 근무하는 외국인이 앞으로도 계속 늘어날 수밖에 없어 방산업체 근무 외국인 관리를 강화하는 제도적 개선 방안을 마련할 필요가 있다"고 했다.

다. 방산침해대응

기술유출을 막기 위해선 "정보협력이 필수"라고 강조한다. 요원 B씨는 "방산(방위산업) 기술 유출은 산업기술 보안 분야보다 훨씬 더 은밀하고 교묘한 방식으로 이뤄진다"며 "망 분리와 파일 암호화 설정 프로그램(DRM) 등 보안 설계가 이중 삼중으로 돼 있는 상황에서 빠져나가는 것이기 때문에 군, 민간, 정보당국의 협력이 어느 때보다도 절실하다"고 했다.

국정원이 2023년 9월 방산침해대응협의회를 출범한 것도 이 같은 이유에서다. 협의회에는 15개 방산기업 대표가 참석해 국정원이 포착한 기술유출 징후나 업체들이 느끼는 보안 공백에 대한 정보를 공유한다. 국정원은 협의회에 북한의 방산기술 유출 시도 정황을 공유하고, 실제 사전 차단에 성공했다고 한다. 요원 A씨는 "아직까지 방산기술 보호에 대한 사회 전반의 인식은 약한 것 같다"며 "방산기술 보호는 우리 국가안보와 직결되는 사안으로 한번 유출되면 경제적 피해뿐만 아니라 안보적 피해까지 생길 수밖에 없다"고 말했다.

제3절 안보수사

1. 개 요

안보수사는 경찰청 국가수사본부 안보수사국에서 담당하고 있다.[122] 경찰청과 그 소속기관 직제는 대통령령으로 경찰청과 그 소속기관의 조직과 직무범위, 그 밖에 필요한 사항을 규정함을 목적으로 한다(경찰직제 제1조). 경찰청에는 미래치안정책국 · 범죄예방대응국 · 생활안전교통국 · 경비국 · 치안정보국 및 국가수사본부를 둔다(경찰직제 제4조제1항).

국가수사본부는 경찰수사 관련 정책의 수립 · 총괄 · 조정, 경찰수사 및 수사지휘 · 감독 기능을 수행하며, 국가수사본부에 수사국, 형사국 및 안보수사국을 둔다(경찰직제 제16조).

2. 안보수사국장의 업무

안보수사국에 국장 1명을 두고, 국장 밑에 정책관등 1명을 둔다. 안보수사국장은 치안감[123] 또는 경무관으로 보하고, 정책관등 1명은 경무관으로 보하며, 안보수사국장은 다음 사항을 분장한다.[124]

122) 경찰청과 그 소속기관 직제 [시행 2024. 1. 18.] [대통령령 제34136호, 2024. 1. 16., 일부개정] 제4조(하부조직), 제16조(국가수사본부).

123) 경찰계급은 치안총감, 치안정감, 치안감, 경무관, 총경, 경정, 경감, 경위, 경사, 경장, 순경이다.

124) 경찰청과 그 소속기관 직제 [시행 2024. 1. 18.] [대통령령 제34136호, 2024. 1. 16., 일부개정] 제22조(안보수사국).

1. 안보수사경찰업무에 관한 기획 및 교육
2. 보안관찰 및 경호안전대책 업무에 관한 사항
3. 북한이탈주민 신변보호
4. 국가안보와 국익에 반하는 범죄에 대한 수사의 지휘 · 감독
5. 안보범죄정보 및 보안정보의 수집 · 분석 및 관리
6. 국내외 유관기관과의 안보범죄정보 협력에 관한 사항
7. 남북교류와 관련되는 안보수사경찰업무
8. 국가안보와 국익에 반하는 중요 범죄에 대한 수사
9. 외사보안업무의 지도 · 조정
10. 공항 및 항만의 안보활동에 관한 계획 및 지도

3. 안보수사국의 업무

경찰청 안보수사국의 업무는 다음과 같다.125)

① 「경찰청과 그 소속기관 직제」 제22조제1항에 따라 안보수사국장 밑에 두는 보좌기관은 안보수사심의관으로 하며, 안보수사심의관은 경무관으로 보한다.

② 안보수사심의관은 「경찰청과 그 소속기관 직제」 제22조제3항제8호의 사항에 관하여 안보수사국장을 보좌한다.

③ 안보수사국에 안보기획관리과 · 안보수사지휘과 · 안보수사1과 및 안보수사2과를 둔다.

④ 각 과장은 총경으로 보한다.

⑤ 안보기획관리과장은 다음 사항을 분장한다. 〈개정 2024. 1. 18.〉

1. 안보수사경찰업무에 대한 인사 · 조직 · 기획 · 예산 · 감사 · 교육에 관한 사항
2. 외국 안보수사기관과의 교류 및 홍보
3. 경호 안전대책 업무에 관한 사항
4. 북한이탈주민 신변보호
5. 남북교류 관련 안보수사경찰업무
6. 안보상황 관리 및 합동정보조사에 관한 사항
7. 간첩 · 테러 · 경제안보 · 첨단안보 등 국가안보와 국익에 반하는 범죄첩보에 대한 수집 · 분석 · 지원

125) 경찰청과 그 소속기관 직제 시행규칙 [시행 2024. 1. 18.] [행정안전부령 제455호, 2024. 1. 18., 일부개정] 제19조(안보수사국).

8. 안보위해정보 수집 · 분석 · 지원
9. 안보범죄 첩보 및 안보위해정보에 관한 대내외 협력
10. 그 밖에 국 내 다른 과의 주관에 속하지 않는 사항

⑥ 안보수사지휘과장은 다음 사항을 분장한다. 〈개정 2024. 1. 18.〉

1. 간첩 · 테러 · 경제안보 · 첨단안보 등 국가안보와 국익에 반하는 범죄에 대한 수사의 지휘 · 감독
2. 안보범죄 관련 디지털포렌식의 수행 및 지원
3. 대테러 · 방첩업무의 지도 · 조정, 관련 정보 수집 · 관리
4. 공항 및 항만의 안보활동에 관한 계획 및 지도
5. 안보수사, 대테러 · 방첩업무 관련 국내외 유관기관과의 교류 · 협력
6. 보호관찰 업무에 관한 사항

⑦ 안보수사1과장 및 안보수사2과장은 간첩 · 테러 · 경제안보 · 첨단안보 등 국가안보와 국익에 반하는 범죄의 첩보 수집 및 수사에 관한 사항을 분장한다.[전문개정 2023. 10. 30.]

4. 합동정보조사

통합방위법 제9조의2(정보센터 및 합동정보조사팀의 운영)

① 정부 각 기관의 대공(對共)정보업무를 조정 · 분담하고, 적의 침투 · 도발 및 적의 정황에 관한 첩보를 수집하며, 정보를 판단하여 지역 작전부대를 지원하기 위하여 국가정보원 · 군 · 경찰 · 지방자치단체 등으로 구성된 지역단위의 정보센터를 비상설 기구로 설치 · 운영할 수 있다.

② 적의 부대나 요원의 출현, 그 밖의 대공혐의 상황이 발생하였을 때에는 현지의 상황을 조사 · 분석하고, 체포된 포로에 대하여 일차적으로 신문(訊問)하기 위하여 국가정보원 · 군 · 경찰 등 관계기관 정보원으로 구성된 합동정보조사팀을 설치 · 운영할 수 있다.

③ 그 밖에 정보센터 및 합동정보조사팀의 설치 · 운영 등에 필요한 사항은 대통령령으로 정한다. [본조신설 2020. 12. 22.]

제7편

융합안보와 연구사례

제7편 융합안보와 연구사례

제7편 제13장에서는 융합보안안보를 개관하고, 제14장에서는 방산안보와 국가정보 연구사례를 살펴본다.

제13장 융합보안안보

제13장 융합보안안보에서는 융합보안과 융합보안안보, 드론안보, 사이버안보 및 우주안보에 대하여 살펴본다.

제1절 융합보안

1. 개 요

융합보안(Convergence Security) 이라 함은 물리적 보안과 정보보안을 융합한 보안 개념으로, 각종 내·외부적 정보 침해에 따른 대응은 물론 물리적 보안장비 및 각종 재난·재해 상황에 대한 관제까지를 포함한다.126)

보안이란 안전을 유지함 또는 사회의 안녕과 질서를 유지함을 뜻하며, 물리적 보안의 대표적인 것은 경비업법상의 경비업이고, 정보보안은 사이버 보안 또는 사이버 안보라는 용어로도 사용된다. 이하에서는 물리보안인 경비업과 정보보안, 산업보안 및 국방보안을 자격제도 중심으로 살펴본다.

126) 지식경제용어사전, 2010. 11., 산업통상자원부 (https://terms.naver.com/entry.naver?docId=302809&cid=50374&categoryId=50374)

2. 물리보안(경비업)

가. 개 요

1976년 12월 산업시설 · 공공시설 · 사무소등 기타 경비를 요하는 시설물의 경비업을 할 수 있도록 용역경비업에 관한 사항을 정하여 용역경비업무의 실시에 적정을 기하려고 '용역경비업법'을 제정하였다.127)

〈연 혁〉

용역경비업법 [시행 1977.4.1.] [법률 제2946호, 1976.12.31., 제정]
경비업법 [시행 1999.10.1.] [법률 제5940호, 1999.3.31., 일부개정]

나. 경비업법의 목적

경비업법은 경비업의 육성 및 발전과 그 체계적 관리에 관하여 필요한 사항을 정함으로써 경비업의 건전한 운영에 이바지함을 목적으로 한다.128)

다. 경비업법의 구성

구 분	조 문
제1장 총칙	제1조 목적, 제2조 정의, 제3조 법인
제2장 경비업의 허가 등	제4조 경비업의 허가, 제4조의2 허가의 제한, 제5조 임원의 결격사유, 제6조 허가의 유효기간 등, 제7조 경비업자의 의무, 제7조의2 경비업무 도급인 등의 의무
제3장 기계경비업무	제8조 대응체제 제9조 오경보의 방지 등
제4장 경비지도사 및 경비원	제10조 경비지도사 및 경비원의 결격사유 제10조의2 특수경비원의 당연 퇴직 제11조 경비지도사의 시험 등 제11조의2 경비지도사의 보수교육 제11조의3 경비지도사 교육기관의 지정 및 교육의 위탁 등 제11조의4 경비지도사 교육기관의 지정 취소 등 제12조 경비지도사의 선임 등 제12조의2 경비지도사의 선임 · 해임 신고의 의무 제13조 경비원의 교육 등

127) 용역경비업법 [시행 1977. 4. 1.] [법률 제2946호, 1976. 12. 31., 제정]
128) 경비업법 [시행 2025. 1. 31.] [법률 제20152호, 2024. 1. 30., 일부개정]

구 분	조 문
	제13조의2 경비원 교육기관의 지정 등 제13조의3 경비원 교육기관의 지정 취소 등 제14조 특수경비원의 직무 및 무기사용 등 제15조 특수경비원의 의무 제15조의2 경비원 등의 의무 제16조 경비원의 복장 등 제16조의2 경비원의 장비 등 제16조의3 출동차량 등 제17조 결격사유 확인을 위한 범죄경력조회 등 제18조 경비원의 명부와 배치허가 등
제5장 행정처분 등	제19조 경비업 허가의 취소 등 제20조 경비지도사자격의 취소 등 제21조 청문
제6장 경비협회	제22조 경비협회 제23조 공제사업
제7장 보칙	제24조 감독, 제25조 보안지도 · 점검 등, 제26조 손해배상 등 제27조 위임 및 위탁, 제27조의2 수수료, 제27조의3 벌칙 적용에서 공무원 의제
제8장 벌칙	제28조 벌칙, 제29조 형의 가중처벌 제30조 양벌규정, 제31조 과태료

라. 경비업법의 주요내용

1) 경비업법 용어의 정의

"경비업"이라 함은 다음 각목의 1에 해당하는 업무(이하 "경비업무"라 한다)의 전부 또는 일부를 도급받아 행하는 영업을 말한다(경비업법제2조제1호).[129]

> 가. **시설경비업무** : 경비를 필요로 하는 시설 및 장소(이하 "경비대상시설"이라 한다)에서의 도난 · 화재 그 밖의 혼잡 등으로 인한 위험발생을 방지하는 업무
> 나. **호송경비업무** : 운반중에 있는 현금 · 유가증권 · 귀금속 · 상품 그 밖의 물건에 대하여 도난 · 화재 등 위험발생을 방지하는 업무
> 다. **신변보호업무** : 사람의 생명이나 신체에 대한 위해의 발생을 방지하고 그 신변을 보호하는 업무
> 라. **기계경비업무** : 경비대상시설에 설치한 기기에 의하여 감지 · 송신된 정보를

129) 경비업법 [시행 2025. 1. 31.] [법률 제20152호, 2024. 1. 30., 일부개정] 제2조(정의) 제1호.

그 경비대상시설외의 장소에 설치한 관제시설의 기기로 수신하여 도난 · 화재 등 위험발생을 방지하는 업무

마. **특수경비업무** : 공항(항공기를 포함한다) 등 대통령령이 정하는 국가중요시설의 경비 및 도난 · 화재 그 밖의 위험발생을 방지하는 업무

경비업법 시행령 제2조(국가중요시설)
경비업법 제2조제1호마목에서 "대통령령이 정하는 국가중요시설"이라 함은 공항 · 항만, 원자력발전소 등의 시설중 국가정보원장이 지정하는 국가보안목표시설과 「통합방위법」 제21조제4항의 규정에 의하여 국방부장관이 지정하는 국가중요시설을 말한다.

바. **혼잡 · 교통유도경비업무** : 도로에 접속한 공사현장 및 사람과 차량의 통행에 위험이 있는 장소 또는 도로를 점유하는 행사장 등에서 교통사고나 그 밖의 혼잡 등으로 인한 위험발생을 방지하는 업무

* 혼잡 · 교통유도경비업무는 2025년 1월 31일부 시행

"경비지도사"라 함은 경비원을 지도 · 감독 및 교육하는 자를 말하며 일반경비지도사와 기계경비지도사로 구분한다(경비업법제2조제2호).

"경비원"이라 함은 제4조제1항의 규정에 의하여 경비업의 허가를 받은 법인(이하 "경비업자"라 한다)이 채용한 고용인으로서 다음 각 목의 어느 하나에 해당하는 자를 말한다(경비업법제2조제3호).

가. 일반경비원 : 제1호 가목부터 라목까지 및 바목의 경비업무를 수행하는 자
나. 특수경비원 : 제1호 마목의 경비업무를 수행하는 자

"집단민원현장"이란 다음 각 목의 장소를 말한다(경비업법제2조제5호).

가. 「노동조합 및 노동관계조정법」에 따라 노동관계 당사자가 노동쟁의 조정신청을 한 사업장 또는 쟁의행위가 발생한 사업장
나. 「도시 및 주거환경정비법」에 따른 정비사업과 관련하여 이해대립이 있어 다툼이 있는 장소
다. 특정 시설물의 설치와 관련하여 민원이 있는 장소
라. 주주총회와 관련하여 이해대립이 있어 다툼이 있는 장소
마. 건물 · 토지 등 부동산 및 동산에 대한 소유권 · 운영권 · 관리권 · 점유권 등 법적 권리에 대한 이해대립이 있어 다툼이 있는 장소
바. 100명 이상의 사람이 모이는 국제 · 문화 · 예술 · 체육 행사장
사. 「행정대집행법」에 따라 대집행을 하는 장소

2) 경비지도사 자격증

물리보안을 담당하는 경비지도사는 경비원을 지도 · 감독 및 교육하는 자로 비상대비업무담당자 서류전형 시 관련 자격증으로 인정되어 0.5점의 가산점이 부여된다. 비상대비업무담당자의 업무 중에는 보안을 포함하고 있다. 또한, 안보학과 석사 이상의 학위를 취득하여도 타 학위보다 0.5점의 가산점이 부여된다.130)

비상대비업무담당자의 필기시험 과목으로 소령급 이하는 비상대비자원관리법, 민방위기본법, 예비군법, 재난안전관리기본법이 1과목으로 시행되며. 중령급 이상은 1과목에 추가하여 헌법과 논술이 추가된다. 참고로 예비전력관리업무담당자 필기시험 과목은 예비군법령과 병역법령, 예비군훈령 및 통합방위법령 등 4과목이다.131)

가) 경비지도사 시험과목

경비업법 시행령 [별표 2] 〈개정 2003.11.11〉

경비지도사의 시험과목(제12조제3항관련)

구분	1차시험	2차시험
	선택형	선택형 또는 단답형
일반경비지도사	○법학개론 ○민간경비론	○경비업법(청원경찰법을 포함한다) ○소방학 · 범죄학 또는 경호학 중 1과목
기계경비지도사		○경비업법(청원경찰법을 포함한다) ○기계경비개론 또는 기계경비기획 및 설계 중 1과목

130) 비상대비업무담당자 인사관리규정 [시행 2019. 2. 1.] [행정안전부예규 제61호, 2019. 2. 1., 일부개정] 별표4 서류전형배점표 및 제13조 제1항(비상대비업무담당자의 임무 및 보직기준)

① 공공기관 및 업체 · 단체 등의 비상대비업무담당자는 소속기관의 장이나 업체의 장을 보좌하여 다음 사항을 포함한 비상대비업무를 총괄, 조정 및 확인한다. 〈개정 2013.12.20〉

1. 충무계획에 관한 사항
2. 비상 및 재난대비 교육과 훈련에 관한 사항
3. 직장민방위 및 예비군 업무의 협조 · 조정에 관한 사항
4. 직장방호 및 보안업무에 관한 사항
5. 비축물자 및 동원물자의 관리에 관한 사항 〈개정 2012.11.6〉
6. 안전관리 및 재난대비 업무 관련부서와 협조에 관한 사항 〈개정 2013.12.20〉
7. 그 밖에 전시업무 수행과 관련되거나 지시받은 사항 〈개정 2013.12.20〉

131) 국방부, 2023 전역간부안내서, 2023.1.1., PP.91-94, 102-104.

나) 경비지도사 시험의 일부면제(경비업법 시행령 제13조)

경비업법 제11조제3항에 따라 다음 각 호의 어느 하나에 해당하는 사람은 경비지도사 제1차 시험을 면제한다.

1. 「경찰공무원법」에 따른 경찰공무원으로 7년 이상 재직한 사람
2. 「대통령 등의 경호에 관한 법률」에 따른 경호공무원 또는 별정직공무원으로 7년 이상 재직한 사람
3. 「군인사법」에 따른 각 군 전투병과 또는 군사경찰병과 부사관 이상 간부로 7년 이상 재직한 사람
4. 「경비업법」에 따른 경비업무에 7년 이상(특수경비업무의 경우에는 3년 이상) 종사하고 행정안전부령으로 정하는 교육과정을 이수한 사람

경비업법 시행규칙 제10조(경비지도사시험의 일부면제)
영 제13조제4호에서 "행정안전부령으로 정하는 교육과정을 이수한 사람"이란 다음 각 호의 어느 하나에 해당하는 사람을 말한다.

1. 고등교육법에 의한 전문대학 이상의 교육기관(경비지도사의 시험과목 3과목 이상이 개설된 교육기관에 한한다)에서 1년 이상의 경비업무관련 과정을 마친 사람
2. 경찰청장이 지정하는 기관 또는 단체에서 실시하는 64시간 이상의 경비지도사 양성과정을 마치고 수료시험에 합격한 사람

5. 「고등교육법」에 따른 대학 이상의 학교를 졸업한 사람으로서 재학 중 제12조제3항에 따른 경비지도사 시험과목을 3과목 이상을 이수하고 졸업한 후 경비업무에 종사한 경력이 3년 이상인 사람

* 「경비업법시행령」 제12조제3항의 규정에 의한 '경비지도사 시험과목 3과목'이란 제1 · 2차 시험 전 과목 중 3과목을 말함 (단, 3과목 중 제2차 시험 선택과목은 1과목만 인정)
※ 이수한 과목명이 경비지도사 시험과목명과 일치하여야 인정됨(시험공고)

6. 「고등교육법」에 따른 전문대학을 졸업한 사람으로서 재학 중 제12조제3항에 따른 경비지도사 시험과목을 3과목 이상을 이수하고 졸업한 후 경비업무에 종사한 경력이 5년 이상인 사람
7. 일반경비지도사의 자격을 취득한 후 기계경비지도사의 시험에 응시하는 사람 또는 기계경비지도사의 자격을 취득한 후 일반경비지도사의 시험에 응시하는 사람
8. 「공무원임용령」에 따른 행정직군 교정직렬 공무원으로 7년 이상 재직한 사람

마. 국가중요시설의 경비 · 보안 및 방호(통합방위법 제21조)

① 국가중요시설의 관리자(소유자를 포함한다)는 경비 · 보안 및 방호책임을 지며, 통합방위사태에 대비하여 자체방호계획을 수립하여야 한다. 이 경우 국가중요시설의 관리자는 자체방호계획을 수립하기 위하여 필요하면 시 · 도경찰청장 또는 지역군사령관에게 협조를 요청할 수 있다.

② 시 · 도경찰청장 또는 지역군사령관은 통합방위사태에 대비하여 국가중요시설에 대한 방호지원계획을 수립 · 시행하여야 한다.

③ 국가중요시설의 평시 경비 · 보안활동에 대한 지도 · 감독은 관계 행정기관의 장과 국가정보원장이 수행 한다.

④ 국가중요시설은 국방부장관이 관계 행정기관의 장 및 국가정보원장과 협의하여 지정한다.

⑤ 국가중요시설의 자체방호, 방호지원계획, 그 밖에 필요한 사항은 대통령령으로 정 한다.

통합방위법 시행령 제32조(국가중요시설의 경비 · 보안및 방호)
국가중요시설의 경비 · 보안 및 방호를 위하여 국가중요시설의 관리자(소유자를 포함한다), 시 · 도경찰청장, 지역군사령관 및 대대 단위 지역책임 부대장은 다음 각 호의 구분에 따른 업무를 수행하여야 한다.

1. 관리자의 경우에는 다음 각 목의 업무

가. 청원경찰, 특수경비원, 직장예비군 및 직장민방위대 등 방호인력, 장애물 및 과학적인 감시장비를 통합하는 것을 내용으로 하는 자체방호계획의 수립 · 시행.
이 경우 자체방호계획에는 관리자 및 특수경비업자의 책임하에 실시하는 통합방위법령과 시설의 경비 · 보안 및 방호 업무에 관한 직무교육과 개인화기를 사용하는 실제의 사격훈련에 관한 사항이 포함되어야 한다.

나. 국가중요시설의 자체방호를 위한 통합상황실과 지휘 · 통신망의 구성 등 필요한 대비책의 마련

2. 시 · 도경찰청장 및 지역군사령관의 경우에는 관할지역 안의 국가중요시설에 대하여 군 · 경찰 · 예비군 및 민방위대 등의 국가방위요소를 통합하는 것을 내용으로 하는 방호지원계획의 수립 · 시행.
이 경우 경찰은 경찰서 단위의 방호지원계획을 수립 · 시행하고 군은 대대 단위의 방호지원계획을 수립 · 시행하여야 한다.

3. 관리자, 대대 단위 지역책임 부대장 및 경찰서장은 국가중요시설의 방호를 위한 역할분담 등에 관한 협정을 체결하고, 자체방호계획또는 대대 단위나 경찰서 단위의 방호지원계획을 작성하거나 변경하는 때에는 그 사실을 서로 통보한다.

3. 정보보안

정보보안업무를 수행하는 정보보안기사는 과학기술정보통신부에서 관리하며, 한국방송통신전파진흥원에서 시험을 시행한다.

가. 정보보안기사 개요

IT 및 정보통신 기술에 대한 이론 및 실무지식을 바탕으로 정보보안시스템 및 솔루션 개발, 주요 운영체제 및 네트워크 장비, 정보보안 장비에 대한 운영 및 관리, 조직의 정보보안정책의 수립과 대책수립 및 관리, 정보보호 관련 법규 적용 등의 직무를 수행한다.[132)]

나. 응시자격 기준[133)]

정보보안기사의 응시자격은「국가기술자격법 시행규칙」 제10조의2(응시자격) 별표 11의 2에 근거하여 모든 직무분야에서 응시가 가능하다.

다. 시험과목 및 시험방법

구분	과목	출제유형	합격기준
필기	1. 시스템보안 2. 네트워크보안 3. 어플리케이션보안 4. 정보보안일반 5. 정보보안관리 및 법규	객관식 4지선다형 (2시간30분)	과목당 100점을 만점으로하여 매과목 40점 이상, 전과목평균 60 점이상: 과목당 20 문항
실기	정보보안 실무	필답(3시간)	100점을 만점으로 60점 이상

132) Q-Net 국가자격종목별 상세정보-정보보안기사-기본정보. (https://www.q-net.or.kr/crf005.do?id=crf00505&jmCd=1325)
133) KCA 국가기술자격검정-정보보안기사- 시험과목 및 시험방법 (https://www.cq.or.kr/qh_quagm01_020.do)

4. 산업보안

산업보안과 관련하여는 민간공인자격인 산업보안관리사와 민간자격인 산업보안안전관리사 및 산업보안을 전문으로 하는 탐정사가 있다.

가. 산업보안관리사

1) 산업보안관리사 정의

산업현장의 기술유출을 방지하기 위한 산업보안 활동의 일환으로, 현장에서의 보호 가치대상(인력·관리, 설비·구역, 정보·문서 등)을 내·외부 위해요소로부터 침해되지 않도록 예방·관리 및 대응하는 역할을 수행하는 전문가를 말한다.[134]

2) 산업보안관리사 시험과목

시험과목		세부내용
1과목	관리적보안	보안관계법, 관리적보안
2과목	물리적보안	시설보안, 재해손실보호
3과목	기술적보안	정보보호일반, 기술적보안
4과목	보안사고대응	업무지속성계획, 보안사고대응
5과목	보안지식경영	보안지식, 보안경영

나. 산업보안안전관리사

1) 산업보안안전관리사 수행 업무[135]

1. 방위산업체 등 국가 중요 산업체에 대한 산업보안안전관리자로서 산업환경 관리 및 기술 보호, 위기대응 능력을 겸비한 실무 수행
2. 정부부서 및 공공기관에서 보안업무지도를 할수 있는 관리자로서 실무 수행
3. 대단위 아파트 단지내 보안경비안전관리자로서 실무 수행
4. 군 및 국가기관 보안관리자로서 보안업무 지도 및 실무 수행

134) 한국산업기술보호협회-주요사업-산업보안관리사 (https://www.kaits.or.kr/sub/?p=sub16)
135) 한국보안안전관리협회-민간자격소개-산업보안안전관리사 (http://www.akssm.co.kr/)

2) 산업보안안전관리사 자격 검정과목

시험과목		세부내용
1과목	보안학 개론	보안학 이해 및 역사 분야별 보안기능
2과목	산업보안정책실무론	산업보안 정책방향 및 관리 방산업체/기업체 보안진단 등
3과목	보안실무	CCTV 작동 요령 드론 사용 요령 대도청 방지 요령 등

다. 산업보안 탐정사

1) PIA 탐정사 수행 업무

일상생활에서 일어나는 각종 민, 형사상 사건·사고에 대하여 공권력이 미치지 못하는 부분을 법률이 허용하는 범위에서 개인과 기업의 정보, 자료수집, 사실 확인 등 민간조사 업무를 수행하는 민간조사사(Private Investigation Administrator)로서 사설탐정과 같은 뜻으로 자격기본법 법률 제 10093호 17조에 의거 사단법인 한국민간자격협회에서 인증 및 평가하는 PIA 민간자격 취득자를 말한다.[136)]

2) PIA 탐정사 자격 검정과목

구분	시험과목
제1차 시험(이론 3과목)	① 탐정학개론 ② 범죄학 및 범죄심리 ③ 법학개론
제2차 시험(이론 2과목)	① 탐정관련법 ② 탐정조사실무

3) PIA 탐정사 가점 및 면제제도

① 국가유공자 예우 등에 관한 법률 제29조의 취업보호대상자는 필기시험의 각 과목별 득점에서 각 과목별 만점의 10%를 가산한다.

② 일반경찰 관리로 수사, 형사, 조사, 교통사고조사, 정보, 보안, 감식, 외사 분야에서 5년 이상 근무한 자는 1차 시험을 면제한다.

③ 군 사법경찰관으로 5년 이상 복무한 자는 1차 시험을 면제한다.

---

136) 한국특수교육재단, 한국공인탐정협회-자격안내-PIA 탐정사 (http://www.kspia.kr/guide/guide02.php)

④ 행정사 자격을 취득하고 실무교육까지 마친 자는 1차 시험을 면제한다.

5. 국방보안

가. 국방보안관리사 응시자격

■ 군인사법 시행규칙 [별표 3] 〈개정 2021. 5. 14.〉

국방자격 검정 응시자격(제83조의4 관련)

구 분	응시자격 기준
국방보안 관리사	다음 각 호의 어느 하나에 해당하는 사람 1. 7년 이상 군복무를 한 사람으로서 국방 보안관리 분야에 1년 이상의 실무경력이 있는 사람 2. 7년 이상 군복무를 한 사람으로서 국방 보안관리 기본과정을 이수한 사람

나. 국방보안관리사 등의 검정과목

■ 군인사법 시행규칙 [별표 4] 〈개정 2021. 5. 14.〉

국방자격 분야별 검정과목(제83조의5제2항 관련)

구 분		검정과목
국방보안 관리사	필기	국방보안 경영 · 관리, 국방정보보안체계 운용 · 관리, 국방물리보안 구축 · 운용, 국방비밀관리, 국방보안 수준평가 및 환류
	실기	국방보안 경영 · 관리, 국방정보보안체계 운용 · 관리, 국방물리보안 구축 · 운용, 국방비밀관리, 국방보안 수준평가 및 환류

제2절 융합보안안보

융합보안안보에서는 국가안보과 방산안보, 방산행정, 융합안보 및 융합보안안보에 대하여 살펴본다.

1. 국가안보

가. 국가안보의 개념

국가 안보(National Security)란 국내외의 각종 군사 · 비군사적 위협으로부터 국가 목표를 달성하기 위하여 정치, 외교, 경제, 사회, 문화, 군사, 과학기술 등의 제 수단을 종합적으로 운용함으로써 당면하고 있는 위협을 효과적으로 배제하고 또한 일어날 수 있는 위협의 발생을 미연에 방지하며 나아가 불의의 사태에 적절히 대처하는 것을 말한다(국방과학기술용어사전, 2021. 05. 31.)

나. 국방부 인정 안보학 과목

국방부에서 인정하는 안보학 과목에는 국가안보론을 포함한 무기체계, 북한학, 전쟁사, 리더십 등 5개 과목이 있다. 20년 이상 군 경력자 중 석사학위 이상 취득자를 대학에서 안보학 교수로 자체 선발하고 국방부에서 적격 심사하여 추인한다. 대학의 교양과목으로 개설하며, 안보학 교과목 학점 취득자가 학군장교 등 군 간부 지원 시 1과목당 1점씩 2과목까지 2점의 가점을 받는다.

〈안보학 교수 제도〉

국방부의 2023 전역간부안내서(2023.1.1., P.105.)에 있는 안보학 교수 제도는 다음과 같다.

1) **자격 기준 :** 군 경력 20년 이상(중령 이상 장교, 준위, 상사 이상 부사관) 이고 석사학위 이상 취득자
2) **적격심사 기준 : 전역 후 3년 이내, 60세 이하**
3) **채용 : 해당 대학 자율채용**
4) **근무기간 : 최초 3년 채용 후 학교와 교수 간 협의로 2년 연장가능**
5) **강의 과목 :** 5개 과목(국가안보론, 무기체계론, 리더십, 전쟁사, 북한학)으로 대학의 모든 학생이 수강할 수 있도록 교양과목 개설

6) 선발대학

구 분	대 학 명
협약 대학	강남대, 경남대, 동의대, 대전대, 부산외대, 서울과기대, 영남대, 청주대, 울산대, 원광대, 호남대, 상명대, 상명대(천안), 홍익대(세종), 서경대, 가톨릭대, 대구가톨릭대, 대진대, 백석대, 한밭대, 선문대, 용인대, 동양대, 동명대, 남서울대, 우송대, 이화여대, 경동대, 평택대, 전남대(여수), 숙명여대, 성신여대, 광주대, 경남과기대, 제주대, 항공대, 한서대, 교통대
자체 채용 대학	비협약 대학 중 대학의 판단에 의하여 선발 * 채용 이력이 있는 대학 : 건양대, 호서대, 배재대, 전주대, 인천대, 단국대(죽전), 공주대, 순천대, 순천향대, 대구한의대, 동아대, 부산대, 수원대, 목포대, 경성대, 조선대, 서원대, 한성대, 우석대, 대구대, 세종대, 건국대(글로컬), 한림대, 계명대, 인하대

〈군사학과, 부사관학과 및 특수학과 교수 제도〉

국방부의 2023 전역간부안내서(2023.1.1., P.106.)의 군사학과, 부사관학과 및 특수학과 교수 제도 내용이다.

1) 선발 시기 : 대학에서 추천 소요 제기 시(최종채용 : 대학)

2) 자격요건 : 대학별 소요제기 시 추가 조건 제시(계급, 병과, 학위 등)

가) 군사학과 : 중령 이상 장교, 채용일 기준 3년 이내 전역자 및 전역 예정자, 박사(전임) 및 석사(초빙) 이상 학위 소지자

나) 부사관학과 : 예비역 부사관 이상자, 채용일 기준 3년 이내 전역자 및 전역 예정자, 학사학위 이상 소지자

다) 특수학과 교수 : 10년 이상 장기복무자로서 준 · 부사관, 영관장교, 채용일 기준 3년 이내 전역자 및 전역 예정자 중 학사학위 이상 소지자

3) 계약 기간

가) 전임교수 : 교육부 소속, 정년 65세(일부 대학 재임용 기간 설정)

나) 초빙/겸임교수(계약직) : 1~2년 단위 재계약

4) 구비서류

가) 응시 지원서 및 자기소개서, 개인정보 제공/공개 동의서 각 1부

나) 군병원 또는 종합병원 신체검사서 1부

다) 최종학력 졸업증명서 및 군 관련 연구실적 사본(요약본) 각 1부

5) 선발대학

구 분	대 학 명
군사학과	대전대, 경남대, 조선대, 원광대, 용인대, 청주대, 건양대, 영남대, 고려대, 상명대, 서경대, 충남대, 동양대
부사관 학과	가톨릭상지대, 강릉영동대, 경기과기대, 경남정보대, 경민대, 경북과학대, 경북도립대, 경북전문대, 계명문화대, 구미대, 국제대, 김해대, 대경대, 대구공업대, 대구과학대, 대구미래대, 대덕대, 대원대, 대전과기대, 대전보건대, 동강대, 동부산대, 동원대, 두원공과대, 마산대, 부산과기대, 상지영서대, 서영대, 선린대, 송곡대, 수성대, 신성대, 안동과학대, 여주대, 연성대, 영남이공대, 영진전문대, 우송정보대, 원광보전대, 장안대, 전남과학대, 전주기전대, 전주비전대, 조선이공대, 창원문성대, 청암대, 충북보건과학대, 충청대, 포항대, 한국관광대, 대전과기대
특수학과	경기공업, 구미1, 대덕, 상지영서, 전남과학, 창신, 창원대학

2. 방산안보

가. 국가안보 개념을 활용한 방산안보 개념

방산안보(Defense Industry Security)란 국내외의 각종 군사 · 비군사적 방산 위협으로부터 국가 방산 목표를 달성하기 위하여 정치, 외교, 경제, 사회, 문화, 군사, 과학기술 등의 제 수단을 종합적으로 운용함으로써 당면하고 있는 방산 위협을 효과적으로 배제하고 또한 일어날 수 있는 방산 위협의 발생을 미연에 방지하며 나아가 불의의 사태에 적절히 대처하는 것을 말한다.

나. 광의 및 협의의 방산안보

방위사업과 방위산업을 발전, 지원하고 보호하는 것을 말한다.

방산지원 법제는 방위사업법, 방위산업발전지원법, 방산수출전략회의, 방산수출전략평가회의, 방위사업청, 한국방위산업진흥회, 방산물자교역지원센터(KODITS), 국방기술진흥연구소 등이 있으며, 방산보호법제는 국가정보원법, 방산기술보호법, 방산보안훈련, 방산방첩 및 침해대응조항 및 정보 · 수사기관 등이 있다.

방산안보에 대한 다양한 견해

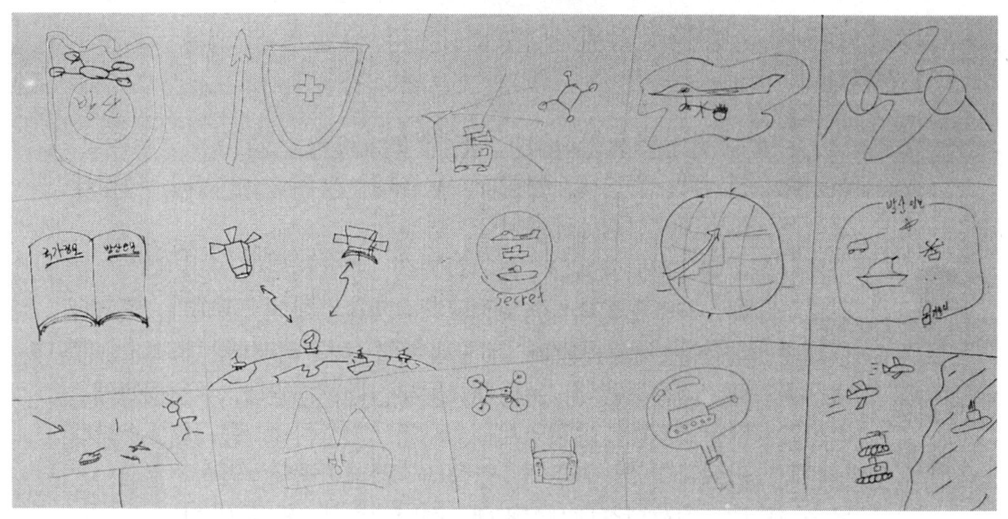

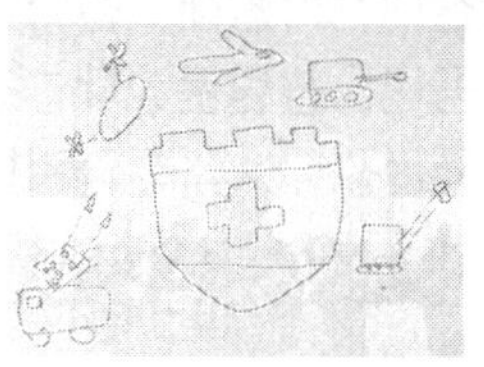

3. 방산행정

방산행정은 대통령을 중심으로 하는 행정부의 방위사업과 방위산업을 지원하고 보호하는 활동을 말한다.

가. 방산 관련 공공행정

방산 관련 공공행정으로 국가안보실과 국방부와 방사청 및 산업통상자원부 등의 방산지원 행정 활동과 정보・수사기관 등의 방산보호 행정 활동을 살펴보면 다음과 같다.

1) 방산지원 행정 활동

- 2022.10.31. 국방부에 방위산업수출기획과 신설
- 2022.11.24. 대통령실, 제1차 방산수출전략회의 주재
- 2023.02. 국가안보실(2차장)에 방산수출기획팀 신설
- 2023.04.26. 국가안보실(2차장), 제1차 방산수출전략평가회의 실시
- 2023.07.20. 국가안보실(2차장), 제2차 방산수출전략평가회의 실시
- 2023.07.19. 국방부-외교부, 권역별 방산수출 네트워크회의 출범
- 2023.11.22. 국가안보실(2차장), 제3차 방산수출전략평가회의 실시
- 2023.12.07. 대통령실, 제2차 방산수출전략회의 주재
- 2024.02.15 산업통상자원부에 첨단민군협력지원과 신설
  (자율기구 첨단민군협력지원과 설치 및 운영 규정)
- 2024.02.21. 국가안보실(2차장), 제4차 방산수출전략평가회의 실시

2) 방산보호 행정 활동

- 2023.09.11. 국정원 주도 방산침해대응협의회 출범
- 2023.09.18. 국정원, 제1회 방산안보 국제컨퍼런스 개최
- 2023.12. 방산침해대응협의회에 기술보호운영위, 정보지원운영위 구성
- 2023.12.11. 방산침해대응협의회 제1차 정기총회 개최

3) 방산 행정업무

국방부, 산업통상자원부, 방사청 등은 일반직공무원이 방산 행정업무를 수행하고, 국방부 직할부대 및 합참, 각 군 본부 등은 군인과 군무원이 방산 행정업무를 수행한다.

가) 공무원의 구분(국가공무원법 제2조)

① 국가공무원은 경력직공무원과 특수경력직공무원으로 구분한다.

② "경력직공무원"이란 실적과 자격에 따라 임용되고 그 신분이 보장되며 평생 동안(근무기간을 정하여 임용하는 공무원의 경우에는 그 기간 동안을 말한다) 공무원으로 근무할 것이 예정되는 공무원을 말하며, 그 종류는 다음 각 호와 같다. 〈개정 2012.12.11., 2020.1.29.〉

1. 일반직공무원: 기술 · 연구 또는 행정 일반에 대한 업무를 담당하는 공무원
2. 특정직공무원: 법관, 검사, 외무공무원, 경찰공무원, 소방공무원, 교육공무원, 군인, 군무원, 헌법재판소 헌법연구관, 국가정보원의 직원, 경호공무원과 특수 분야의 업무를 담당하는 공무원으로서 다른 법률에서 특정직공무원으로 지정하는 공무원

③ “특수경력직공무원”이란 경력직공무원 외의 공무원을 말하며, 그 종류는 다음 각 호와 같다. 〈개정 2012. 12. 11., 2013. 3. 23.〉

1. 정무직공무원

가. 선거로 취임하거나 임명할 때 국회의 동의가 필요한 공무원

나. 고도의 정책결정 업무를 담당하거나 이러한 업무를 보조하는 공무원으로서 법률이나 대통령령(대통령비서실 및 국가안보실의 조직에 관한 대통령령만 해당)에서 정무직으로 지정하는 공무원

2. 별정직공무원: 비서관 · 비서 등 보좌업무 등을 수행하거나 특정한 업무 수행을 위하여 법령에서 별정직으로 지정하는 공무원

나) 군무원 공개경쟁(경력채용) 시험과목

■ 군무원인사법 시행규칙 [별표 3] 〈개정 2020. 7. 27.〉

일반군무원 임용시험 과목(제15조 관련)

1. 공개경쟁채용 시험과목(경력채용 시험과목)

직군	직렬	계급	시험과목 (5급 이상 경력채용은 5급 과목으로 한다)
행정	행정	5급	국어, 한국사, 영어, 행정법, 행정학, 경제학, 헌법
		7급	국어, 한국사, 영어, 행정법, 행정학, 경제학
		9급	국어, 한국사, 영어, 행정법, 행정학
	군수	5급	국어, 한국사, 영어, 행정법, 행정학, 경제학, 경영학
		7급	국어, 한국사, 영어, 행정법, 행정학, 경영학
		9급	국어, 한국사, 영어, 행정법, 경영학
	군사정보	5급	국어, 한국사, 영어, 국가정보학, 정보사회론, 정치학, 심리학
		7급	국어, 한국사, 영어, 국가정보학, 정보사회론, 심리학
		9급	국어, 한국사, 영어, 국가정보학, 정보사회론

직군	직렬	계급	시험과목 (5급 이상 경력채용은 5급 과목으로 한다)
	기술 정보	5급	국어, 한국사, 영어, 국가정보학, 정보사회론, 정보체계론, 암호학
		7급	국어, 한국사, 영어, 국가정보학, 정보사회론, 암호학
		9급	국어, 한국사, 영어, 국가정보학, 정보사회론
	수사	5급	국어, 한국사, 영어, 형법, 형사소송법, 행정법, 교정학
		7급	국어, 한국사, 영어, 형법, 형사소송법, 행정법
		9급	국어, 한국사, 영어, 형법, 형사소송법

나. 방산 관련 사행정

방산 관련 사행정으로 방산업체등이 국방부, 방사청, 산자부 등 행정부를 대상으로 하는 업무 등을 말한다. 방산업체 등이 방산행정 관계업무를 직접 수행할 수도 있고 행정사의 도움을 받아 진행할 수도 있다.

1) 행정사의 업무(행정사법 제2조)

① 행정사는 다른 사람의 위임을 받아 다음 각 호의 업무를 수행한다. 다만, 다른 법률에 따라 제한된 업무는 할 수 없다.

1. 행정기관에 제출하는 서류의 작성
2. 권리 · 의무나 사실증명에 관한 서류의 작성
3. 행정기관의 업무에 관련된 서류의 번역
4. 제1호부터 제3호까지의 규정에 따라 작성된 서류의 제출 대행(代行)
5. 인가 · 허가 및 면허 등을 받기 위하여 행정기관에 하는 신청 · 청구 및 신고 등의 대리(代理)
6. 행정 관계 법령 및 행정에 대한 상담 또는 자문에 대한 응답
7. 법령에 따라 위탁받은 사무의 사실 조사 및 확인

② 제1항에 따른 업무의 내용과 범위는 대통령령으로 정한다.

행정사법 시행령 제2조(업무의 내용과 범위) 「행정사법」 제2조제1항 각 호에 따른 행정사 업무의 내용과 범위는 다음 각 호와 같다.

1. 법 제2조제1항제1호의 사무: 행정기관에 제출하는 다음 각 목의 서류를 작성하는 일

가. 진정 · 건의 · 질의 · 청원 및 이의신청에 관한 서류
나. 출생 · 혼인 · 사망 등 가족관계의 발생 및 변동 사항에 관한 신고 등의 각종 서류

2. 법 제2조제1항제2호의 사무: 개인(법인을 포함한다) 간 또는 국가나 지방자치단체와 개인 간의 다음 각 목의 서류를 작성하는 일

가. 각종 계약 · 협약 · 확약 및 청구 등 거래에 관한 서류
나. 그 밖에 권리관계에 관한 각종 서류 또는 일정한 사실관계가 존재함을 증명하는 각종 서류

3. 법 제2조제1항제3호의 사무: 행정기관에 제출하는 각종 서류를 번역하는 일
4. 법 제2조제1항제4호의 사무: 다른 사람의 위임에 따라 행정사가 제1호부터 제3호까지의 규정에 따라 작성하거나 번역한 서류를 행정기관 등에 제출하는 일
5. 법 제2조제1항제5호의 사무: 다른 사람의 위임을 받아 인가 · 허가 · 면허 및 승인의 신청 · 청구 등 행정기관에 일정한 행위를 요구하거나 신고하는 일을 대리하는 일
6. 법 제2조제1항제6호의 사무: 행정 관계 법령 및 제도 · 절차 등 행정업무에 대하여 설명하거나 자료를 제공하는 일
7. 법 제2조제1항제7호의 사무: 법령에 따라 위탁받은 사무의 사실을 조사하거나 확인하고 그 결과를 서면으로 작성하여 위탁한 사람에게 제출하는 일

2) 행정사 시험과목

■ 행정사법 시행령 [별표 1] 〈개정 2024. 1. 16.〉

행정사 자격시험 과목(제9조제1항 및 제13조제3항 관련)

1. 제1차시험(3과목)

가. 민법(총칙 관련 내용으로 한정한다)
나. 행정법
다. 행정학개론(지방자치행정을 포함한다)

2. 제2차시험(4과목)

일반 행정사	가. 민법(계약 관련 내용으로 한정한다) 나. 행정절차론(「행정절차법」을 포함한다) 다. 사무관리론(「민원 처리에 관한 법률」 및 「행정업무의 운영 및 혁신에 관한 규정」을 포함한다) 라. 행정사실무법(행정심판사례 및 「비송사건절차법」을 말한다)
해사 행정사	가. 민법(계약 관련 내용으로 한정한다) 나. 행정절차론(「행정절차법」을 포함한다) 다. 사무관리론(「민원 처리에 관한 법률」 및 「행정업무의 운영 및 혁신에 관한 규정」을 포함한다) 라. 해사실무법(「선박안전법」, 「해운법」, 「해사안전기본법」, 「해상교통안전법」 및 「해양사고의 조사 및 심판에 관한 법률」을 말한다)

외국어 번역 행정사	가. 민법(계약 관련 내용으로 한정한다) 나. 행정절차론(「행정절차법」을 포함한다) 다. 사무관리론(「민원 처리에 관한 법률」 및 「행정업무의 운영 및 혁신에 관한 규정」을 포함한다) 라. 해당 외국어

3. 제2차시험 면제 2과목

일반행정사 및 해사행정사	가. 행정절차론(「행정절차법」을 포함한다) 나. 사무관리론(「민원 처리에 관한 법률」 및 「행정업무의 운영 및 혁신에 관한 규정」을 포함한다)
외국어번역 행정사	가. 민법(계약 관련 내용으로 한정한다) 나. 해당 외국어

3) 행정사 시험의 일부면제(행정사법 제9조)

① 다음 각 호의 어느 하나에 해당하는 사람은 제1차시험을 면제한다.

1. 공무원으로 재직한 사람 중 다음 각 목의 어느 하나에 해당하는 사람

가. 경력직공무원(특정직공무원 중 대통령령으로 정하는 공무원은 제외한다)으로 10년 이상 근무한 사람 중 7급(이에 상당하는 계급을 포함한다) 이상의 직에 5년 이상 근무한 사람

나. **대통령령으로** 정하는 특수경력직공무원으로 10년 이상 근무한 사람 중 7급 이상에 상당하는 직에 5년 이상 근무한 사람

■ 행정사법 시행령 제13조(시험면제 대상 공무원 및 면제되는 시험의 범위)

① 법 제9조제1항제1호가목에서 "특정직공무원 중 대통령령으로 정하는 공무원"이란 다음 각 호의 공무원을 말한다.

1. 법관 및 검사
2. 지원에 의하지 아니하고 임용된 하사와 병(兵)인 군인
3. 「국가공무원법」 제2조제2항제2호 및 「지방공무원법」 제2조제2항제2호에 따른 특정직공무원 중 특수 분야의 업무를 담당하는 공무원으로서 「국가공무원법」 및 「지방공무원법」 외의 법률에서 특정직공무원으로 지정한 공무원

② 법 제9조제1항제1호나목 및 같은 조 제2항제2호 각 목 외의 부분에서 "대통령령으로 정하는 특수경력직공무원"이란 각각 「국가공무원법」 제2조제3항 제2호 및 「지방공무원법」 제2조제3항제2호에 따른 별정직공무원을 말한다.

■ 지방공무원 평정규칙 [별표 1] 〈개정 2023. 6. 23.〉

특정직 및 별정직공무원경력 등의 상당계급표(제15조 관련)					
공무원 기준	5급	6급	7급	8급	9급
경찰공무원	경정	경감, 경위	경사	경장	순경
군인	대위	중위	소위, 준위	원사, 상사, 중사	하사
군무원	5급	6급	7급	8급	9급
국정원 직원	5급	6급	7급	8급	9급
* 군인직급 개선 필요					

2. 「고등교육법」에 따른 대학에서 외국어 전공 학사학위를 받은 후 그 외국어 번역 업무에 5년 이상 종사한 경력이 있는 사람
3. 「고등교육법」에 따른 대학원에서 외국어 전공 석사학위 또는 박사학위를 받은 후 그 외국어 번역 업무에 3년 이상 종사한 경력이 있는 사람
4. 행정사 자격이 있는 사람으로서 다른 종류의 행정사 자격시험에 응시하는 사람

② 다음 각 호의 어느 하나에 해당하는 사람은 제1차시험의 전과목과 제2차시험의 과목 중 2분의 1을 넘지 아니하는 범위에서 대통령령으로 정하는 과목을 면제한다. 〈개정 2020. 6. 9.〉

1. 경력직공무원으로서 다음 각 목의 어느 하나에 해당하는 사람
 가. 15년 이상 근무한 사람 중 6급(이에 상당하는 계급을 포함한다) 이상의 직에 8년 이상 근무한 사람
 나. 10년 이상 근무한 사람 중 5급(이에 상당하는 계급을 포함한다) 이상의 직에 5년 이상 근무한 사람
2. 대통령령으로 정하는 특수경력직공무원으로서 다음 각 목의 어느 하나에 해당하는 사람
 가. 15년 이상 근무한 사람 중 6급 이상에 상당하는 직에 8년 이상 근무한 사람
 나. 10년 이상 근무한 사람 중 5급 이상에 상당하는 직에 5년 이상 근무한 사람
3. 「고등교육법」에 따른 대학에서 외국어 전공 학사학위를 받은 후 그 외국어 번역 업무에 7년 이상 종사한 경력이 있는 사람
4. 「고등교육법」에 따른 대학원에서 외국어 전공 석사학위 또는 박사학위를 받은 후 그 외국어 번역 업무에 5년 이상 종사한 경력이 있는 사람

4. 융합안보

융합안보(융합보안안보)는 신생분야로 사전적 정의도 미 정립되어 카톡 챗 GPT '아숙업(Askup)'을 활용하여 검색한 내용이다.

가. 융합안보의 정의

융합안보는 전통적인 군사적인 안보위협 뿐만아니라, 사이버 공격, 테러, 전염병, 자연재해 등 다양한 분야에서 발생하는 위협에 대비하는 것을 의미한다. 이러한 위협들은 국가안보와 국민안전을 위협할 수 있기 때문에, 국가들은 융합안보 개념을 도입하여 다양한 분야에서 발생하는 위협에 대응할 수 있는 능력을 강화하고 있다.

융합안보는 다양한 분야에서 발생하는 위협에 대응하기 위해, 국가들 간의 협력과 정보 공유가 필요하다. 또한, 다양한 분야에서 발생하는 위협에 대응할 수 있는 능력을 강화하기 위해, 국가들은 사이버 보안, 생물학적 위협 대응, 화학적 위협 대응, 자연재해 대응 등의 분야에서 연구 개발과 기술 혁신을 추진하고 있다. 융합안보는 국가 안보와 국민 안전을 보호하기 위해 매우 중요한 개념이다.

나. 융합안보의 구성

융합안보는 전통적인 군사적인 안보뿐만 아니라 사이버 안보, 재난 안보, 환경 안보, 보건 안보, 경제 안보 등 다양한 분야의 안보 위협에 대응하는 것을 의미한다. 융합안보의 구성 요소는 다음과 같다.

1. **군사 안보** : 전통적인 군사적인 안보 위협에 대한 대응 및 군사 전략 수립 등을 다룬다.
2. **사이버 안보** : 사이버 공격, 사이버 테러, 사이버 범죄 등 사이버 공간에서 발생하는 위협에 대한 대응 및 사이버 보안 등을 다룬다.
3. **재난 안보** : 자연재해, 인적 재앙 등 재난 상황에서의 대응 및 복구 등을 다룬다.
4. **환경 안보** : 기후변화, 자원 고갈 등 환경적인 위협에 대한 대응 및 환경 보호 등을 다룬다.
5. **보건 안보** : 전염병, 식품 안전 등 보건적인 위협에 대한 대응 및 보건 보호 등을 다룬다.
6. **경제 안보** : 경제적인 위협에 대한 대응 및 경제적 안정 등을 다룬다.

이러한 다양한 분야의 안보 위협에 대응하기 위해서는 다양한 분야의 전문가들과의 협력과 정보 공유, 그리고 다양한 분야에서의 대응 능력 강화가 필요하다.

5. 융합보안안보

가. 융합보안안보의 개념

융합보안안보는 기존의 전통적인 안보 개념에서 한 걸음 더 나아간 개념으로, 다양한 분야에서 발생하는 안보 위협에 대응하기 위한 종합적인 접근 방식을 의미한다. 이는 기존의 군사적인 안보 위협뿐만 아니라, 사이버 공격, 테러, 전염병, 자연재해 등 다양한 분야에서 발생하는 위협에 대한 대응 능력을 강화하는 것을 목표로 한다.

융합보안안보는 다양한 분야 간의 협력과 정보 공유를 강조한다. 이를 위해 국가들은 군사적인 안보 뿐만 아니라, 사이버 보안, 공중보건, 재난 관리, 경제 안보 등 다양한 분야에서의 협력과 대응 능력을 강화하고 있다. 또한, 기술 혁신과 연구 개발을 통해 새로운 위협에 대응할 수 있는 방안을 모색하고 있다.

융합보안안보는 국가 안보와 국민 안전을 보호하기 위한 중요한 개념으로, 다양한 분야에서 발생하는 위협에 대한 종합적인 대응 능력을 강화하는 것이 핵심이다.

나. 융합보안안보학의 구성

융합보안안보학은 다양한 분야에서 발생하는 안보위협에 대응하기 위해 다양한 학문 분야를 통합하는 학문 분야이다. 일반적으로 융합보안안보학은 다음과 같은 구성 요소를 포함한다.

1. **군사 안보** : 전통적인 군사 안보에 대한 이해와 대응 전략을 다룬다. 군사 전략, 전쟁 이론, 군사 작전 등을 연구한다.
2. **사이버 보안** : 디지털 시대에서 증가하는 사이버 위협에 대한 이해와 대응 방안을 다룬다. 사이버 공격 및 방어, 사이버범죄, 사이버법규 등을 연구한다.
3. **공중보건 안보** : 전염병, 생물학적 위협, 환경 재해 등과 같은 공중보건 관련 위협에 대한 이해와 대응 방안을 다룬다. 전염병 예방 및 관리, 생물학적 위험 요소 대응 등을 연구한다.
4. **재난 관리** : 자연 재해, 인위적 재해, 인적 오류 등으로 인한 재난 상황에 대한 이해와 대응 방안을 다룬다. 재난 예방, 대비, 대응, 복구 등을 연구한다.
5. **경제 안보** : 경제적 위협과 관련된 이슈를 다룬다. 경제 제재, 무역 전쟁, 금융 위기 등을 연구한다.
6. **정보 및 지능** : 정보수집, 분석, 활용에 대한 이해와 능력을 강화한다. 다양한 정보 소스를 활용하고, 지능적인 의사 결정을 내리는 방법을 연구한다.

이러한 구성 요소들은 융합보안안보학에서 종합적으로 다루어지며, 다양한 분야에서 발생하는 안보 위협에 대한 종합적인 대응 능력을 강화한다.

제3절 드론안보

드론안보에서는 1. 드론 관련 무기체계와 전력지원체계, 2. 드론작전과 보안, 3. 국방무인기 조종사 자격, 4. 드론의 정의, 5. 드론시스템, 6. 드론 사이버보안 가이드 7. 드론안전, 8. 드론자격, 9. 드론발전, 10. 드론위협 대응에 대하여 살펴본다.

1. 드론 관련 무기체계와 전력지원체계

드론이 무기체계와 전력지원체계에 반영된 현황은 다음과 같다.

드론 무기체계

1. 지휘통제 · 통신무기체계

중분류	소 분 류	대 상 장 비
통신체계	공중중계체계	공중중계 UAV 등

3. 기동무기체계

중분류	소 분 류	대 상 장 비
지상무인체계	전투용	무인경전투차량
	전투지원용	폭발물 탐지/제거로봇 등

4. 함정무기체계

중분류	소분류	대 상 장 비
함정무인 체계	수상무인체계	정찰용 무인수상정, 전투용 무인수상정, 기뢰전용 무인수상정 등
	수중무인체계	정찰용 무인잠수정, 전투용 무인잠수정, 수중자율 기뢰탐색체 등

5. 항공무기체계

중분류	소 분 류	대 상 장 비
무인 항공기	-	무인정찰기, 무인전투기, 대공제압무인기 등

드론 전력지원체계

1. 전투지원장비(부품)

중분류	소 분 류	대 상 장 비
항공장비*	무인비행장치	무인비행체 등

* 최대이륙중량 25kg을 초과하는 전력지원체계 무인비행체를 말한다.

2. 드론작전과 보안

가. 개 요

드론에 의한 공중침투 위협이 커짐에 따라 적의 위협에 공세적으로 대응하기 위한 전력을 강화하고 드론을 활용한 작전 및 지원에 관한 업무를 효과적으로 수행하기 위하여 국방부장관 소속으로 '드론작전사령부'를 설치하고, 드론작전

사령부의 임무 및 사령부에 두는 부서·부대의 설치 등에 관한 사항을 정하려는 것이다.137)

나. 드론작전사령부 설치

드론전력을 활용한 작전 및 그 지원에 관한 업무를 관장하기 위하여 국방부장관 소속으로 드론작전사령부를 둔다.138)

다. 드론작전사령부 임무(드론작전사령부령 제2조)

드론작전사령부(이하 "사령부"라 한다)는 다음 각 호의 임무를 수행한다.

1. 드론전력을 활용한 다음 각 목의 군사작전(이하 "드론작전"이라 한다)에 대한 계획 수립 및 시행

   가. 적(敵) 무인기 대응을 위한 탐지·추적·타격 등의 군사작전
   나. 전략적·작전적 감시·정찰, 타격, 심리전, 전자기전 등의 군사작전

2. 드론작전에 관한 전투발전
3. 그 밖에 드론작전과 관련된 사항

라. 드론작전상 긴급조치 등(드론작전사령부령 제8조)

① 사령관은 드론작전상 또는 재해상 긴급한 조치가 필요한 경우에는 관할 구역에 있는 부대로서 예속 또는 배속된 부대가 아닌 다른 부대를 일시적으로 지휘·감독할 수 있다.

② 사령관은 제1항에 따라 예속 또는 배속된 부대가 아닌 다른 부대를 지휘·감독한 경우에는 지체없이 그 경위를 국방부장관 및 합동참모의장에게 보고하고, 해당 부대의 상급부대 지휘관에게 통보해야 한다.

---

137) 드론작전사령부령 [시행 2023. 9. 1.] [대통령령 제33568호, 2023. 6. 27., 제정] 제정이유.
138) 드론작전사령부령 [시행 2023. 9. 1.] [대통령령 제33568호, 2023. 6. 27., 제정] 제1조.

마. 드론작전태세 확립

국방부장관(신원식)은 2024년 1월 8일 드론작전사령부를 방문해 대비태세를 점검했다. 장관은 작전현황을 보고받는 자리에서 "북한은 한반도 정세 악화의 책임을 적반하장식으로 우리 측에 전가하면서 무인기 전력 강화, 핵·미사일 위협 고도화 등 비대칭 위협의 수위를 지속 높이고 있다"면서, "이러한 엄중한 안보상황에서 우리 군은 장병들의 확고한 정신무장과 '즉·강·끝' 원칙의 적을 압도할 수 있는 응징태세를 갖춰 '힘에 의한 평화'를 구현해야 한다"고 당부했다.139)

장관은 드론작전사령부의 첨단 드론전력을 현장에서 확인하면서, "앞으로 드론전력의 중요성은 더욱 커질 것"이라면서, '국방혁신 4.0'과 연계한 드론전력의 진화적 발전을 통해 적 무인기에 대한 방어체계를 보강하고, 유사시 북한 내 핵심표적에 대한 압도적 공격작전을 수행할 수 있는 능력을 지속적으로 강화할 것을 강조했다. 또한, "드론은 전장의 게임체인저로서 최근 러시아-우크라이나 전쟁, 이스라엘-하마스 무력충돌 등 실전에서 효용성이 입증된 무기체계"라며, "드론작전사가 적에게는 공포를, 국민에게는 신뢰를 주는 최정예 합동전투부대가 되어달라."고 지시했다.

드론작전사령관(이보형 소장)은 "만약 북한이 또다시 무인기 도발로 우리 국민의 생명과 재산을 위협한다면, 다량·다종의 첨단드론을 북한지역으로 투입해 공세적 작전을 수행할 수 있는 만반의 태세를 갖추고 있다"고 강력한 응징 의지를 밝혔다.

국방부는 드론작전사령부를 단계적으로 확충하고 첨단드론을 신속히 전력화하여, 고도의 전략적·작전적 임무를 수행하는 합동전투부대로 발전시켜 나갈 것이다.

---

139) 국방부 보도자료, 국방부장관, 드론작전사령부 방문해 압도적·공세적 작전태세 확립 강조, 2024.1.8.
(https://www.korea.kr/briefing/pressReleaseView.do?newsId=156609703)

바. 우크라이나 드론군 창설과 미국의 드론안보[140)]

우크라이나는 2024년 2월 젤렌스키 대통령이 직접 나서 '무인 시스템군(USF: Unmanned Systems Forces)'이라는 명칭으로 드론부대를 육·해·공군과 동일한 반열의 독립적 군종(軍種)으로 창설키로 했다. 드론 작전을 위한 특별 참모직위, 특수부대, 효과적인 훈련, 경험의 체계화, 지속적인 생산능력 확장, 이 분야에서 최고의 아이디어와 최고의 전문가 참여 등을 위해 USF라는 별도의 군대('드론군')를 신설한다는 것이다. 특히 변변한 해군력도 없는 우크라이나가 드론을 앞세워 러시아 흑해함대를 제압하고, 생명줄같이 중요한 곡물수출의 혈로를 확보한 점도 주목된다.

미 육군은 2025회계연도(FY2025) 국방예산에 사단급 부대의 휴대용 안티드론 장비에 1,350만달러, 배낭 크기의 재머에 5,420만달러 등을 배정했다. 펜타곤은 우크라이나 전쟁 사례를 참고하여 최소한 각 소대급 단위로 안티드론 장비를 보급할 계획으로 알려진다. 육군은 또한 '코요테' 드론 요격기에 1억 1,700만달러, 기동단거리방공(M-SHORAD) 지향성 에너지에 대한 연구·개발 및 획득에 3억달러 이상을 요청했다. 특히 코요테는 중동지역에서 미군기지에 대한 테러집단들의 지속적 공격을 막아낸 가장 성공적인 안티드론 시스템 중 하나로 평가된다.

사. 국방드론 보안 가이드라인

국방부는 2021년 1월 22일 군이 운용하는 드론의 수집・저장, 송수신 되는 정보의 안전성과 보안성을 확보하기 위해 '국방 드론 보안 가이드라인'을 발간했다고 밝혔다.[141)] 국방부는 현재 추진하고 있는 무선암호 정책 개선의 일환으로 군 드론 운용 환경에 적합한 보안 요구사항을 식별하고 상용 드론의 소요제기부터 폐기에 이르는 모든 수명주기를 고려해 가이드라인을 마련했다.

국방부는 현재 인공지능(AI), 빅데이터, 증강・가상현실(AR・VR), 모바일,

---

140) 송승종, 인류 최초의 드론전쟁, 승자는 누구일까?, 주간조선, 2024.4.5. (https://weekly.chosun.com/news/articleView.html?idxno=33644)

141) 대한민국 정책브리핑(www.korea.kr), 군 운용 드론 탈취・무력화 막는 보안 기준 나왔다, 국방부, 2021.1.25.

로봇, 드론 등 4차 산업혁명 기술을 모든 국방 분야에 적용하는 '스마트 국방혁신'을 추진하고 있다. 특히 드론은 공중무인체계 발전 전략에 따라 정찰·공격·지원 등 다양한 용도로 확대 운영될 것이라는 기대를 받고 있다.

하지만 다양한 드론을 운용하면서 GPS 신호 수신방해, 가짜 신호 전송, 악성코드 감염 등을 통한 드론 탈취·무력화 시도도 가능해졌다. 또 무단 도청에 의한 드론의 주요 정보 유출 가능성도 커지고 있는 것이 현실이다. 가이드라인은 이런 위협으로부터 벗어나 드론 사용을 활성화하면서 보안성을 뒷받침하는 데 도움을 줄 것으로 예상된다. 가이드라인에는 군 도입 드론의 안전성 검증절차 반영 등의 내용이 제시돼 있다.

특히 군이 도입하거나 개발하는 드론에 필수적인 암호기술 적용 요구사항을 선제적으로 제시하고, 군 관련 자료를 주고 받을 때 탑재해야 할 암호 적용 기준도 마련했다. 국방부는 가이드라인 발간으로 국방 드론 보안 관리의 제도적 기반이 마련됐다고 평가하고 있다.

3. 국방무인기 조종사 자격

가. 국방무인기 조종사 응시자격

■ 군인사법 시행규칙 [별표 3] 〈개정 2021. 5. 14.〉

국방자격 검정 응시자격(제83조의4 관련)

구 분		응시자격 기준
국방 무인기 조종사	무인 항공기	다음 각 호의 어느 하나에 해당하는 사람 1. 육군정보학교[142] 조종사 자격[외부, 내부, 감지기, 합성개구레이더(Synthetic Aperture Radar, SAR) 조종사] 취득 후 3년 이상의 실무경력이 있는 사람 2. 육군정보학교 조종사 양성과정 또는 중급반 교육을 이수한 후 3년 이상의 실무경력이 있는 사람
	무인 비행장치	다음 각 호의 어느 하나에 해당하는 사람 1. 육군정보학교 고등기술과정을 이수한 사람 2. 국토교통부 초경량비행장치 지도조종자 자격을 소지한 사람 3. 무인비행장치 조종자 중 비행경력 3년 이상(연 30시간 이상 비행) 또는 누적 비행시간 100시간 이상 실무경력이 있는 사람

나. 국방무인기 조종사 검정과목

■ 군인사법 시행규칙 [별표 4] 〈개정 2021. 5. 14.〉

국방자격 분야별 검정과목(제83조의5제2항 관련)

구 분			검정과목
국방 무인기 조종사	무인 항공기	필기	항공기상, 공역통제, 자산운용, 운용체계, 비행절차, 비행조종, 비상조치, 사고조사, 안전진단, 비행데이터 분석
		실기	항공기상, 공역통제, 자산운용, 운용체계, 비행절차, 비행조종, 비상조치, 사고조사, 안전진단, 비행데이터 분석
	무인 비행장치	필기	항공법, 항공기상, 공역통제, 장비구조, 항공역학, 비행조종, 비상조치, 사고조사, 안전진단, 드론정비
		실기	항공법, 항공기상, 공역통제, 장비구조, 항공역학, 비행조종, 비상조치, 사고조사, 안전진단, 드론정비

4. 드론의 정의(드론법 제2조제1항제1호)

"드론"이란143) 조종자가 탑승하지 아니한 상태로 항행할 수 있는 비행체로서 국토교통부령으로 정하는 기준(1. 동력을 일으키는 기계장치가 1개 이상일 것, 2. 지상에서 비행체의 항행을 통제할 수 있을 것)을144) 충족하는 다음 각 목의 어느 하나에 해당하는 기기를 말한다.

가. 「항공안전법」 제2조제3호에 따른 무인비행장치

「항공안전법」 제2조(정의)제3호

3. "초경량비행장치"란 항공기와 경량항공기 외에 공기의 반작용으로 뜰 수 있는 장치로서 자체중량, 좌석 수 등 국토교통부령으로 정하는 기준에 해당

---

142) 육군정보학교령 [시행 2017. 9. 5.] [대통령령 제28266호, 2017. 9. 5., 타법개정] 제1조(설치와 임무)
② 육군정보학교는 정보병과의 전술 및 교리를 연구·발전시키고, 정보병과 장병에 대한 교육 등을 통하여 전문인력을 양성한다.

143) 드론 활용의 촉진 및 기반조성에 관한 법률(약칭: 드론법) [시행 2023. 5. 16.] [법률 제19053호, 2022. 11. 15., 일부개정] 제2조제1항제1호.

144) 드론법 시행규칙 제2조 ①「드론 활용의 촉진 및 기반조성에 관한 법률」 제2조제1항제1호에서 "국토교통부령으로 정하는 기준"이란 다음 각 호의 기준을 말한다.
1. 동력을 일으키는 기계장치가 1개 이상일 것
2. 지상에서 비행체의 항행을 통제할 수 있을 것

하는 동력비행장치, 행글라이더, 패러글라이더, 기구류 및 무인비행장치 등을 말한다.

항공안전법 시행규칙 제5조(초경량비행장치의 기준) 제5호

5. 무인비행장치: 사람이 탑승하지 아니하는 것으로서 다음 각 목의 비행장치

가. 무인동력비행장치: 연료의 중량을 제외한 자체중량이 150킬로그램 이하인 무인비행기, 무인헬리콥터 또는 무인멀티콥터

나. 무인비행선: 연료의 중량을 제외한 자체중량이 180킬로그램 이하이고 길이가 20미터 이하인 무인비행선

나. 「항공안전법」 제2조제6호에 따른 무인항공기

항공안전법 제2조제6호

6. "항공기사고"란 사람이 비행을 목적으로 항공기에 탑승하였을 때부터 탑승한 모든 사람이 항공기에서 내릴 때까지[사람이 탑승하지 아니하고 원격조종 등의 방법으로 비행하는 항공기(이하 "무인항공기"라 한다)의 경우에는 비행을 목적으로 움직이는 순간부터 비행이 종료되어 발동기가 정지되는 순간까지를 말한다] 항공기의 운항과 관련하여 발생한 다음 각 목의 어느 하나에 해당하는 것으로서 국토교통부령으로 정하는 것을 말한다.

가. 사람의 사망, 중상 또는 행방불명

나. 항공기의 파손 또는 구조적 손상

다. 항공기의 위치를 확인할 수 없거나 항공기에 접근이 불가능한 경우

다. 그 밖에 원격 · 자동 · 자율 등 국토교통부령으로 정하는 방식에 따라 항행하는 비행체

드론법 시행규칙 제2조제2항

② 법 제2조제1항제1호다목에서 "원격 · 자동 · 자율 등 국토교통부령으로 정하는 방식에 따라 항행하는 비행체"란 다음 각 호의 어느 하나에 해당하는 비행체를 말한다.

1. 외부에서 원격으로 조종할 수 있는 비행체
2. 외부의 원격조종 없이 사전에 지정된 경로로 자동 항행이 가능한 비행체
3. 항행 중 발생하는 비행환경 변화 등을 인식 · 판단하여 자율적으로 비행속도 및 경로 등을 변경할 수 있는 비행체

5. 드론시스템

가. 드론시스템의 정의

"드론시스템"이란 드론의 비행이 유기적 · 체계적으로 이루어지기 위한 드론, 통신체계, 지상통제국(이 · 착륙장 및 조종인력을 포함한다), 항행관리 및 지원체계가 결합된 것을 말한다(드론법 제2조제1항제2호).

나. 드론시스템의 연구 · 개발(드론법 제9조)

① 정부는 드론시스템의 기술개발을 촉진하고 기본계획을 효율적으로 추진하기 위하여 대통령령으로 정하는 바에 따라 드론시스템의 기술 발전에 필요한 연구 · 개발 사업을 할 수 있다.

② 정부는 제1항에 따른 연구 · 개발 사업을 추진함에 있어 드론시스템의 연구 · 개발자, 제작자 및 수요자 간의 연계협력을 위하여 필요한 지원을 할 수 있다.

③ 정부는 드론시스템에 관한 연구 · 개발의 성과를 높이기 위하여 공공기관, 법인, 단체 및 대학 간의 공동연구를 촉진하는 데 필요한 지원을 할 수 있다.

④ 제2항 및 제3항에 따른 지원에 필요한 사항은 대통령령으로 정한다.

다. 드론시스템의 연구 · 개발 지원 등(드론법 시행령 제8조)

① 국토교통부장관 및 관계 중앙행정기관의 장은 법 제9조제1항에 따라 연구 · 개발 사업을 하려는 경우 다음 각 호의 사항을 고려해야 한다.

1. 드론산업계의 연구 · 개발 수요
2. 드론 수요기관 및 소비자의 구매 · 활용 수요
3. 그 밖에 기본계획 및 법 제5조제6항에 따른 연도별 시행계획(이하 "시행계획"이라 한다)에 따른 드론산업 및 활용 기반 조성계획

② 국토교통부장관 및 관계 중앙행정기관의 장은 법 제9조제2항에 따른 연계협력을 위하여 다음 각 호의 지원을 할 수 있다.

1. 드론시스템의 연구 · 개발자, 제작자 및 수요자 상호 간 정보 교류 지원
2. 드론시스템 연구 · 개발 성과의 평가 · 검증 등에 대한 드론시스템 제작자 및 수요자의 참여 촉진을 위한 행정적 · 재정적 지원
3. 드론시스템 연구 · 개발 성과에 대한 드론시스템 제작자 및 수요자의 활용 촉진을 위한 행정적 · 재정적 지원
4. 그 밖에 드론시스템의 연구 · 개발자, 제작자 및 수요자 간의 연계협력을 촉진하기 위하여 국토교통부장관 또는 관계 중앙행정기관의 장이 필요하다고 인정하는 지원

③ 국토교통부장관 및 관계 중앙행정기관의 장은 법 제9조제3항에 따른 드론시스템에 관한 연구 · 개발의 공동연구 촉진을 위하여 다음 각 호의 지원을 할 수 있다.

1. 드론산업의 최신 동향 정보 제공
2. 공동연구 시설 및 장소 제공
3. 그 밖에 드론시스템 연구 · 개발 관련 공동연구 촉진을 위하여 국토교통부장관 또는 관계 중앙행정기관의 장이 필요하다고 인정하는 지원

6. 드론 사이버보안 가이드

가. 개 요

과학기술정보통신부(이하 '과기정통부'), 국토교통부(이하 '국토부')는 한국인터넷진흥원을 통해 드론 분야의 사이버안전 확보를 위한 '민간분야 드론 사이버보안 가이드'를 발표하였다.145)

드론은 과거 군수용으로 시작하여 여가 · 취미용으로 대중화되었고, 기상관측, 시설점검, 재난 · 교통감시, 물류, 국토 · 해양관측, 농업 등 다양한 산업 분야에서 활용되고 있으며, 국내 시장 규모도 최근 4년여 만에 6배 이상 성장한 4차 산업혁명시대 신성장동력 이다.

하지만, 드론 확산과 함께 사이버 침해위협도 증가하여 해킹에 의한 데이터(기록 사진 · 동영상, 비행경로 등) 유출, 드론 탈취에 의한 폭탄 테러 위협 등

145) 과기정통부, 과기정통부-국토부, 안전한 융합서비스 구현을 위한 드론 사이버보안 가이드 발표, 2020.12.1.

으로 미 의회는 '드론 보안법(the American Security Drone Act of 2019)'을 발의하였고, 미군은 중국산 드론의 사용을 금지하는 등 드론 사이버 보안의 중요성은 날로 증가하고 있다.

이에 양 부처는 안전한 드론 서비스 환경 구축 · 운영을 위하여 드론 제품 · 서비스 개발 · 운용 업체, 정보보안 담당자 등이 참고할 수 있는 안내서인 동 가이드를 개발하였고, 향후 가이드를 기반으로 드론 안전 인증에 적용될 수 있는 보안 기준을 마련할 계획이다.

동 가이드는 드론 서비스를 구성하는 드론(구동부, 제어부, 페이로드, 통신부 등)과 주요 시스템(드론, 지상제어장치, 정보제공장치 등)에 예상되는 보안 위협 시나리오와 보안 요구사항을 제시하였다.

나. 드론 사이버보안 가이드 주요내용

1) 드론 서비스 구성

국내에서 운용하는 드론 기반의 대표적인 서비스를 분석하여 드론 서비스와 관련된 일반적인 구성요소로 분류 · 분석하였다.

〈 드론 서비스 구성도 〉

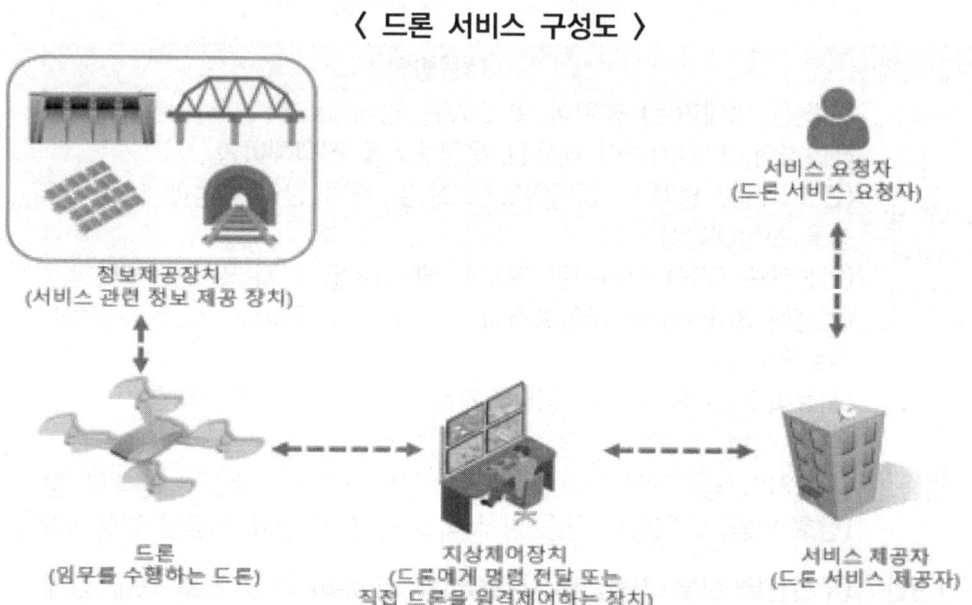

2) 보안위협 및 위협 시나리오

드론 시스템에서 발생할 수 있는 주요 17가지 보안위협 및 6가지 위협 시나리오를 도출하였다.

〈 드론 시스템 주요 보안위협 〉

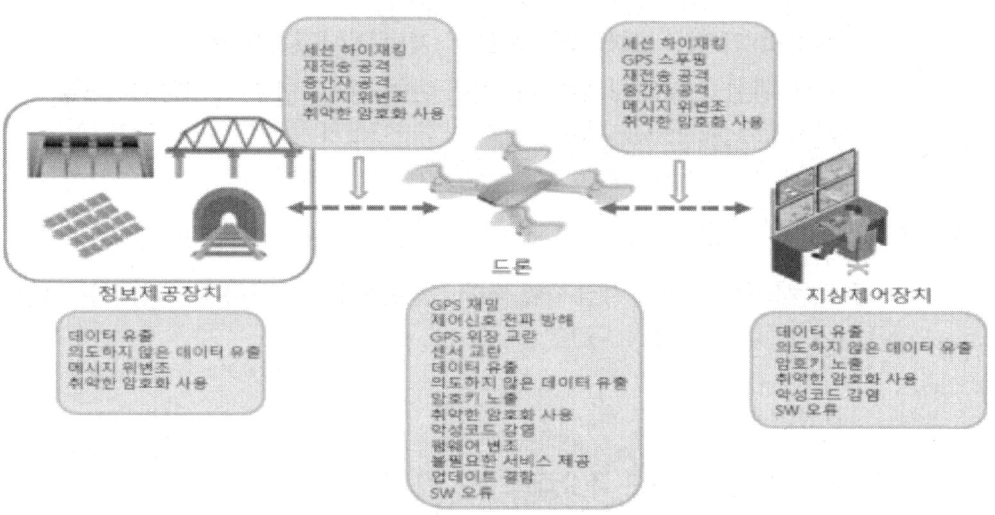

3) 보안 대응방안

보안위협 및 위협 시나리오에 대한 보안항목 및 대응방안을 제시하였다.

보안항목	대응방안
HW 및 SW의 안전성	**(안전한 업데이트)** 펌웨어 및 SW를 업데이트할 경우 안전하게 수행해야하며, 보안기능이 적용된 운영체제를 선택해야함 **(변조 대응)** 펌웨어, 업데이트 소스 및 패치 관리 기능에 대해 무결성을 보장해야함 **(악성코드 대응)** 악의적인 메시지 및 행위를 탐지 및 차단해야함 **(안전한 3rd Party 라이브러리)** 설치된 3rd Party 코드는 사전에 검토되어야함 **(시큐어코딩)** SW 개발 생명주기를 고려하여 구현되어야함
인증	**(드론 식별)** 드론의 고유 식별번호를 보유해야함 **(사용자 인증)** 민감 정보에 접근할 경우 사용자인증을 수행해야 함 **(상호 인증)** 중요정보 전송 및 서비스 접근 시 상호 인증을 선행해야함
안전한	**(무선신호 보호 기능)** 무선신호에 Nounce와 시간 정보 등을 함께

보안항목	대응방안
통신	전송하여 통신 보호 기능을 적용해야함 **(통신 채널 확보/재밍 대응)** 방해 재밍 신호를 탐지하고 우회 통신 채널 등을 확보해야함 **(전송 데이터 보호)** 중요정보가 전송될 경우 국제표준 암호 알고리즘을 통해 데이터 암호화하여 전송해야함 **(메시지 감지)** 비정상 메시지를 감지하고 대응해야함
안전한 비행	**(자율비행)** 정상적인 명령에 따른 임무 수행 기능이 수행되어야함 **(위치추적 대체수단 제공)** GPS 위성 접근이 어려울 경우 대체 절차가 구현되어야 하며, 드론 긴급 추락에 대비해야함 **(특정지역 접근 방지)** 비행 금지구역 및 접근불가 지역 등의 접근방지 기능이 필요함 **(자동충돌 회피)** 장애물 등의 위험요소를 탐지하고 충돌 회피 및 자동 착륙 기능을 적용해야함 **(자동 회귀)** 제어통제권 상실 시 지정된 지점의 자동회귀 기능이 필요함
암호	**(안전한 암호키 관리)** 안전성이 검증된 방법으로 암호키를 생성해야 하며, 노출되지 않게 안전하게 저장해야함 **(안전한 암호 알고리즘 사용)** 통신 구간에 적합한 암호 알고리즘을 사용해야함 **(안전한 난수 생성)** 안전한 암호키 생성 및 보호를 위한 안전한 난수 생성기를 사용해야함 **(안전한 암호모듈 사용)** 안전성이 검증된 암호모듈을 사용해야함
중요 데이터 보호	**(저장 데이터 보호)** 데이터의 기밀성과 무결성을 보장해야함 **(운영 데이터 보호)** 드론의 경로 이탈 방지 등을 위해 내비게이션 데이터베이스의 무결성을 보장해야함 **(접근통제)** 저장 데이터의 접근권한에 대한 인증이 이뤄져야함 **(개인정보 보호)** 개인정보 수집, 이용 등의 개인정보는 국내 법령 및 지침에 따라 처리되어야함
보안감사	**(감사기록)** 감사기록 생성 기능이 구현되어야함 **(모니터링)** 드론 시스템 모니터링을 통해 비이상적인 행동을 탐지해야함

7. 드론안전

가. 개요

드론안전은 항공안전법 제10장 초경량비행장치에서 다루고 있다.

〈연혁〉

- 항공안전법 [시행 2017.3.30.] [법률 제14116호, 2016.3.29., 제정]

1961년 제정된 「항공법」은 항공사업, 항공안전, 공항시설 등 항공 관련 분야를 망라하고 있어 국제기준 변화에 신속히 대응하는데 미흡한 측면이 있고, 여러 차례의 개정으로 법체계가 복잡하여 국민이 이해하기 어려우므로,

항공 관련 법규의 체계와 내용을 알기 쉽도록 하기 위하여 「항공법」을 「항공사업법」, 「항공안전법」 및 「공항시설법」으로 분법하여 국제기준 변화에 탄력적으로 대응하고, 국민이 이해하기 쉽도록 하는 한편,

「항공안전법」에서는 항공기의 등록 · 안전성인증, 항공기운항규칙 등 항공안전에 관한 사항을 규정하고, 국제민간항공기구(ICAO)의 국제기준 개정에 따른 안전기준을 반영하며, 항공안전관리시스템의 도입 대상을 확대하는 등 현행 제도의 운영상 나타난 일부 미비점을 개선 · 보완하려는 것이다.

나. 항공안전법의 목적

항공안전법은 「국제민간항공협약」 및 같은 협약의 부속서에서 채택된 표준과 권고되는 방식에 따라 항공기, 경량항공기 또는 초경량비행장치의 안전하고 효율적인 항행을 위한 방법과 국가, 항공사업자 및 항공종사자 등의 의무 등에 관한 사항을 규정함을 목적으로 한다. 〈개정 2019. 8. 27.〉

다. 항공안전법의 구성

제1장 총칙
제2장 항공기 등록
제3장 항공기기술기준 및 형식증명 등
제4장 항공종사자 등
제5장 항공기의 운항
제6장 항공교통관리 등
제7장 항공운송사업자 등에 대한 안전관리
제8장 외국항공기
제9장 경량항공기
제10장 초경량비행장치

제11장 보칙
제12장 벌칙

항공안전법에서 드론안전 관련 부분은 제10장 초경량비행장치이다.

항공안전법 제10장 초경량비행장치
제122조 초경량비행장치 신고
제123조 초경량비행장치 변경신고 등
제124조 초경량비행장치 안전성인증
제125조 초경량비행장치 조종자 증명 등
제125조의2 초경량비행장치 관련 안전교육
제126조 초경량비행장치 전문교육기관의 지정 등
제127조 초경량비행장치 비행승인
제128조 초경량비행장치 구조 지원 장비 장착 의무
제129조 초경량비행장치 조종자 등의 준수사항
제130조 초경량비행장치사용사업자에 대한 안전개선명령
제131조 초경량비행장치에 대한 준용규정
제131조의2 무인비행장치의 적용 특례

8. 드론자격

가. 초경량비행장치 조종자 증명 운영세칙

2004.1.26 제정 (규정제655호), 2023.09.07. 개정 (규정제1440호)

이 세칙은 항공안전법 제125조제1항 및 같은 법 시행규칙 제306조에 따라 초경량비행장치(무인비행장치는 제외한다) 조종자 증명을 위한 자격기준 및 시험의 절차·방법 등 세부사항을 규정함을 목적으로 한다(제1조 목적).

나. 무인비행장치 조종자 증명 운영세칙

2021.2.26 제정 (규정제1318호), 2023.10.10 개정 (규정제1444호)

이 세칙은 「항공안전법」 제125조제1항 및 같은 법 시행규칙 제306조제1항 제4호, 제306조제4항에 따른 초경량비행장치(무인비행장치에 한정한다) 조종자증명을 위한 자격기준 및 시험의 절차·방법 등 세부사항을 규정함을 목적으로 한다(제1조 목적).

〈무인비행장치 조종자 증명 운영세칙 구성〉

구 분		조 문
제1장 총칙		제1조 목적, 제2조 정의, 제3조 적용범위, 제4조 서식의 사용
제2장 무인비행장치 조종자 증명	제1절 조종자 증명 기준 등	제5조 조종자증명의 종류 등, 제6조 조종자 증명의 업무범위, 제7조 응시자격, 제8조 면제기준, 제9조 비행경력의 증명 등, 제10조 비행시간의 산정, 제11조 전문교관의 등록, 제12조 전문교관 등록 취소 등, 제13조 신체검사증명
	제2절 시험의 준비 및 관리	제14조 조종자증명시험의 공고 등, 제15조 위원의 위촉 및 지정, 제16조 위원의 제척 등, 제17조 실기시험위원의 위촉절차 등, 제18조 심사관의 지정, 제19조 실기시험위원의 해촉 등, 제20조 실기시험위원의 해촉에 대한 이의신청, 제21조 시험문제의 출제, 제22조 시험문제의 출제방법, 제23조 시험문제의 관리 · 검토, 제24조 시험문제의 선정, 제25조 시험문제의 보관, 제26조 시험장 준비
	제3절 시험의 응시	제27조 응시원서의 제출 등, 제28조 시험 과목 및 범위, 제29조 학과시험의 응시, 제30조 학과시험의 채점, 제31조 학과시험의 합격자 결정 등, 제32조 실기시험의 응시 등, 제33조 실기시험의 채점, 제34조 실기시험의 합격자 결정 등, 제35조 이의 신청
	제4절 조종자 증명서 발급 및 응시제한 등	제36조 조종자 증명서의 발급, 제37조 부정행위자에 대한 처분 및 응시제한, 제38조 조종자 증명의 취소 등
제3장 보칙		제39조 외국인의 시험, 제40조 고유식별정보의 처리, 제41조 시험관리위원회의 설치 · 운영, 제42조 비밀보전 등, 제43조 수수료, 제44조 수당 등, 제45조 준용, 제46조 시험업무종사자의 자격응시 제한

제2조(정의) 이 세칙에서 사용하는 용어의 정의는 다음과 같다.

1. **"조종자증명시험"**이란 조종자증명을 받고자 하는 사람에 대하여 한국교통안전공단에서 시행하는 학과시험과 실기시험을 말한다.
2. **"응시자격부여"**란 조종자증명시험 응시자를 대상으로 별표 2의 응시기준에 따른 적합 여부를 확인한 후 응시자격을 부여하는 절차를 말한다.
3. **"전문교육기관"**이란 법 제126조 및 규칙 제307조에 따라 국토교통부장관이 지정한 초경량비행장치(무인비행장치) 교육기관을 말한다.
4. **"사설교육기관"**이란 「항공사업법」제48조제1항에 따른 초경량비행장치사용사업을 등록하고 같은 법 시행규칙 제6조제2항제4호의 조종교육 사업을 하는 기관을 말한다.
6. **"전문교관"**이란 제11조에 따라 공단에 등록된 지도조종자 또는 실기평가조종자를 말한다.
7. **"실기시험위원"**이란 조종자증명시험의 실기시험 평가를 목적으로 공단 이사장이 위촉한 사람을 말한다.
8. **"상시원격시험시스템"**이란 공단 이사장이 조종자 증명 시험을 수시로 시행하기 위해 운영하는 시험 전용 전산정보체계를 말한다.
9. **"원격조종장치"**란 무인비행장치를 전파 또는 전자적인 신호를 통해 원거리에서 조종할 수 있는 장치를 말한다.
10. **"자동평가장치"**란 실기시험에 사용되는 기체의 경로, 위치, 고도 등을 기록하여 자동으로 평가하는 장치를 말한다.
11. **"전자출결시스템"**이란 객관적인 출결관리를 위하여 출결정보의 수집 · 저장 · 검색 등을 처리하는데 필요한 제반 시스템을 말한다.
12. **"이러닝(e-Learning) 교육"**이란 공단에서 제공하는 시스템에 접속해 진행되는 교육과정을 말한다.

제5조(조종자증명의 종류 등)

① 규칙 제306조제4항에 따른 조종자증명의 종류는 다음 각 호와 같다.

1. 무인비행기(UNMANNED AIRPLANE)
2. 무인헬리콥터(UNMANNED HELICOPTER)
3. 무인멀티콥터(UNMANNED MULTICOPTER)
   가. 1종(1st CLASS)
   나. 2종(2nd CLASS)
   다. 3종(3rd CLASS)
   라. 4종(4th CLASS)
4. 무인비행선(UNMANNED AIRSHIP)

② 제1항 각 호의 조종자 증명 중 4종에 해당하는 조종자 증명을 받으려는 사람은 공단 이사장이 정하는 별표 7의 이러닝(e-Learning) 교육을 이수하고 별지 제1호서식의 교육이수증명서(전자적인 형태의 교육이수증명서를 포함한다)를 발급받아야 한다.

제6조(조종자 증명의 업무범위)

제5조에 따른 조종자 증명의 종류별 업무범위는 별표 1의 조종자 증명 종류별 업무범위와 같다.

■ 무인비행장치 조종자 증명 운영세칙 [별표 1]

무인멀티콥터 조종자 증명 종류별 업무범위

구분	무게범위 등	업무범위
1종	최대이륙중량이 25kg을 초과하고 연료의 중량을 제외한 자체중량이 150kg이하인 무인멀티콥터	해당 종류의 1종 무인멀티콥터(2종부터 4종까지의 업무범위를 포함)을 조종하는 행위
2종	최대이륙중량이 7kg을 초과하고 25kg이하인 무인멀티콥터	해당 종류의 2종 무인멀티콥터(3종부터 4종까지의 업무범위를 포함)를 조종하는 행위
3종	최대이륙중량이 2kg을 초과하고 7kg이하인 무인멀티콥터	해당 종류의 3종 무인멀티콥터(4종에 대한 업무범위를 포함)를 조종하는 행위
4종	최대이륙중량이 250g을 초과하고 2kg이하인 무인멀티콥터	해당 종류의 4종 무인멀티콥터를 조종하는 행위

■ 무인비행장치 조종자 증명 운영세칙 [별표 2]

무인멀티콥터 조종자 증명 종류별 응시기준

(만 14세 이상인 사람, 4종은 만 10세 이상인 사람)

무게범위 등		응시기준
1종	최대이륙중량이 25kg을 초과하고 연료의 중량을 제외한 자체중량이 150kg이하인 비행장치	다음 각 호의 어느 하나에 해당하는 사람 1. 1종 무인멀티콥터를 조종한 시간이 총 20시간 이상인 사람 2. 2종 무인멀티콥터 조종자증명을 받은 사람으로서 1종 무인멀티콥터를 조종한 시간이 15시간 이상인 사람

무게범위 등		응시기준
		3. 3종 무인멀티콥터 조종자증명을 받은 사람으로서 1종 무인멀티콥터를 조종한 시간이 17시간 이상인 사람 4. 1종 무인헬리콥터 조종자증명을 받은 사람으로서 1종 무인멀티콥터를 조종한 시간이 10시간 이상인 사람
2종	최대이륙중량이 7kg을 초과하고 25kg이하인 비행장치	다음 각 호의 어느 하나에 해당하는 사람 1. 1종 또는 2종 무인멀티콥터를 조종한 시간이 총 10시간 이상인 사람 2. 3종 무인멀티콥터 조종자 증명을 받은 사람이 2종 무인멀티콥터를 조종한 시간이 7시간 이상인 사람 3. 2종 무인헬리콥터 조종자증명을 받은 사람으로서 2종 무인멀티콥터를 조종한 시간이 5시간 이상인 사람
3종	최대이륙중량이 2kg을 초과하고 7kg이하인 비행장치	다음 각 호의 어느 하나에 해당하는 사람 1. 1종, 2종, 3종 무인멀티콥터 중 어느 하나를 조종한 시간이 총 6시간 이상인 사람 2. 3종 무인헬리콥터 조종자증명을 받은 사람으로서 3종 무인멀티콥터를 조종한 시간이 3시간 이상인 사람
4종	최대이륙중량이 250g을 초과하고 2kg이하인 비행장치	응시기준 없음 (나이기준 : 만 10세 이상인 사람)

■ **무인비행장치 조종자 증명 운영세칙 [별표 3]**

전문교관 등록기준

1. 무인멀티콥터 지도조종자 등록기준 (만 18세 이상인 사람)

업무범위	등록기준
무인멀티콥터의 비행시간 확인 및 조종교육	다음 요건을 모두 충족하는 사람 - 초경량비행장치 조종자 증명(1종 무인멀티콥터)를 취득한 사람 - 1종 무인멀티콥터를 조종한 시간이 총 100시간 이상인 사람

2. 무인멀티콥터 실기평가조종자 등록기준 (만 18세 이상인 사람)

업무범위	등록기준
무인멀티콥터의 비행시간 확인, 조종교육, 전문 교육기관 교육생에 대한 자체 실기평가	다음 요건을 모두 충족하는 사람 - 초경량비행장치 조종자 증명(1종 무인멀티콥터)를 취득한 사람 - 공단에 무인멀티콥터 지도조종자로 등록된 사람 - 1종 무인멀티콥터를 조종한 시간이 총 150시간 이상인 사람

■ 무인비행장치 조종자 증명 운영세칙 [별표 4]

실기시험위원 직무교육의 과목 및 시간(4H)

교육과목	교육시간(4H)
- 초경량비행장치(무인비행장치) 관련 항공관계법령 등 - 조종자 증명 응시기준 등 시험에 관한 사항	1
- 실기시험 시행 및 방법에 관한 사항 - 실기시험 요령 및 시험관련 민원접수 사례에 관한 사항 - 청렴교육 및 개인정보 보호에 관한 사항 등	1
- 실기영역별 세부기준에 관한 사항 - 실기시험표준서 사용요령에 관한 사항	1
- 실기원격 채점 시스템 사용요령에 관한 사항 - 실기시험위원 의무 및 준수사항에 관한 사항 등	1

■ 무인비행장치 조종자 증명 운영세칙 [별표 5]

무인비행장치 조종자증명 실기시험장 조건

1. 공통사항

가. 실기시험장이 있는 토지의 소유, 임대 또는 적법한 절차에 의해 사용할 권한이 있을 것(이 경우 농지법 등 타 법률에서 정하는 제한사항이 없을 것)

나. 법 제127조에 따른 초경량비행장치 비행승인을 받는데 문제가 없을 것

다. 실기시험장에 시험을 방해할 수 있는 장애물 또는 불법 건축물이 없을 것

라. 실기시험장의 노면은 해당 분야 실기시험 평가에 지장을 주지 아니하도록 평탄하게 유지되고 배수상태가 양호할 것
(무인비행기의 경우에는 지상활주가 가능한 노면상태를 갖출 것)

마. 실기시험장과 외부와의 차단을 위한 안전펜스가 있을 것

(다만, 외부 인원의 실기시험장 침입을 통제하기 위한 인력이 상주하거나 개활지인 경우에는 제외한다.)
바. 화장실 등 위생시설(남녀 구분)이 있을 것
사. 응시자가 대기하는 장소에 냉·난방기가 설치되어 있을 것
아. 풍향, 풍속을 감지할 수 있는 시설물이 설치되어 있을 것
자. 실기시험장 출입구에 목적과 주의사항을 안내하는 시설물이 설치되어 있을 것
차. 비상시 응급조치에 필요한 의료물품이 구비되어 있을 것
카. 인접한 의료기관의 명칭, 장소의 약도 및 연락처 등 비상시 의료조치를 위하여 필요한 물품이 비치되어 있을 것

2. 무인멀티콥터 비행장 최소 기준
길이 80m 이상 × 폭 35m 이상 × 높이 20m 이상

■ **무인비행장치 조종자 증명 운영세칙 [별표 6]**

조종자 증명 시험과목 및 범위

1. 학과시험

종류별	과 목	범 위
무인멀티콥터	항공법규	당해 업무에 필요한 항공법규
	항공기상	1. 항공기상의 기초지식 2. 항공에 활용되는 일반기상의 이해
	비행이론 및 운용	1. 무인멀티콥터의 비행 기초원리에 관한 사항 2. 무인멀티콥터의 구조와 기능에 관한 사항 3. 무인멀티콥터 지상활주(지상활동)에 관한 사항 4. 무인멀티콥터 이·착륙에 관한 사항 5. 무인멀티콥터 공중조작에 관한 사항 6. 무인멀티콥터 안전관리에 관한 사항 7. 공역 및 인적요소에 관한 사항 8. 무인멀티콥터 비정상절차에 관한 사항

2. 실기시험

종류별	구 분	범 위
무인멀티콥터	구술시험	1. 무인멀티콥터의 기초원리에 관한 사항 2. 기상·공역 및 비행장소에 관한 사항 3. 일반지식 및 비정상절차에 관한 사항
	실기시험	1. 비행계획 및 비행 전 점검 2. 지상활주 (또는 이륙과 상승 또는 이륙동작)

종 류 별	구 분	범 위
		3. 공중조작 (또는 비행동작) 4. 착륙조작 (또는 착륙동작) 5. 비행 후 점검 6. 비정상절차 및 응급조치 등

■ 무인비행장치 조종자 증명 운영세칙 [별표 7]

4종 이러닝(e-Learning) 교육 과목 및 시간

구 분	교육과목	시간(6H)
공통과목	1. 항공안전법	1
	2. 항공사업법	0.7
	3. 공역 및 항공안전	0.9
	4. 무인항공기 인적요인	0.7
	5. 무인비행장치 시스템	0.9
	6. 항공기상	1
선택과목	7. 비행이론(무인비행기, 무인헬리콥터, 무인멀티콥터)	0.8

■ 무인비행장치 조종자 증명 운영세칙 [별지 제14호서식]

실기시험 채점표

초경량비행장치조종자(무인멀티콥터 1종)

등급표기

S : 만족(Satisfactory)

U : 불만족(Unsatisfactory)

응시자성명		사용비행장치		판정	
시험일시		시험장소			

구분 순번	실기영역 및 실기과목	등 급
	구술시험	
1	기체에 관련한 사항	
2	조종자에 관련한 사항	
3	공역 및 비행장에 관련한 사항	
4	일반지식 및 비상절차	

순번 \ 구분	실기영역 및 실기과목	등 급
5	이륙 중 엔진 고장 및 이륙 포기	
	실기시험(비행 전 절차)	
6	비행 전 점검	
7	기체의 시동	
8	이륙 전 점검	
	실기시험(이륙 및 공중조작)	
9	이륙비행	
10	공중 정지비행(호버링)	
11	직진 및 후진 수평비행	
12	삼각비행	
13	원주비행(러더턴)	
14	비상조작	
	실기시험(착륙조작)	
15	정상접근 및 착륙	
16	측풍접근 및 착륙	
	실기시험(비행 후 점검)	
17	비행 후 점검	
18	비행기록	
	실기시험(종합능력)	
19	안전거리 유지	
20	계획성	
21	판단력	
22	규칙의 준수	
23	조작의 원활성	

실기시험위원 의견

실기시험위원		조종자 증명 번호	

■ 무인비행장치 조종자 증명 운영세칙 [별지 제15호서식]

실기시험 채점표

초경량비행장치조종자(무인멀티콥터 2종)

등급표기

S : 만족(Satisfactory)

U : 불만족(Unsatisfactory)

응시자성명		사용비행장치		판정	
시험일시		시험장소			

구분 / 순번	실기영역 및 실기과목	등 급
	구술시험	
1	기체에 관련한 사항	
2	조종자에 관련한 사항	
3	공역 및 비행장에 관련한 사항	
4	일반지식 및 비상절차	
5	이륙 중 엔진 고장 및 이륙 포기	
	실기시험(비행 전 절차)	
6	비행 전 점검	
7	기체의 시동	
8	이륙 전 점검	
	실기시험(이륙 및 공중조작)	
9	이륙비행	
10	직진 및 후진 수평비행	
11	삼각비행	
12	마름모비행	
	실기시험(착륙조작)	
13	측풍접근 및 착륙	
	실기시험(비행 후 점검)	
14	비행 후 점검	
15	비행기록	
	실기시험(종합능력)	
16	안전거리 유지	
17	계획성	
18	판단력	
19	규칙의 준수	
20	조작의 원활성	

구분 / 순번	실기영역 및 실기과목	등 급
실기시험위원 의견		

실기시험위원		조종자 증명 번호	

9. 드론발전

가. 개 요

4차 산업혁명 시대의 핵심 산업으로 부상 중인 드론산업을 체계적이고 효율적으로 육성하기 위한 정책추진 체계 구축 방안과 드론시스템의 기술개발, 실용화 및 사업화 등을 촉진하기 위한 각종 특례 및 지원 방안에 관한 법적 기반을 마련함으로써 글로벌 시장에서 드론산업의 경쟁력을 제고하고, 국가경제의 지속가능한 발전과 국민의 삶의 질 향상에 기여하기 위하여 '드론 활용의 촉진 및 기반조성에 관한 법률(약칭 : 드론법)'을 제정하였다.[146)]

나. 드론법의 목적

드론법은 드론 활용의 촉진 및 기반조성, 드론시스템의 운영·관리 등에 관한 사항을 규정하여 드론산업의 발전 기반을 조성하고 드론산업의 진흥을 통한 국민편의 증진과 국민경제의 발전에 이바지함을 목적으로 한다(제1조 목적).[147)]

146) 드론 활용의 촉진 및 기반조성에 관한 법률(약칭: 드론법) [시행 2020. 5. 1.] [법률 제16420호, 2019. 4. 30., 제정]

147) 드론 활용의 촉진 및 기반조성에 관한 법률(약칭: 드론법) [시행 2024. 8. 14.] [법률 제20295호, 2024. 2. 13., 일부개정]

다. 드론법의 구성

구분	조 문
제1장 총칙	제1조 목적, 제2조 정의, 제3조 드론산업의 지원, 제4조 다른 법률과의 관계
제2장 정책 추진체계	제5조 드론산업발전기본계획의 수립 등, 제6조 드론산업 실태조사, 제7조 드론산업협의체의 구성 · 운영, 제8조 공공기관 드론 활용 등의 요청
제3장 드론 산업의 육성	제9조 드론시스템의 연구 · 개발, 제9조의2 드론 정보체계의 구축 · 운영 등, 제10조 드론특별자유화구역의 지정 및 관리, 제11조 드론 시범사업구역의 지정 및 관리, 제11조의2 드론공원의 지정 및 관리, 제12조 창업의 활성화, 제13조 드론첨단기술의 지정 및 지원, 제14조 인증등의 의제, 제15조 지식재산권의 보호 및 육성, 제16조 우수사업자의 지정 등, 제17조 드론교통관리시스템의 구축 및 운영
제4장 보칙	제18조 전문인력의 양성, 제19조 해외진출 및 국제협력, 제20조 청문, 제21조 권한 등의 위임 · 위탁, 제22조 수수료 등, 제23조 비밀누설의 금지, 제24조 벌칙 적용에서 공무원 의제
제5장 벌칙	제25조 벌칙, 제26조 양벌규정

라. 드론 정보체계의 구축 · 운영 등(드론법 제9조의2)

① 국토교통부장관은 드론 관련 정보 및 자료 등을 체계적으로 관리하고 안전한 드론 활용 기반을 조성하기 위하여 다음 각 호의 정보를 포함한 드론 정보체계(이하 "정보체계"라 한다)를 구축 · 운영할 수 있다. 〈개정 2024. 1. 9.〉

1. 드론 관련 사고 현황 · 이력 등에 관한 정보
2. 드론 관련 보험가입 · 보험금청구 등에 관한 정보
3. 「항공안전법」 제122조 및 제123조에 따른 초경량비행장치(무인비행장치에 한정한다)의 신고 및 변경신고 등에 관한 정보
4. 「항공안전법」 제125조에 따른 초경량비행장치(무인비행장치에 한정한다)의 조종자 증명 등에 관한 정보
5. 「항공사업법」 제48조 및 제49조에 따른 초경량비행장치사용사업의 등록, 사업계획, 양도 · 양수, 합병, 상속, 휴업 및 폐업 등에 관한 정보
6. 「군사기지 및 군사시설 보호법」 제2조제6호에 따른 군사기지 및 군사시설 보호구역에 관한 정보. 다만, 구체적인 정보의 범위와 제공 방식 등은 대통령령으로 정한다.
7. 그 밖에 정보체계의 구축 · 운영을 위하여 필요한 정보로서 대통령령으로 정하는 정보

② 국토교통부장관은 정보체계의 구축 · 운영을 위하여 필요한 경우 관계 중앙 행정기관의 장, 지방자치단체의 장, 공공기관의 장, 관련 기관 및 단체의 장 등에게 필요한 자료 또는 정보의 제공을 요청할 수 있다. 이 경우 자료 또는 정보의 제공을 요청받은 자는 특별한 사유가 없으면 이에 따라야 한다.

③ 그 밖에 정보체계의 구축 · 운영 등에 필요한 사항은 국토교통부령으로 정한다. [본조신설 2022. 11. 15.]

[시행일: 2024. 7. 10.] 제9조의2 제6호 및 제7호

마. 드론공원의 지정 및 관리(제11조의2, 2024.8.14., 시행) : 생략

바. 드론발전 동향

세계 각국이 드론 관련 법제를 정비한 것이 2015년 전후인데, 10년 정도에 불과한 드론 시장은 2023년 337억달러(약 45조원)에 이르렀다. 독일의 드론 전문 조사 · 컨설팅 업체 '드론 인더스트리 인사이트(DII)'는 드론 시장이 2030년 545억달러까지 연평균 7.1% 성장할 것으로 내다봤다.148)

드론 시장의 가파른 성장은 그 다양한 쓰임새가 기폭제가 되고 있다. 드론이 가장 많이 쓰이는 곳은 각종 '관측 · 측량' 분야다. 드론이 나서서 사람이 모두 가보기 어려운 지역의 지형과 고도, 지질 등을 조사하는 것이다. 건설, 광업, 농업 등 다양한 측량 분야에서 사용된다. 이런 분야 시장 규모만 100억달러에 이른다.

그다음 드론이 많이 쓰이는 곳은 '유지 · 보수' 분야다. 시장 규모가 46억6,600만달러에 이른다. 특히 석유 · 가스 시추 시설이나 발전소 등 인간의 접근이 쉽지는 않으면서 규모는 큰 에너지 산업에서 드론은 톡톡한 역할을 하고 있다. DII는 "드론은 굴뚝, 정유소, 송전선, 송전탑, 파이프라인 등을 점검하는데 고유한 이점을 갖고 있다"며 "에너지 산업과 관련한 유지 · 보수 분야가 드

148) 조성호, "우크라가 최고 실험실 됐다"... 전쟁이 키운 드론, 무한 확장 중, 조선일보, 2024.4.7. (https://www.chosun.com/economy/weeklybiz/2024/04/04/EZ6R24PTFVFUJJVENNMMGF2OXM/)

론이 가장 크게 발전할 분야로 꼽힌다"고 설명했다.

이 밖에도 화물 · 택배나 창고업 역시 빠르게 성장하고 있는 분야다. 코로나 팬데믹 이후 월마트나 아마존 등 대형 유통사가 드론 택배를 빠르게 도입했다.

10. 드론위협대응

가. 개 요

2024년 3월 12일 국토교통부(장관 박상우), 과학기술정보통신부(장관 이종호), 국가정보원(원장 조태용)이 의성 드론비행시험센터에서 '국가안티드론훈련장 지정·운영 및 사용에 관한 업무협약서(MOU)'을 체결했다.[149)]

업무협약(MOU)에는 국가 드론 인프라 2곳(의성 · 고성)을[150)] 국가 안티드론 훈련장으로 지정하는 것과 함께, 동 훈련장에서 안티드론 장비의 시험 · 성능검증이 안전하고 원활하게 실시될 수 있도록 세 부처 간 상호 협력사항이[151)] 포함됐다.

최근 무인기를 활용한 북한의 후방테러 가능성이 증가하고 있고, 우크라이나 전쟁에서 드론이 폭넓게 이용되는 등 국내외적으로 드론 테러가 심각한 안보위협으로 대두되고 있는 중이다. 이번 업무협약은 국토부·과기정통부 · 국정원 등 관계부처가 협업을 통해 국내 대테러 관계기관의 드론 대응훈련과 민간 안티드론 장비 개발업체의 기술을 시험 평가할 수 있는 인프라를 제공한다. 국가 차원의 드론 테러 대응 역량을 강화시켰다는 측면에서 의미가 있다.

현행 전파법에 따르면, 전파차단 등 전파 혼 · 간섭을 유발하는 행위는 엄격하게 금지되고 있다. 군사 활동이나 대테러 활동 등 공공안전을 위해 불가피한 경우에만 불법 드론과 같은 공공안전 위협 수단을 대상으로 전파차단장치

---

149) 국토교통부 보도자료, 드론 테러 등 안보 위협으로부터 국민 보호, 의성·고성 국가안티드론훈련장 지정, 2024. 3. 12.(https://blog.naver.com/mltmkr/223380819863)

150) 의성 드론비행시험센터(경상북도 의성군 가음면 금성현서로 497-9), 고성 드론개발시험센터(경상남도 고성군 동해면 내곡리 1536-1).

151) 과기정통부는 안티드론 장비의 시험·성능검증 관련 전파관리 등을 국토부는 안티드론 훈련장 시설 지정 · 운영 등, 국정원은 안티드론 훈련장 사용에 관한 수요발굴 및 지원 등을 협력한다.

를 예외적으로 사용하는 것이 가능(제29조제3항)하다. (2020.12 전파법 개정)

하지만, 현행 규정상 훈련 · 시험 등을 목적으로 전파차단장치를 사용할 수 있는지 여부가 불명확함에 따라, 관련 부처 및 기업 등에서는 대테러 훈련 및 고성능의 전파차단장치 개발 · 검증 등에 대한 어려움을 지속적으로 제기해 오고 있었다. 이에 과기정통부는 공항 · 원자력발전소와 같은 국가 중요시설 등을 대상으로 드론 테러 등의 안보위협이 커지고 있는 상황을 고려했다. 그래서 적극행정 제도를 통해 안전조치된 부지에서는 전파차단장치의 훈련 · 시험 등이 가능하도록 조치(과기정통부 적극행정위원회 의결, '23년 10월)한 바 있다.

나. 과기정통부 적극행정위원회 주요 의결내용(2023. 10.)

1) 의제 : 안전조치된 부지에서는 전파차단장치 시험·훈련·검증이 가능하도록 전파법 적극 해석

2) 의결내용

- (전파법 제29조제1~2항 적극 해석) 전파환경조사를 통하여 전파 혼 · 간섭이 가능성이 매우 낮다고 검토 · 확인된 장소 등 안전조치된 야외부지에서 행하는 전파차단장치 야외훈련 · 시험 · 검증은 전파 혼 · 간섭을 유발하는 행위로 볼 수 없음.
- (전파법 제29조제3항 적극 해석) 전파차단장치 도입 · 사용가능 범위에 야외시험 · 훈련 · 검증 포함

한편, 국토교통부는 드론산업 발전과 우리 기업의 기술 개발·실증 지원 등을 위해 2020년부터 드론비행시험센터(6) · 개발센터(1) · 인증센터(1) · 교육센터(1) · 자격센터(2) 등 드론 인프라를 구축·운영하고 있다.

다. 세부내용

국내 안티드론훈련장과 안티드론장비 개발을 위한 시험 시설이 부재함에 따라 국가 대테러 역량 약화 및 산업계의 안티드론장비 개발의 어려움 해소를 위해 선제적으로 안티드론 시설을 갖춘 의성 드론비행시험센터 및 고성 드론개발시험센터를 구축했다. 안티드론장비를 사용할 수 있도록 규제가 완화되고, 안티드론 시설로 활용 가능한 드론 인프라가 구축되는 등 제반 여건이 마

련됐다.

따라서, 국토부, 과기정통부, 국정원 등 3개 부처는 다수의 실무 협의를 통해 국가 안티드론 훈련장을 조속히 마련하는데 합의하고, 합동 현장조사 등을 통해 전파차단장치 사용 안전성 등을 검증한다. 이번 업무협약을 통해 국가 드론 인프라 2곳(의성·고성)을 국가 안티드론 훈련장으로 선정했다.

류제명 과기정통부 네트워크정책실장은 "드론 테러 등 신기술을 악용한 안보위협으로부터 국민을 적극적으로 보호할 수 있도록 과기정통부가 할 수 있는 정책적 노력을 앞으로도 지속해 나가겠다"라고 밝혔다.

김영국 국토교통부 항공정책관은 "국가안티드론 훈련장 지정·운영을 통해 우리나라의 대테러 역량 강화뿐 아니라 산업계의 안티드론기술 개발을 위한 초석을 마련했다"고 평가했다.

그리고 "국가 안티드론훈련장 지정과 함께 초기 기술개발단계부터 활용단계까지 드론산업 전 주기를 지원할 수 있는 인프라 구축·운영을 통해 드론 분야 기술 발전과 산업 성장을 적극 지원해 나가겠다"라고 밝혔다.

제4절 사이버안보

사이버안보에서는 사이버안보 업무규정과 사이버안보전략 및 사이버작전에 대하여 살펴본다.

1. 사이버안보 업무규정

가. 개요

국가정보원의 직무 범위에 국제 및 국가배후 해킹조직 등 사이버안보 관련 정보의 수집 · 작성 · 배포에 관한 사항을 추가하는 등의 내용으로 「국가정보원법」이 개정(법률 제17646호, 2020. 12. 15. 공포, 2021. 1. 1. 시행)됨에 따라, 사이버안보 업무의 범위와 사이버안보 업무의 수행에 필요한 사항을 정하는 등 법률에서 위임된 사항과 그 시행에 필요한 사항을 '사이버안보 업무규정'으로 제정하였다.[152]

나. 사이버안보 업무규정의 목적

사이버안보 업무규정은「국가정보원법」제4조제1항에 따른 국가정보원의 직무 중 사이버안보 업무의 수행에 필요한 사항을 규정함을 목적으로 한다.[153]

[전문개정 이유, 2024. 3. 5.]

사이버안보 업무의 효율적·체계적인 수행을 위하여 사이버안보 업무에 사이버안보 정보 및 보안 관련 기획·조정 업무를 추가하고, 사이버안보의 위협을 신속히 차단하고 피해를 최소화하기 위하여 국가정보원장이 국제 및 국가배후 해킹조직 등의 활동을 선제적으로 무력화하는 조치 등을 할 수 있도록 하며, 사이버보안을 강화하기 위하여 국가정보원장이 중앙행정기관 등의 클라우드컴퓨팅서비스 이용에 대해서 보안대책 수립과 검증을 할 수 있도록 하는 등 현행 제도의 운영상 나타난 일부 미비점을 개선·보완하려는 것이다.

다. 사이버안보 업무규정의 구성

사이버안보 업무규정은 제1조 목적, 제2조 정의, 제3조 사이버안보 업무의 수행, 제3조의2 사이버안보 업무의 기획·조정, 제4조 국가사이버안보센터, 제5조 기관 간 협력체계 구축, 제5조의2 사이버안보정보의 임의제출, 제5조의3 사이버안보정보의 작성, 제6조 정보공유시스템 구축, 제6조의2 사이버안보정보 업무 수행 관련 대응조치 등, 제7조 사이버보안 업무 대상 공공기관의 범위, 제8조 사이버보안 세부지침의 수립·시행,

제9조 사이버보안 예방 조치 등, 제10조 사이버공격·위협에 대한 예방·대응 교육, 제11조 사이버보안 훈련, 제12조 사이버보안 자체 진단·점검, 제13조 사이버보안 실태 평가, 제14조 통합보안관제, 제15조 경보 발령, 제16조 사

152) 사이버안보 업무규정 [시행 2021. 1. 1.] [대통령령 제31356호, 2020. 12. 31., 제정]
153) 사이버안보 업무규정 [시행 2024. 3. 5.] [대통령령 제34287호, 2024. 3. 5., 일부개정] 제1조.

고 조사, 제17조 사이버안보 업무 관련 전략 등의 연구 · 개발, 제18조 고유식별정보의 처리로 구성되어 있다.

라. 사이버안보 업무규정의 주요내용

1) 정의(제2조)

이 영에서 사용하는 용어의 뜻은 다음과 같다. 〈개정 2024. 3. 5.〉

1. **"정보통신망"**이란 「전기통신사업법」 제2조제2호에 따른 전기통신설비를 이용하거나 전기통신설비와 컴퓨터 및 컴퓨터의 이용기술을 활용하여 정보를 수집 · 가공 · 저장 · 검색 · 송신 또는 수신하는 정보통신체제를 말한다.

2. **"사이버공격 · 위협"**이란 해킹, 컴퓨터 바이러스, 서비스거부(DDoS: Distributed Denial of Service), 전자기파 등 전자적 수단에 의하여 정보통신기기, 정보통신망 또는 이와 관련된 정보시스템을 침입 · 교란 · 마비 · 파괴하거나 정보를 위조 · 변조 · 훼손 · 절취하는 행위 및 그와 관련된 위협을 말한다.

2) 사이버안보 업무의 수행(제3조)

국가정보원은 사이버안보를 위하여 다음 각 호의 업무(이하 **"사이버안보 업무"**라 한다)를 수행한다.

1. 사이버안보정보 업무

가. 「국가정보원법」 제4조제1항제1호마목에 따라 국제 및 국가배후 해킹조직 등 사이버안보 관련 정보를 수집 · 작성 · 배포하는 업무

나. 법 제4조제1항제3호에 따라 사이버안보 관련 정보의 수집 · 작성 · 배포 업무 수행에 관련된 조치로서 국가안보와 국익에 반하는 북한, 외국 및 외국인 · 외국단체 · 초국가행위자 또는 이와 연계된 내국인의 활동을 확인 · 견제 · 차단하고 국민의 안전을 보호하기 위하여 취하는 대응조치

다. 법 제4조제1항제5호에 따라 수행하는 가목 및 나목에 따른 업무의 기획 · 조정 업무

2. 사이버보안 업무

가. 법 제4조제1항제4호 각 목의 기관(이하 "중앙행정기관등"이라 한다)을 대상으로 하는 사이버 공격 · 위협에 대한 예방 및 대응 업무

나. 법 제4조제1항제5호에 따라 수행하는 사이버공격 · 위협에 대한 예방 및 대응 관련 기획 · 조정 업무 [전문개정 2024. 3. 5.]

3) 정보공유시스템 구축(제6조)

① 국가정보원장은 사이버안보 관련 정보를 배포·공유하기 위하여 정보공유시스템을 구축·운영할 수 있다. 〈개정 2024. 3. 5.〉

② 제1항에 따른 정보공유시스템의 활용 대상 및 범위 등 운영에 필요한 사항은 국가정보원장이 관계 중앙행정기관등과 협의하여 정한다.

4) 사이버공격예방·대응업무 대상 공공기관의 범위(제7조)

법 제4조제1항제4호다목에서 "대통령령으로 정하는 공공기관"이란 다음 각 호의 기관을 말한다. 〈개정 2024. 3. 5.〉

1. 「공공기관의 운영에 관한 법률」 제4조에 따른 공공기관
2. 「지방공기업법」에 따른 지방공사 및 지방공단
2의2. 「지방자치단체 출자·출연 기관의 운영에 관한 법률」 제2조제1항에 따른 출자·출연 기관 중 해당 지방자치단체의 조례로 정하는 기관
3. 특별법에 따라 설립된 법인. 다만, 「지방문화원진흥법」에 따른 지방문화원 및 특별법에 따라 설립된 조합·협회는 제외한다.
4. 「초·중등교육법」, 「고등교육법」 및 그 밖의 다른 법률에 따라 설치된 국립·공립 학교
5. 「정부출연연구기관 등의 설립·운영 및 육성에 관한 법률」 제8조제1항 및 「과학기술분야 정부출연연구기관 등의 설립·운영 및 육성에 관한 법률」 제8조제1항에 따른 연구기관 [제목개정 2024. 3. 5.]

⇨ 사이버공격예방·대응업무 대상 공공기관의 범위에 국가로부터 비밀취급인가를 받고, 방산물자를 생산하는 방위산업체가 미포함 되어 있어 반영검토가 필요하다.

5) 사이버공격·위협에 대한 예방·대응 교육(제10조)

① 중앙행정기관등의 장은 사이버 공격·위협에 대한 예방 및 대응 업무를 수행하는 소속 공무원 및 임직원의 직무역량을 높이기 위하여 필요한 교육을 실시해야 한다.

② 국가정보원장은 중앙행정기관등의 사이버 공격·위협에 대한 예방 및 대응 업무를 수행하는 공무원 및 임직원의 직무역량 향상을 지원하기 위하여 관련 교육과정을 직접 운영하거나 다른 기관·단체가 운영하는 교육과정을 직무역량 교육과정으로 지정할 수 있다.

제10조(사이버보안 교육)
① 중앙행정기관등의 장은 소속 공무원 및 임직원의 사이버보안에 대한 인식과 사이버보안 업무를 수행하는 소속 공무원 및 임직원의 직무역량을 높이기 위하여 필요한 교육을 실시해야 한다. 〈개정 2024. 3. 5.〉
② 국가정보원장은 제1항에 따른 사이버보안 교육을 위하여 필요한 경우 관련 교육과정을 직접 운영하거나 다른 기관 · 단체가 운영하는 교육과정을 사이버보안 교육과정으로 지정할 수 있다. 〈개정 2024. 3. 5.〉
③ 중앙행정기관등의 장은 국가정보원장에게 제1항에 따른 사이버보안 교육을 위하여 필요한 지원을 요청할 수 있다. 〈신설 2024. 3. 5.〉
[제목개정 2024. 3. 5.] [시행일: 2025. 1. 1.] 제10조

2. 사이버안보전략

가. 개 요

'국가사이버안보전략'은 증가하는 사이버 위협에 대응하는 우리 정부의 기본 전략을 담은 책자이다. 2023년 6월 발간한 '국가안보전략'의 토대 위에, 우리 정부가 표방하는 사이버안보 전략을 상세하게 설명하고 있다. 이러한 전략을 토대로 우리 정부는 사이버안보 위협에 선제적으로 대처하고 사이버 역량과 복원력을 강화하여, 대한민국을 안전하게 지켜나갈 것이다.

또한 자유, 인권, 법치의 규범과 가치를 공유하는 우방국들과 사이버안보 공조를 강화하면서 국제사회의 평화와 번영에 기여해 나갈 것이다. 정부는 자유와 인권 등 국민의 기본권 보호를 최우선 목표로 두고, 국민과 함께 '국가사이버안보전략'을 충실히 실천해 나갈 것이다.[154)]

154) 대통령실 국가안보실, 국가사이버안보전략, 2024. 2. 서문.

나. 국가사이버안보전략의 구성

Ⅰ. 수립배경 : 1. 환경의 변화와 도전, 2 평가와 필요성
Ⅱ. 비전목표 : 1. 비전, 2. 목표, 3. 원칙
Ⅲ. 전략과제 : 1. 공세적 사이버 방어활동 강화
2. 글로벌 사이버 공조체계 구축
3. 국가 핵심인프라 사이버 복원력 강화
4. 新기술 경쟁우위 확보
5. 업무 수행기반 강화
Ⅳ. 이행방안

다. 국가사이버안보전략 주요내용[155)]

2024년 2월 1일 국가안보실은 국정원, 외교부, 국방부, 과기정통부 및 경찰청 등과 합동으로 마련한 윤석열 정부의 '국가사이버안보전략'을 발표했다. 이는 국가 차원의 사이버 전략 방향을 제시하는 사이버안보 분야 최상위 지침서로, 변화된 안보환경과 국정 기조를 담아 수립됐다.

윤석열정부의 국가사이버안보전략은 수립 배경, 비전과 목표, 전략과제, 이행방안의 총 4개 장으로 구성되어 있으며 △자유민주주의 가치 수호 △글로벌 중추국가 실현 △법치와 규범 기반 질서 수호 등 정부의 외교안보 분야 국정철학구현 방안을 담고 있다.

특히, 국가사이버안보전략의 비전을 '사이버공간에서 자유·인권·법치의 가치를 수호하면서 국제적 역할과 책임을 다하는 글로벌 중추국가'로 설정함으로써, 2023년 6월 발표한 윤석열 정부 국가안보전략서의 방향성과 맥을 같이한다.

이를 실현하기 위해 국가의 핵심 가치와 국민의 이익을 함께 중시하고, 모든 이해관계자 간 긴밀한 협력을 바탕으로 위협에 공동 대응하며, 국제규범을 기반으로 적법하게 업무를 수행한다는 원칙을 담고 있다.

또한 △공세적 사이버 방어 및 대응 △글로벌 리더십 확장 △건실한 사이버

---

155) 대통령실 보도자료, 국가안보실, 윤석열 정부의 '국가사이버안보전략' 수립, 2024.2.1., pp.1-3.

복원력이라는 사이버안보 전략 3대 목표를 제시했고, 이를 추진하기 위한 5대 전략과제를 실행해 나갈 것이다.

* 5대 전략과제 : ① 공세적 사이버 방어 활동 강화 ② 글로벌 공조체계 구축 ③ 국가핵심 인프라 사이버 복원력 강화 ④ 新기술 경쟁 우위 확보 ⑤ 업무 수행 기반 강화

국가사이버안보전략서는 정부 각 부처가 소관 계획과 시행 계획을 수립·추진하는 가운데 그 이행상황을 주기적으로 점검하도록 기술하고 있다. 국가사이버안보전략서에 담긴 내용의 주요 특징은 다음과 같다.

첫째, 북한의 사이버 위협을 중점 기술한다. 우리 기반시설에 대한 사이버 위협은 물론, 핵과 미사일 개발 자금을 확보하기 위한 가상자산 탈취, 허위정보 유포 등 북한의 사이버 위협에 대처하기 위한 정책과 대응 방안을 제시한다.

둘째, 기존의 방어 중심 대응에서 벗어나 사이버 위협을 선제적으로 식별하고 대응하는 공세적이고 포괄적인 접근과 이를 위한 대응역량 강화방안이 포함되어 있다.

셋째, 글로벌 사이버 협력의 중요성을 강조했다. 그간 정부는 한미동맹의 범주를 사이버 공간으로 확장한 데 이어, 캠프 데이비드 협력체계를 통해 한미일 3국 간 사이버 공조를 강화했으며, 영국과도 사이버 파트너십을 체결했다. 정부는 핵심 협력국들과 강력한 사이버 파트너십을 구축하는 가운데, 인·태 지역 및 NATO 회원국들과의 사이버안보 협력을 강화해 나갈 것이다.

넷째, 최근 행정 전산망 장애로 국민들이 큰 불편을 겪었던 사례를 교훈 삼아, 신속한 대응체계를 마련하는 데 주력하고자 한다. 아울러 정보보호 기업의 혁신을 지원하고 이를 위한 투자를 확충하면서 사이버 인프라의 국제 경쟁력을 확보해 나갈 계획이다.

정부는 사이버안보 전략 수립을 계기로 국가 사이버안보 역량을 한층 강화함으로써 국민을 더욱 안전하게 보호하는 데 최선의 노력을 다할 것이다.

라. 국가사이버안보전략 요지[156)]

1) 국가사이버안보전략의 수립 배경

o 사이버안보의 중요성이 부각됨에 따라 각국은 사이버안보 수준을 향상시키기 위해 국가 차원의 전략을 수립, 우리도 안보환경 변화에 맞는 새로운 전략의 구상이 필요
o 정부는 우리나라를 겨냥하는 다양한 사이버 위협 앞에서, 국가 핵심 기능을 안정적으로 운영하고 국민을 안전하게 보호하기 위한 새로운 전략 구상이 필요하다고 판단

2) 국가사이버안보전략의 비전

사이버공간에서 자유 · 인권 · 법치의 가치를 수호하며
국제사회에 역할과 책임을 다하는 글로벌 중추국가

3) 국가사이버안보전략의 목표

1. **공세적 사이버 방어 및 대응** : 방어 위주의 기존 전략만으로는 고도화하는 사이버위협 대응에 한계가 있으므로 공격징후를 사전에 포착하고 이에 대한 선제적인 대응을 취하여 위협을 제거 · 완화

2. **글로벌 리더십 확장** : 사이버공간에서 가치를 공유하는 국가들과 연대하여 다양한 사이버 위협에 맞서며 UN · NATO 등 국제무대에서 사이버안보 문제를 보다 적극적으로 주도하는 등 우리나라의 국제 영향력 확대

3. **건실한 사이버 복원력 확보** : 사이버공격 발생시 정부의 역량을 신속하게 집중하여 복구하고, 포괄적인 보안 역량을 지속적으로 강화시켜 우리 사이버 공간을 든든하게 보호

156) 대통령실 보도자료, 국가안보실, 윤석열 정부의 '국가사이버안보전략' 수립, 2024.2.1., pp.4-5.

4) 국가사이버안보전략의 전략과제

1. 공세적 사이버 방어활동 강화 : 국가안보·국익을 위협하는 악의적 사이버 활동에 대한 억지력을 확보하고, 위협 행위자의 사이버 공격에 대한 선제적 방어역량 강화
   * 사이버공격의 주체를 규명하기 위한 역량 강화, 공격 근원지 대상 탐지·분석을 통한 위협 사전포착, 사이버공간에서 국론 분열과 사회·경제적 혼란을 유발하는 영향력 공작 대응, 랜섬웨어 유포 및 가상자산 해킹 등 사이버위협 대응 역량 강화

2. 글로벌 공조체계 구축 : 국제사회와의 적극적인 협력을 통해 사이버 위협 대응의 실효성을 제고하고, 글로벌 중추국가로서 안전하고 평화로운 사이버 공간 구축에 기여
   * 주요국과 사이버안보 협력 강화를 통한 국제 사이버 협력 네트워크 확충, UN·NATO 등의 국제사회 논의 주도, 국제표준·규범·통상협정 등에서 우리의 영향력 강화, 국내외 민간기업과 위협정보·정책·기술 교류 확대, 개발도상국을 대상으로 글로벌 역량강화 지원 확대 등

3. 국가 핵심인프라 사이버 복원력 강화 : 국가 핵심인프라와 중요 시스템의 사이버 복원력을 강화하여, 모든 기업과 국민에게 편리하고 안전한 서비스를 제공
   * 정보시스템 장애 대비를 위한 신속한 대응체계 수립, 기반시설 관리시스템의 최소 보안 요구사항 수립 및 위협탐지체계 구축, 제로 트러스트 보안전략 구현을 위한 기반작업 및 단계별 추진계획 수립·시행, ICT 공급망 보안을 위한 제도·지침을 개정하고 관련 인력 육성 등

4. 新기술 경쟁우위 확보 : 국가 사이버안보 역량의 기반인 핵심 기술을 적극적으로 육성하고 안전하게 보호함으로써 국제 경쟁력 및 기술 주도권을 확보
   * 사이버안보 핵심기술 식별 및 전략산업화 추진, AI·양자기술 등 新기술 연구개발 지원 확대, 신기술 적용 정보보호제품 규제개선 등 혁신 촉진을 통한 경쟁력 확보, 新기술 보안관리 프레임 워크 마련, 양자대응 암호체계 구축 및 국제암호표준 개발에 적극 참여 등

5. 업무 수행기반 강화 : 개인, 기업, 정부의 역할과 책임을 유기적으로 연결하여 조화를 이루고 제도화하는 범국가 차원의 사이버안보 체계 확립
   * 국가안보실 산하에 국가사이버안보위원회를 설치하여 정책 사항을 조정하고, 정부·기업의 핵심 역량을 결집하기 위한 통합대응조직 설치, 사이버안보 업무 관련 제도와 기반 개선, 사이버안보 위기에 관한 지침·매뉴얼 제·개정, 정보공유체계 정비를 포함한 민관 협력 활성화 등

5) 이행방안

o 정부는 국가사이버안보전략을 매 5년마다 개정하고, 전략의 비전 · 목표를 달성하기 위한 기본계획과 시행계획을 수립하여 이를 효과적으로 추진.

3. 사이버작전

가. 사이버작전사령부 연혁

1) 국군사이버사령부령

[대통령령 제23006호, 2011. 7. 1., 제정/시행]

국군사이버사령부를 국방정보본부 예하에서 국방부 직할부대로 변경하여 설치하고, 국군사이버사령부의 임무, 사령관 등의 임명과 직무, 부서와 부대의 설치 등에 관하여 정하려는 것임.

2) 국군사이버사령부령

[대통령령 제26101호, 2015.2.16., 일부개정/시행]

국군사이버사령부가 국방 사이버전에서 사이버작전을 원활하게 수행할 수 있도록 하기 위하여, 합동참모의장이 국방부장관의 명을 받아 국군사이버사령부의 사이버작전을 지도 · 감독하도록 하려는 것임.

3) 사이버작전사령부령

[대통령령 제29561호, 2019. 2. 26., 전부개정/시행]

국군사이버사령부의 명칭을 사이버작전사령부로 변경하고, 합동참모의장이 지휘 · 감독하는 합동부대로 하며, 사이버작전사령부 소속의 모든 군인 및 군무원이 정치적 중립을 지키도록 명시하고, 정치활동에 관여하는 행위 등을 지시 또는 요구받은 경우 이의를 제기하고 그 직무의 집행을 거부할 수 있도록 하며, 사이버작전상 긴급한 조치가 필요한 경우 사이버작전사령부 사령관이 다른 부대를 일시적으로 지휘 · 감독할 수 있도록 하는 등 국방 사이버공간에서의 사이버작전 시행 및 그 지원에 관한 업무를 수행하는 사이버작전사령부의 위상을 정립하기 위하여 현행 규정을 「사이버작전사령부령」으로 전부개정하려는 것임.

나. 사이버작전사령부 설치

국방 사이버공간에서의 사이버작전 시행 및 그 지원에 관한 업무를 관장하기 위하여 국방부장관 소속으로 사이버작전사령부를 둔다.157)

다. 사이버작전사령부 임무

사이버작전사령부는 다음 각 호의 임무를 수행한다.

1. 사이버작전의 계획 및 시행
2. 사이버작전과 관련된 사이버보안 활동
3. 사이버작전에 필요한 체계개발 및 구축
4. 사이버작전에 필요한 전문인력의 육성 및 교육훈련
5. 사이버작전 유관기관 사이의 정보 공유 및 협조체계 구축
6. 사이버작전과 관련된 위협 정보의 수집·분석 및 활용
7. 그 밖에 사이버작전과 관련된 사항

라. 정치적 중립 의무 준수(사이버작전사령부령 제7조)

① 사령부 소속의 모든 군인 및 군무원은 정당이나 그 밖의 정치단체에 가입하거나 정치활동에 관여하는 행위를 해서는 안 된다.

② 사령부 소속의 모든 군인 및 군무원은 상관 또는 사령부 소속의 다른 군인 및 군무원으로부터 제1항에 위배되는 행위를 하도록 지시 또는 요구를 받은 경우 사령관이 정한 절차에 따라 이의를 제기할 수 있다. 이 경우 지시 또는 요구가 시정되지 않으면 그 직무의 집행을 거부할 수 있다.

마. 사이버작전상 긴급조치(사이버작전사령부령 제8조)

① 사령관은 사이버작전상 긴급한 조치가 필요한 경우에는 예하 부대가 아닌 다른 부대를 일시적으로 지휘·감독할 수 있다.

② 제1항의 경우에 사령관은 그 경위를 지체 없이 국방부장관 및 합동참모의장에게 보고하고, 해당 부대의 상급부대 지휘관에게 통보해야 한다.

---

157) 사이버작전사령부령 [시행 2019. 2. 26.] [대통령령 제29561호, 2019. 2. 26., 전부개정] 제1조.

제5절 우주안보

우주안보에서는 안보 관련 우주 정보 업무규정과 국방우주발전위원회 훈령에 대하여 살펴본다.

1. 안보 관련 우주 정보 업무규정

가. 개 요

국가정보원에서는 「국가정보원법」 제4조제1항제1호마목 및 같은 조 제3항에 따라 국가정보원의 직무 중 위성자산 등 안보 관련 우주 정보의 수집·작성·배포 업무 수행에 필요한 사항을 규정함을 목적으로 안보 관련 우주 정보 업무규정을 제정하여 시행하고 있다.158)

나. 안보 관련 우주 정보 업무규정의 구성

제1조 목적, 제2조 정의 제3조 안보 관련 우주 정보의 수집·작성·배포 제4조 안보 관련 우주 정보 기술의 연구·개발 제5조 보안조치

다. 용어의 정의

제2조(정의) 이 영에서 사용하는 용어의 뜻은 다음과 같다.

1. "위성자산등"이란 「우주개발 진흥법」 제2조제3호에 따른 우주물체와 이와 관련된 시설 및 시스템 등을 말한다. 2. "안보 관련 우주 정보"란 다음 각 목의 정보 중 국가안보와 관련된 정보를 말한다. 가. 위성자산등에 관한 정보 나. 「우주개발 진흥법」 제2조제4호에 따른 우주사고, 같은 조 제5호에 따른 위성정보 및 같은 조 제6호에 따른 우주위험에 관한 정보 3. "관계기관"이란 다음 각 목의 기관 및 단체 중 안보 관련 우주 정보의 수집·작성·배포와 관련된 업무를 수행하는 기관 및 단체를 말한다. 가. 「공공기록물 관리에 관한 법률」 제3조제1호에 따른 공공기관 나. 그 밖에 위성자산등을 개발·제작·보유하는 기관 및 단체

158) 안보 관련 우주 정보 업무규정 [시행 2021. 1. 1.] [대통령령 제31355호, 2020. 12. 31., 제정]

라. 안보 관련 우주 정보의 수집 · 작성 · 배포(제3조)

① 국가정보원장은 위성자산등과 그 밖의 인적 · 물적 자산을 활용하여 안보 관련 우주 정보를 수집 · 작성한다. 이 경우 관계기관 소관의 위성자산등을 활용하려는 경우에는 해당 기관의 장과 협의해야 한다.

② 국가정보원장은 수집 · 작성한 안보 관련 우주 정보를 관계기관 등에 배포할 수 있다.

③ 국가정보원장은 제1항 및 제2항에 따른 업무를 원활하게 수행하기 위하여 관계기관 및 해외기관 등과 협력체계를 구축 · 유지할 수 있다.

마. 안보 관련 우주 정보 기술의 연구 · 개발(제4조)

국가정보원장은 안보 관련 우주 정보의 확보 및 활용에 필요한 기술을 단독 또는 관계기관과 공동으로 연구 · 개발할 수 있다.

바. 보안조치(제5조)

① 국가정보원장은 안보 관련 우주 정보 및 위성자산등을 보호하기 위하여 필요한 보안조치를 마련해야 한다.

② 국가정보원장은 제1항에 따른 보안조치를 마련하는 데 필요한 경우 관계기관과 협의할 수 있다.

2. 국방우주발전위원회 훈령

가. 개요

이 훈령은 국방 우주정책 발전과 체계적인 우주전력 확충을 위한 주요 우주정책 및 현안을 심의 · 의결하기 위하여 국방부에 국방우주발전위원회를 설치 · 운영함을 목적으로 한다(제1조목적).[159]

나. 국방우주발전위원회 역할(제2조)

국방우주발전위원회는 국가 우주개발계획과 연계하여 국방우주력 발전 추진계획을 심의하고, 국방우주력을 발전시키기 위한 국방부 본부, 합동 참모본부,

159) 국방우주발전위원회 훈령 [시행 2023. 8. 4.] [국방부훈령 제2827호, 2023. 8. 4., 일부개정.]

육 · 해 · 공군 및 국방부 소속기관 · 국직부대(이하 "각 군 등"이라 한다.)의 노력을 통합 · 조정한다.

다. 국방우주발전위원회 역할(제3조)

① 국방우주발전위원회는 다음 각 호의 사항을 심의한다. 다만, 위원장은 사안이 경미하거나 신속한 의사결정이 필요한 경우 등에는 국방우주발전실무위원회 심의로 대체하도록 할 수 있다.

1. 국방우주력 발전 중요정책에 관한 사항
2. 국방우주전략서(「국방기획관리기본훈령」 제9조 제2호 사목에 따른 국방전략서 부록) 발간 및 국방우주력 발전 시행계획에 관한 사항
3. 국방우주와 관련된 법령의 제 · 개정에 관한 사항
4. 국방우주전력 확충을 위한 주요현안 조정 소요에 관한 사항
5. 국가우주위원회(우주개발진흥실무위원회, 안보우주개발실무위원회 및 위성정보활용실무위원회를 포함한다)와 연계하여 정부부처와 軍 간 협의가 필요한 사항
6. 전시 국가 우주자산 활용을 위한 정부 부처와 軍 간 협의가 필요한 사항
7. 기타 위원장이 필요하다고 인정하는 사항

② 국방우주전략서를 발간하는 경우 제1항에 따른 위원회의 심의를 거친 때에는 「국방기획관리기본훈령」 제9조 제2호 사목에 따른 정책실무회의 및 정책회의의 심의를 생략할 수 있다.

라. 국방우주발전위원회 구성(제4조)

① 위원회는 위원장 1인을 포함하여 15인 이내의 위원으로 구성한다.

② 위원장은 국방부장관이 되고, 위원은 다음 각 호의 사람으로 한다.

1. 합동참모의장 2. 방위사업청장 3. 국방부차관 4. 육군참모총장 5. 해군참모총장 6. 공군참모총장 7. 해병대사령관 8. 국방과학연구소장 9. 한국국방연구원장 10. 국방기술품질원장 11. 국방기술진흥연구소장 12. 국군방첩사령관

③ 간사는 방위정책관이 되고, 위원회 준비를 위한 사무를 처리한다.

마. 국방우주발전 위원회의 운영(제5조)

① 위원회(실무위원회와 소위원회를 포함한다)는 위원장이 필요하다고 인정하거나 위원의 건의가 있을 때에 회의를 소집할 수 있다.

② 위원장이 회의를 소집할 때에는 회의일시·장소 및 안건을 회의개최 10일 전까지 각 위원에게 통보하여야 한다.

③ 위원이 회의 소집을 건의할 때에는 회의개최 일시 및 심의사항 등을 포함한 회의 안건을 위원장에게 제출하여야 한다.

④ 위원회는 위원 3분의 2 이상의 출석으로 개최하고, 출석위원 과반수의 찬성으로 의결한다.

바. 국방우주발전 실무위원회(제6조)

① 위원회의 업무를 효율적으로 추진하고, 다음 각 호의 사항을 심의·의결하기 위하여 실무위원회를 둔다.

1. 위원회에서 심의·의결하여야 할 사항에 대한 사전 검토사항
2. 국방우주분야에 관련하여 각 軍간 조정·협의가 필요한 사항
3. 위원장이 실무위원회에서 심의·의결하도록 위임한 사항
4. 기타 실무위원장이 필요하다고 인정하는 사항

② 실무위원회는 위원장 1인을 포함하여 20인 이내의 위원으로 구성한다.

③ 위원장은 국방정책실장이 되고, 위원은 다음 각 호의 사람으로 한다.

1. 국방부 방위정책관 2. 국방부 전력정책관 3. 국방정보본부 정보기획부장 4. 합동참모본부 전략기획부장 5. 합동참모본부 전력기획부장 6. 합동참모본부 지휘통신부장 7. 육군본부 정책실장 8. 해군본부 기획관리참모부장 9. 공군본부 기획관리참모부장 10. 해병대사 전력기획실장 11. 방사청 우주지휘통신사업부장 12. 국방과학연구소 국방위성개발체계단장 13. 한국국방연구원 군사발전연구센터장 14. 국방기술품질원 첨단미래기술센터장 15. 국방기술진흥연구소 혁신기술연구부장 16. 국군방첩사령부 1처장

④ 간사는 방위정책관실 미사일우주정책과장이 되고, 실무위원회 준비를 위한 사무를 처리한다.

사. 국방우주발전 소위원회(제8조)

① 실무위원회의 업무를 효율적으로 추진하고, 다음 각 호의 사항을 심의 · 의결하기 위하여 소위원회를 둔다.

1. 실무위원회에서 심의 · 의결하여야 할 사항에 대한 사전 검토사항
2. 각 軍간 협의가 필요한 사항
3. 실무위원회 위원장이 소위원회에서 심의 · 의결하도록 위임한 사항
4. 기타 소위원회 위원장이 필요하다고 인정하는 사항

② 소위원회는 위원장 1인을 포함하여 20인 이내의 위원으로 다음 각 호와 같이 구성한다.

1. 위원장 : 국방정책실 방위정책관
2. 위원 : 제6조 제3항에 규정된 위원 소속 군(기관)의 실무과장급

③ 간사는 방위정책관실 미사일우주정책과장이 되고, 소위원회 준비를 위한 사무를 처리한다.

아. 비밀 등의 누설 금지 의무(제10조)

위원회(실무위원회와 소위원회를 포함한다)의 위원은 업무를 수행하는 과정에서 지득한 비밀 및 직무 관련 사항을 위원회의 활동 목적 이외에 이용하거나 이를 누설하여서는 아니된다.

〈군이 추진중인 대북감시 위성사업〉[160)]

	425사업(중대형 정찰위성 사업)	소형 정찰위성 사업	초소형 위성 사업
무게	800kg ~ 1t	500kg 미만	100kg 미만
배치 수량	5기	최소 10여 기	40여 기
발사 수단	미국 스페이스X의 팰컨9 로켓	독자 개발한 고체연료 우주발사체	독자 개발한 고체연료 우주발사체
발사 시기	2023년 12월~ 2025년 5월	2026 ~ 2028년	2028 ~ 2030년

160) 손효주, 신진우, 軍, 소형 정찰위성 최소 10기 발사 추진, 동아일보, 2024.3.27. (https://n.news.naver.com/article/020/0003555546?sid=100)

제14장 방산안보 연구사례

제14장은 방산안보와 국가정보 연구사례로 선행연구의 개요와 출처 및 구성 소개를 통하여 방산안보와 국가정보 사례를 연구한다.

〈방산안보 관련 선행연구 내용 : 주제 순〉

방위산업 안보환경 변화에 따른 방산안보정책 검토(공저)
방위산업과 방산안보 발전방안
방산안보 환경변화에 따른 국가정보의 역할
국가정보학과 국방정보학의 학문적 연계와 발전 방향
산업 및 방산보안과 국가정보
방산안보와 방첩기관 역할
한국의 방산방첩, 보안, 기술보호 등 방산안보기관 협력방안
방위산업 보호를 위한 방산안보법제 발전방안
산업기술 보호를 위한 방첩 및 산업보안법제 개선방안
방첩활동의 효율성 제고를 위한 법/제도적 정비 및 개선방안
규제혁파, 드론 촬영 자유구역 지정을 위한 선결조건 연구(공저)

제1절 방위산업 안보환경 변화에 따른 방산안보정책 검토(공저)

1. 개 요

이 논문의 목적은 '방위산업의 침해에 대한 보호' 라는 관점에서 대내외적인 방산안보 환경을 분석하고 방산안보정책을 검토하는데 있다.

첨단분야의 기술을 바탕으로 나날이 발전하고 있는 방위산업 분야의 기술발전이 새로운 국제안보 정보 환경을 초래하고 있다고 볼 수 있다. 방위산업 침해와 관련한 보호정책은 주로 '기술탈취'에 대한 보호에 중점을 두고 있다. 국가전략 사업의 일환으로 발돋움하고 있는 방위산업이 국가안보 및 국가경제에 미치는 막대한 영향을 고려할 때, 안보전략적 관점의 방산안보정책 검토가 필요하다.

따라서 방산안보정책의 방향이 방산기술의 보호는 물론 북한, 외국기업, 외국인, 외국 정보기관 등의 부당한 활동을 견제, 차단, 방어하기 위한 방산방첩 차원의 역량 강화에 관심이 제고되고 있다.

이러한 점에 착안하여 방산침해와 관련한 방산안보정책을 검토하고 향후 방산방첩 차원의 방산안보정책 모색에 주안점을 두었다.[161]

주제어 : 방위산업, 방산안보, 방산안보정책, 방산침해 보호, 방산방첩

2. 출 처

가. 제목 : 방위산업 안보환경 변화에 따른 방산안보정책 검토

나. 저자 : 류연승, 김영기, 송은희

다. 출처 : 한국국회학회, 한국과 세계 제4권제2호(2022), pp. 207-232.

3. 구 성

Ⅰ. 서론

Ⅱ. 방위산업의 개관 및 안보전략적 특성
  1. 방위산업의 개관
  2. 안보전략적 특성

Ⅲ. 방산안보의 대내외 여건 및 방위산업 침해 동향
  1. 방산안보의 대내·외 여건
  2. 방위산업 침해 동향

Ⅳ. 정책적 시사점 및 결론

161) 류연승, 김영기, 송은희, 방위산업 안보환경 변화에 따른 방산안보정책 검토, 한국국회학회, 한국과 세계 제4권제2호(2022), p.207.

제2절 방위산업과 방산안보 발전방안

1. 개 요

방위산업과 방산안보 발전방안은 방위산업과 방산정책을 살펴보고, 방산사건과 방산안보 활동을 검토하여 방산안보 발전방안을 제시하고자 한다.

방위산업과 방산정책에서 방위산업에 대한 개관과 신정부의 방산정책을 살펴보고, 방산사건과 방산안보 활동에서는 방산사건의 현황과 현재 진행 중인 사건을 살펴보고 정보수사기관의 방산안보 활동, 방사청의 방산기술보호 활동 및 국방정보본부의 방산보안 활동을 검토하였다.

방산안보 발전방안으로 첫째, 방산기술보호 발전방안으로 방산분야 사이버 위협 대응 범정부 협의체 마련 지원, 방위산업기술보호센터 설립, 정보수사기관(방첩기관) 협력을 통한 기술유출침해 신고대응 체계화 지원이다.

둘째, 방산안보와 국가정보업무 발전방안으로 방산안보 수사업무 이관준비 및 방산안보 정보공유체계 활성화, 국가정보업무 전문화이다.

셋째, 방산보안과 국방정보업무 발전방안으로 방산정보 지원조직과 방산보안 전담조직 신설추진, 현재 분산운영 중인 방산안보법령 통합정비 및 '첨단전력 건설과 방산수출 확대의 선순환 구조 마련' 국정과제 추진 등이다.[162)]

주제어 : 방위산업, 방산안보, 방산보안, 방산방첩, 방산기술보호

2. 출 처

가. 제목 : 방위산업과 방산안보 발전방안

나. 저자 : 김영기

다. 출처 : 동중앙아시아경상학회, 동중앙아시아연구 제33권제1호(2022), 2023.4. pp.23-39.

---

162) 김영기, 방위산업과 방산안보 발전방안, 동중앙아시아경상학회, 동중앙아시아연구 제33권제1호(2022), 2023.4. p23.

3. 구 성

Ⅰ. 서론

Ⅱ. 방위산업과 방산정책
  2.1 방위산업 개관
  2.2 신정부의 방위산업 정책

Ⅲ. 방산사건과 방산안보 활동
  3.1 방위산업 사건
  3.2 정보수사기관의 방산안보 활동
  3.3 방사청의 방산기술보호 활동
  3.4 국방정보본부의 방산보안 활동

Ⅳ. 방산안보 발전방안
  4.1 방산기술보호 발전방안
  4.2 방산안보와 국가정보업무 발전방안
  4.3 방산보안과 국방정보업무 발전방안

Ⅴ. 결론

〈세부목차〉

Ⅲ. 방산사건과 방산안보 활동
  3.1 방위산업 사건
  3.2 정보수사기관의 방산안보 활동
  3.2.1 국가정보원
  3.2.2 검찰청
  3.2.3 경찰청
  3.2.4 해양경찰청
  3.2.5 군사안보지원사령부

  3.3 방사청의 방산기술보호 활동
  3.3.1 방산수출입지원시스템 운영
  3.3.2 방산기술보호 점검체계 마련
  3.3.3 방산기술유출 신고체계 구축
  3.3.4 한국방위산업진흥회의 방산보안 지원

제3절 방산안보 환경변화에 따른 국가정보의 역할

1. 개 요

세계 10위권의 경제 강국으로 국제사회에서 위상이 날로 높아져 가는 대한민국을 대상으로 한 외국의 정보활동 증가가 예상된다. 최근 방산 수출 증대로 외국의 우리에 대한 정보활동 강화는 피할 수 없는 일종의 비용이며, 그만큼 커진 정보 위협에 대응하기 위해서는 방첩 역량 강화와 더불어 국민적 인식 전환도 필요하다.

모든 국가는 국익을 위해 정보(Intelligence)활동을 하며, 자국에 대한 외국의 정보활동에 대응하기 위한 대정보(Counter intelligence)활동을 하고 있다. 대정보 활동과 유사개념인 안보(security) 활동은 광의의 적극적인 방첩 활동과 협의의 소극적인 보안 활동 및 기술보호 활동이 있다.

미국의 크리스토퍼 레이 FBI 국장은 "중국과 연계된 경제 분야에서 산업스파이 행위가 지난 10년간 약1300% 증가했다"고 발표했다. 2022년 5월 삼성 전자 자회사 세메스 직원들이 반도체 세정기술과 장비를 중국에 팔아넘겼다는 보도가 있었다. 2021년 1월 SK하이닉스 협력업체 B사도 D램 반도체 핵심기술을 중국에 유출했다.

방사청 주관 실무협의회에 등에 정보수사기관이 참여하여 방산 안보 범죄를 사전 예방할 수 있는 제도개선이 요구된다. 현재 방산기술보호 법령상 국방부장관 소속인 '방위산업기술보호위원회' 참여기관으로 정보수사기관인 국정원과 검찰청, 경찰청, 해양경찰청, 국군방첩사령부 등 5개 기관이 참여하고 있다.

이하에서는 급증하는 방산무기 수출을 선도하기 위하여 방위산업과 관련된 안보문제와 방산안보 환경변화 및 그에 따른 국가정보의 역할에 대하여 살펴보고자 한다.163)

2. 출 처

가. 제목 : 방산안보 환경변화에 따른 국가정보의 역할

나. 저자 : 김영기

다. 출처 : 한국국가정보학회 2022 연례학술회의 논문집, 2022.12.21., pp.135-158.

3. 구 성

Ⅰ. 서 론

Ⅱ. 방위산업과 안보
1. 방위산업
2. 방산안보
3. 미국의 방산안보 딜레마

163) 김영기, 방산안보 환경변화에 따른 국가정보의 역할, 한국국가정보학회 2022 연례학술회의 논문집, 2022.12.21., pp.135-136.

Ⅲ. 방산안보 환경변화
   1. 방산수출 확대
   2. 안보문제 증대
   3. 미국의 방산안보 활동

Ⅳ. 국가정보의 역할
   1. 방산방첩체계 구축
   2. 방산보안정책 개선
   3. 방산기술보호제도 개선

Ⅴ. 결 론

제4절 국가정보학과 국방정보학의 학문적 연계와 발전 방향

1. 개 요

4차 산업혁명은 3차 산업혁명의 산물인 정보통신기술을 기반으로 다양한 기술이 서로 융복합하고, 연결되는 과정인데, 국가정보 분야에서도 국가정보와 부문정보, 부문정보와 부문정보간에 상생, 협력이 필요하며, 국가정보 학문 분야에서 국가정보와 부문정보의 비중도 조화로운 균형과 조화가 필요하다.

2013년 7월 한국국가정보학회에서 국내외 축적된 정보활동에 대한 연구를 총망라하여 『국가정보학』 기본서를 발간하였다. 당시 정보활동의 새로운 영역에 대한 심도 있는 논의를 통하여 국가정보 연구를 확장, 심화시켰으며, 국가정보학의 정체성 확립을 위한 국가정보의 핵심개념 및 연구방법론, 국내외의 연구 동향을 비중 있게 다루었다.

『국가정보학』 책자의 활용은 국가 및 부문 정보기관에서 업무 참고용이나 일부 대학 및 대학원에서의 국가정보학 강의와 국방부 정보군무원(군사정보 및 기술정보 직렬) 채용시험 대비 수험서로 역할을 한다.

한국국가정보학회에서 발행한 『국가정보학』 책자가 국가 및 부문 정보기관에서 업무 참고용이나 대학 및 대학원에서의 국가정보학 강의와 국방부 정보

군무원 채용시험 대비 수험서로 역할을 하려면 지난 7년간의 국가정보 분야와 국방정보 분야 등 부문 정보 분야의 변화내용을 반영하고 4차산업 기술발전과 코로나19와 같은 비전통적 안보 위협에 선제적으로 대응할 수 있는 미래 국가정보의 방향을 제시하여야 할 것이다.

따라서 본 연구는 필자가 1985년부터 군사정보 업무를 시작하여 인간정보와 영상, 신호정보 및 전자전 등의 기술정보 업무와 북한정보, 국방정보, 군사외교정보 등의 정책정보업무 33년간의 경험과 전방에서 복귀하여 2007년부터 한국국가정보학회 활동에 참여하면서 학회의 여러 선배 전문가분들의 고견을 통해 얻은 국가정보와 국방정보의 융합 발전 방향에 대한 내용을 제시하고자 한다.

이하에서는 국가정보학의 활용 실태를 살펴보고 국가정보학의 발전 방향과 국가정보학과 국방정보학의 발전방향에 대하여 기술하고자 한다.[164]

2. 출 처

가. 제목 : 국가정보학과 국방정보학의 학문적 연계와 발전 방향

나. 저자 : 김영기

다. 출처 : 한국국가정보학회 2020 연례학술회의 논문집, 2020.12.18. pp.9-50.

3. 구 성

Ⅰ. 서론

Ⅱ. 국가정보학의 활용 실태
  1. 국가정보학 교재 활용 실태
  2. 국가정보학과 국방정보학의 학문적 연계

Ⅲ. 국가정보학의 발전 방향
  1. 국가정보학의 범주 개선

164) 김영기, 국가정보학과 국방정보학의 학문적 연계와 발전 방향, 한국국가정보학회 2020 연례학술회의 논문집, 2020.12.18. pp.9-50.

2. 한국국가정보학회의 역할 제고

Ⅳ. 국가정보학과 국방정보학의 발전 방향
1. 국가정보학과 국방정보학과의 관계
2. 국가정보학에서 국방정보학의 비중 확대
3. 국가정보학에 국방정보론 반영 안(예시)

Ⅴ. 결론

〈국방정보론 세부목차〉

3-1. 국방정보론
3-1-1. 국방정보론 총론
가. 국방정보론의 개념 및 정의
나. 국방정보론의 역사와 발전단계
다. 국방정보론 접근방법 및 주요 연구영역
라. 국방정보 업무(전략정보, 전술정보 등) : 이하 생략
3-1-2. 국방정보론 각론
가. 군 인사법상 정보 관련 법제
나. 군무원 인사법상 정보 관련 법제
다. 국방정보본부(본부, 정보사령부, 777사령부)
라. 합동참모본부 및 각 군의 정보업무
마. 군사안보지원사령부
바. 사이버작전사령부의 정보업무
사. 국군심리전단
아. 국방정보 및 보안업무 관련 법령

제5절 산업 및 방산보안과 국가정보

1. 개 요

산업보안은 산업통상자원부 보안업무규정시행세칙으로 관장하고, 방산보안과 국방보안은 군사기밀보호법과 동법 시행령, 국방보안업무훈령 및 방위산업보안업무훈령을 두고 있다.

산업기술보호는 산업기술의 유출방지 및 보호에 관한 법과 동법 시행령 및

시행규칙을 두고 있으며, 방산기술보호는 방위산업기술 보호법과 동법 시행령 및 시행규칙을 두고 있다.

산업 및 방산기술보호법에서는 정보수사기관을 언급하고 있다. 정보수사기관은 정보 및 보안업무 기획·조정 규정에서 정보 및 보안업무와 정보사범 등의 수사업무를 취급하는 각급 국가기관을 말한다고 정의하고 있다.

이에 따라 산업 및 방산보안관계법을 개관하고 정보 관련 산업 및 방산기술보호 법제를 살펴 비교하고, 산업 및 방산보안과 국가정보 활동을 국가정보 차원의 산업 및 방산보안 업무, 국가방첩 차원의 산업 및 방산보안 업무, 정보 및 보안업무 기획·조정 업무로 구분하여 검토하고 결론으로 개선방안을 제시하였다.165)

주제어: 산업보안, 방산보안, 산업기술보호, 방산기술보호, 국가정보, 방첩

2. 출 처

가. 제목 : 산업 및 방산보안과 국가정보

나. 저자 : 김영기

다. 출처 : 한국국가정보학회 2018 연례학술회의 논문집, 2018.12.14, pp.75-104.

3. 구 성

Ⅰ. 서 론 Ⅱ. 산업보안 1. 산업보안관계법 2. 정보 관련 산업기술보호법제 Ⅲ. 방산보안 1. 방산보안관계법

165) 김영기, 산업 및 방산보안과 국가정보, 한국국가정보학회 2018 연례학술회의 논문집, 2018.12.14, pp.75-104.

제6절 방산안보와 방첩기관 역할

1. 개 요

방산안보는 방위산업을 방산으로, 안전보장을 안보로 줄여 방산과 안보를 융합하여 시너지 효과를 극대화하고자 방산안보라는 용어로 사용하면서, 방위산업과 안보, 안보수사와 정보, 방산보안 및 방산기술보호를 포괄하는 개념으로 정의한다.

이하에서는 국가안보를 위하여 보호되어야 할 방위산업과 방위산업기술의 보호 환경인 방산안보 환경과 방사청과 국방정보본부를 포함한 방첩기관 등이 수행하고 있는 현행 활동을 살펴보고, 방첩기관 활동의 법적 근거를 검토하여, 방첩기관 등의 방산안보를 위한 방첩업무 발전방안을 제시하고자 한다.166)

2. 출 처

가. 제목 : 방산안보와 방첩기관 역할

나. 저자 : 김영기

다. 출처 : 한국국가정보학회 2021 연례학술회의 논문집, 2021.12.17. pp.81-123.

166) 김영기, 방산안보와 방첩기관 역할, 한국국가정보학회 2021 연례학술회의 논문집, 2021. 12.17. pp.81-123.

3. 구 성

Ⅰ. 서 론

Ⅱ. 방산안보 환경
  1. 방산안보 대내외 여건
  2. 방산안보 사건사례
  3. 방산안보 역량한계

Ⅲ. 방첩기관 등의 방산안보 활동
  1. 방첩기관의 방산안보 활동
  2. 방사청의 방산안보 활동
  3. 국방정보본부의 방산안보 활동

Ⅳ. 방첩활동의 법적 근거
  1. 방첩업무규정
  2. 방첩기관별 근거법령
  3. 국방정보본부령
  4. 방산기술보호법

Ⅴ. 방산안보를 위한 방첩업무 발전방안
  1. 방산기술보호 시행계획과 연계한 발전방안
  2. 방산안보 및 국가정보 발전방안
  3. 방산안보 등을 위한 국방정보업무 발전방안

Ⅵ. 결 론

제7절 한국의 방산방첩, 보안, 기술보호 등 방산안보기관 협력방안

1. 개 요

방산안보는 방위산업과 안전보장을 줄여서 방산안보라 칭하며, 방위산업과 방위사업, 안보와 국가정보, 방산방첩과 방첩보안 및 방산기술보호 등을 포함하는 개념으로 사용한다.

법적 측면의 방위산업은 방위산업물자등의 연구개발 또는 생산과 관련된 산업을 말하며, 생산은 제조 · 수리 · 가공 · 조립 · 시험 · 정비 · 재생 · 개량 또는 개조를 포함한다.

그런데 방위산업은 일반산업과는 달리 동맹 등 우방국과의 국제관계나 외교적 측면, 국익 관련 경제적 측면, 군사 안보적 측면에서 고려되어야 하는 특징이 있고, 이를 지원하는 방산안보 기관도 국내 · 외 협력을 통한 통합적인 대응활동을 해야 방위산업의 신뢰도도 제고된다.

이하에서는 법적 측면의 한국 방산안보업무를 개관하고, 방산방첩과 방산보안 및 방산기술보호를 담당하고 있는 국내 방산안보기관 간의 협력방안을 다루고, 우방국과의 상호주의에 의한 공동개발 등의 국외 방산안보 협력방안은 미래연구에 포함하고자 한다.167)

2. 출 처

가. 제목 : 한국의 방산방첩 · 보안 · 기술보호 등 방산안보기관 협력방안

나. 저자 : 김영기

다. 출처 : 한국국가정보학회 2022 하계학술회의 논문집, 2022.6.30., pp. 95-111.

3. 구 성

Ⅰ. 서 론

Ⅱ. 한국의 방산안보업무 개관
1. 방산안보의 개념
2. 방산방첩업무
3. 방산보안업무
4. 방산기술보호업무

167) 김영기, 한국의 방산방첩 · 보안 · 기술보호 등 방산안보기관 협력방안, 한국국가정보학회 2022 하계학술회의 논문집, 2022.6.30., pp.95-97.

제8절 방위산업 보호를 위한 방산안보법제 발전방안

1. 개 요

국방기술 발전과 더불어 대한민국의 방위산업은 눈부신 발전을 하고 있다. 방위산업 물자에 대한 수출도 획기적으로 증가하고 있다. 방위산업 발전과 수출이 증대되는 만큼 외국의 우리 방위산업에 대한 보안위협과, 기술탈취 및 방첩위협은 증대되고 있다.

그러나 방위산업을 보호하는 방위산업 안보 법제는 분산되어 부분적으로 이루어지고 있어 취약점을 내포하고 있다. 방위산업을 보호하는 방산안보 법제에는 방산보안과 방산 기술보호 및 방산방첩 분야가 있으며, 관련 법규로는 방위산업보안업무훈령과 방산기술보호법규 및 방첩업무규정이 있다.

이에 방위산업을 보호하는 방산안보 법제를 개관하고 문제점과 개선방안을 살펴본 후 방위산업을 보호하는 방산안보법제 발전방안을 제시하였다.[168]

2. 출 처

가. 제목 : 방위산업보호를 위한 방산안보법제 발전방안

---

168) 김영기, 방위산업보호를 위한 방산안보법제 발전방안, 한국국방기술학회 2023 추계학술대회 논문집, 231103, p.167.

나. 저자 : 김영기

다. 출처 : 한국국방기술학회 2023 추계학술대회 논문집, 231103, pp.167-173.

3. 구 성

1. 서 론

2. 방위산업을 보호하는 방산안보법제 개관
   2.1 방산보안분야
      (국정원법, 보안업무규정 및 시행규칙, 국방부 방산보안업무훈령
      방위사업법, 군사기밀보호법)
   2.2 방산기술보호분야
      (방산기술보호법과 시행령 및 시행규칙, 방사청 방산기술보호지침)
   2.3 방산방첩분야
      (국정원법, 방첩업무규정, 군방첩업무훈령, 방사청 방첩업무규정)

3. 방위산업을 보호하는 방산안보법제 문제점과 개선방안
   3.1 방산보안분야
   3.2 방산기술보호분야
   3.3 방산방첩분야

4. 방위산업 보호를 위한 방산안보법제 발전방안
   4.1 방위산업 보호를 위한 분야별 법제 발전방안
   4.2 방위산업 보호를 위한 통합 발전방안

5. 결 론

제9절 산업기술 보호를 위한 방첩 및 산업보안법제 개선방안

1. 개 요

21세기 지식기반 경제사회로의 진입에 따라 산업기술의 유출방지와 보호는 첨단기술의 확보와 더불어 국가 경쟁력을 크게 좌우하고 있으며, 냉전시대에 정치·군사안보에 전념하던 각국 정보기관들은 산업스파이 활동에 가담하고 산업스파이 대처 활동을 방첩 핵심요소의 하나로 인식하고 산업기술과 영업비밀 보호를 위해 각종 법제도를 정비하는 노력을 대폭 강화하고 있다.

이에 따라 방첩업무 법제와 산업보안 관계 법제 중 산업기술의 유출방지 및 보호에 관한 법제를 개관하고, 방첩업무 법제를 방첩정책 분야와 외국인 접촉 관리 분야, 방첩업무 지원 분야 및 기관별 방첩업무 발전분야로 대별하여 관계 규정을 살펴보고 문제점을 검토하여 개선방안을 제시하였다.

다음으로 산업기술의 유출방지 및 보호에 관한 법제를 정책 분야와 관리 분야 및 지원 분야로 대별하여 관계 규정을 살펴보고 문제점을 검토하여 개선방안을 제시하였다.

방첩과 산업보안 양 법제가 상호보완과 발전을 통하여 급변하는 국제환경 속에서 국가와 기업 등이 개발한 소중한 산업기술을 포함한 국가기밀 등의 유출방지 및 보호체계를 확립하고 정책적 지원과 체계적인 관리뿐만 아니라 산·학·연·관이 공조체제를 구축하여 방첩과 산업보안에 대한 국민적 인식 확산에 더욱 힘써야 할 것이다.[169]

2. 출 처

가. 제목 : 산업기술보호를 위한 방첩 및 산업보안법제 개선방안

나. 저자 : 김영기

다. 출처 : 한국국가정보학회, 국가정보연구 제7권제1호, 2014.6.30, pp.101-165,

169) 김영기, 산업기술보호를 위한 방첩 및 산업보안법제 개선방안, 국가정보연구 제7권제1호, 2014.6.30, pp.101-165,

3. 구 성

Ⅰ. 서론

Ⅱ. 방첩 및 산업보안법제 개관
  1. 방첩법제 개관
  2. 산업보안법제 개관

Ⅲ. 방첩 및 산업보안 법제의 문제점과 개선방안
  1. 방첩 법제의 문제점과 개선방안
  2. 산업보안 법제의 문제점과 개선방안

Ⅳ. 결론

〈세부목차〉

Ⅱ. 방첩및산업보안법제개관
  1. 방첩법제 개관
    가. 방첩업무규정 제정이유 및 주요내용
    나. 방첩업무 추진체계
    다. 주요 방첩활동
  2. 산업보안법제 개관
    가. 산업기술의 유출방지 및 보호에 관한 법률 제정이유 및 개정내용
    나. 산업보안 추진체계
    다. 주요 산업보안 활동

Ⅲ. 방첩 및 산업보안 법제의 문제점과 개선방안

  1. 방첩 법제의 문제점과 개선방안
    가. 방첩 정책 분야
      (1) 방첩업무의 목적 보완
      (2) 방첩기관과 관계기관 범위 확대
      (3) 방첩업무의 범위 및 방첩기관 등의 업무범위 확대
      (4) 방첩업무 협조체계 강화
      (5) 국가방첩전략회의의 구성위원 증원
    나. 외국인 접촉관리 분야
      (1) 외국인 접촉 시 국가기밀 등의 보호대상 확대
      (2) 외국인 접촉 시 특이사항 신고내용 구체화 명시

(3) 외국 정보기관 구성원 접촉절차 보완
다. 방첩업무 지원 분야
(1) 방첩교육과 홍보기관 및 범위 보완
(2) 외국인 접촉 시 부당한 제한 금지 및 처우 금지
(3) 방첩업무규정에 외국 스파이활동 처벌 조항의 신설
라. 기관별 방첩업무 발전분야
(1) 기관별 방첩업무 시행규정 제정현황
(2) 기관별 방첩업무규정 시행규정의 특징 및 개선방안

2. 산업보안 법제의 문제점과 개선방안
가. 산업기술의 유출방지 및 보호 정책 분야
(1) 산업기술의 유출방지 및 보호 정책의 수립 · 추진 시 방첩기관과 협조
(2) 산업기술보호위원회의 구성 위원에 방첩기관 포함
나. 산업기술의 유출을 방지 및 보호관리 분야
(1) 국가핵심기술의 보호조치 시 외국인 접촉조항 반영
(2) 국가핵심기술 수출 시 방첩기관과 협조
(3) 국가핵심기술 보유기관의 해외인수 · 합병 시 방첩기관과 협조
(4) 산업기술의 유출, 침해행위의 금지 및 금지청구권
(5) 산업기술의 유출 및 침해행위의 발생 우려 시 방첩기관에 통보
다. 산업기술의 유출방지 및 보호 지원 분야
(1) 산업기술보호협회와 방첩기관과의 협조
(2) 산업기술보호를 위한 실태조사 시 방첩기관과 공조
(3) 국제협력 시 방첩교육 등 반영
(4) 산업기술 보호 교육 시 방첩내용 포함
(5) 산업기술보호 포상 및 보호 등
(6) 산업기술의 보호를 위한 지원
(7) 벌칙 등
라. 산업보안 개념 확대

제10절 방첩활동의 효율성 제고를 위한 법/제도적 정비 및 개선방안

1. 개 요

본 연구는 기존 방첩활동 관련 법령과 2012년 5월 14일 제정 · 시행한「방첩업무규정」을 비교 · 검토함으로써 방첩활동 관련 법령과 제도의 정비 및 개선방안을제시하여 효율적인 방첩활동에 기여하는 데 목적이 있다.

이를 위해, 방첩활동 관련 법령인「국가정보원법」과「정보및보안업무기획 · 조정규정」및「방첩업무규정」의 방첩 관련 조문을 비교 검토하였으며, 그 결과를 중심으로 방첩활동의 효율성 제고를 위한 법/제도 정비 및 개선방안을 제시하였다.

주요 개선사항은 국가정보원법에 국익 관련 조항 신설, 국내보안정보 내의 방첩조항 개선, 국정원에 법령안을 제안할 수 있는 법적지위 부여 및 헌법근거 마련 등이다. 또한, 정보 및 보안업무 기획 · 조정 규정상의 국내보안정보 개념에 외국 및 국익 추가, 방첩 관련 국내보안정보 조정 대상기관 확대, 현 대통령령인 규정을 작용법률로 격상시키는 것이다.

그리고 방첩업무 규정상의 방첩기관과 방첩업무 수행기관 확대, 관계기관의 협조기능 보완, 외국인 접촉 관련 업무 담당부서 지정, 국가방첩전략회의 소집시기, 전략회의 위원의 의안제출 및 회의 소집요구 규정 명시, 방첩업무 홍보기관 확대 및 처벌규정 신설 등이다.[170]

2. 출 처

가. 제목 : 방첩활동의 효율성 제고를 위한 법제도 개선방안

나. 저자 : 김영기

다. 출처 : 국가정보연구 제5권제2호, 2012.12.31., pp.7-57.

---

170) 김영기, 방첩활동의 효율성 제고를 위한 법제도 개선방안, 국가정보연구 제5권제2호, 2012.12.31., pp.7-57.

3. 구 성

Ⅰ. 서론
Ⅱ. 방첩관련 법령에 대한 고찰
  1. 방첩활동 관련 법령 비교 검토
  2. 방첩업무 규정 검토

Ⅲ. 효율성 제고를 위한 법제도적 정비 및 개선방안
  1. 국가정보원법 상 방첩 관련 규정
  2. 정보 및 보안업무 기획 · 조정 규정
  3. 방첩업무 규정
Ⅳ. 결론

〈세부목차〉

Ⅱ. 방첩관련 법령에 대한 고찰
  1. 방첩활동 관련 법령 비교 검토
    가. 방첩활동 관련 법령 체계
    나. 방첩의 개념을 법령상 최초로 규정
    다. 기관 간 협조체계 강화
    라. 정보 및 보안업무와 방첩업무의 기획 · 조정 규정
    마. 기획 · 조정 및 방첩업무 범위
  2. 방첩업무 규정 검토
    가. 방첩기관과 관계기관 및 방첩업무 범위
    나. 국가방첩업무 지침의 수립 등
    다. 외국 정보요원 등 접촉 관리 강화
      (1) 외국인 접촉 시 국가기밀 등의 보호
      (2) 외국인 접촉 시 특이사항의 신고 등
    라. 국가방첩전략회의 등의 설치 및 운영
      (1) 국가방첩전략회의의 설치 및 운영 등
      (2) 국가방첩전략실무회의의 설치 및 운영 등
      (3) 지역방첩협의회의 구성 및 운영 등
    마. 방첩교육 및 홍보
      (1) 방첩교육
      (2) 방첩업무 홍보
    바. 외국인 접촉의 부당한 제한 금지
Ⅲ. 효율성 제고를 위한 법제도적 정비 및 개선방안
  1. 국가정보원법 상 방첩 관련 규정
  2. 정보 및 보안업무 기획 · 조정 규정
  3. 방첩업무 규정

제11절 드론 촬영 자유구역 지정을 위한 선결조건 연구

1. 개 요

본 연구의 배경은 드론 시장이 거대해짐에 따라 정부는 '드론 촬영 자유구역 지정'을 논의하고 있으나 법 제도 및 절차, 관련 환경요건들이 상충되거나 명확하지 않아 선행되어야 할 요건들을 정립할 필요성이 제기되었다.

연구목적은 촬영 불가지역 범위를 설정하고 자유구역 지정 및 절차에 관한 선결조건을 제시하는 것이다. 연구방법은 문헌연구를 통해 설문서 구성, 인터뷰를 통해 항목 구체화, 전문가 선택 및 참여자 토의를 통해 조건을 제시한다. 연구결과는 항공안전법 등 개정 2개, 자유구역 지정 기준 및 절차 8개, 안내소 운용 등 4개를 도출하였다.

기대효과는 첫째, 드론 촬영을 항공안전법에 포함으로 자유구역 지정에 관하여 국토부와 협의체 구성이 가능하다. 둘째, 촬영금지 영역을 공중까지 확대하여 입체적인 드론 보안이 가능하다. 셋째, 자유구역 지정을 쉽게 적용할 수 있도록 '용인지역 표준모델'을 제시하였다.

향후 연구방향은 드론 촬영 관련 항공안전법 우선 개정과 국가정보원과 연계한 33개 관할지역의 자유구역지정 절차를 준용하여 추진이 필요하다.[171]

주제어 : 드론촬영, 항공안전법 개정, 군사기지 / 군사시설보호법 개정, 국가 및 군사보안시설, 자유구역 지정 절차

171) 석금찬 등 4명, 규제혁파, 드론 촬영 자유구역 지정을 위한 선결조건 연구, 한국융합학회 논문지 제11권 제5호, pp.209-217.

2. 출 처

가. 제목 : 규제혁파, 드론 촬영 자유구역 지정을 위한 선결조건 연구

나. 저자 : 석금찬, 박계수, 남승호, 김영기

다. 출처 : 한국융합학회논문지 제11권 제5호, pp.209-217. 석금찬

3. 구 성

1. 서론
2. 선행연구
3. 드론촬영 자유구역 지정의 선결 조건에 관한 포커스그룹 인터뷰
4. 선결조건의 포커스그룹 인터뷰 결과
5. 결론

〈세부목차〉

2. 선행연구
2.1 경비행장 개발 및 입지선정에 관한 연구
2.2 초경량비행장치(드론) 위협에 관한 연구
2.3 드론 전용 비행시험장 구축에 관한 고찰
2.4 포커스그룹 인터뷰에 관한 선행연구

3. 드론촬영 자유구역 지정의 선결 조건에 관한 포커스그룹 인터뷰
3.1 포커스 그룹 인터뷰
3.2 자료수립 및 설문지 구성
3.3 조사대상 및 절차
3.4 포커스그룹 인터뷰 결과분석

4. 선결조건의 포커스그룹 인터뷰 결과
4.1 우선하여「항공안전법, 군기지 / 군사시설보호법 상 개정해야 할 소요
4.2 국방개혁 2.0의거 부대재배치에 따라 수임군부대 및 보안조치부대 재정립
4.3 국가 · 군사보안시설 등 수평거리 선정방안
4.3.1 수평거리 선정 배경
4.3.2 유형별 보안시설 공중 수평거리 선정
4.4 용인지역 드론촬영 자유구역 지정 안

참고문헌

대한민국 대통령실 보도자료(https://www.president.go.kr/newsroom/press)

대한민국 정책브리핑(https://www.korea.kr/)

법제처 국가법령정보센터(https://www.law.go.kr/)

한국방위산업진흥회 홈페이지(https://www.kdia.or.kr/kdia/main/index.do)

국가안보실, 국가안보정책, 2023.6.

국가안보실, 국가사이버안보정책, 2024.2.1.

국방부, 2022 국방백서, 2023.2

국방부, 2023 전역간부안내서, 2023.1.1.

방사청, 2023년 방위사업 통계연보, 2023.6.16.

방사청, 2022-2026년도 방산기술보호 종합계획, 2021.12.

방사청, 2024년도 방위산업기술보호 시행계획, 2023.12.

인터넷진흥원, 드론 사이버보안 가이드, 2020.12.

김영기, 방산안보와 정보수사기관 역할, 제7회 방산기술보호 및 보안워크숍, 한국방위산업진흥회, 한국방위산업학회, 방산기술보호연구회 공동주최 발표논문, 2021.12.10.

김영기, 방산안보와 방첩기관 역할, 한국국가정보학회 2021 연례학술회의 논문집, 2021.12.17.

김영기, 방산안보 환경변화에 따른 국가정보의 역할, 한국국가정보학회 2022 연례학술회의 논문집, 2022.12.21.

김영기, 방위산업과 방산안보 발전방안, 동중앙아시아경상학회 동중앙아시아연구, 제33권제1호(2022), 2023.4.

김영기, 방첩활동의 효율성 제고를 위한 법제도 개선방안, 한국국가정보학회 국가정보연구 제5권제2호, 2012.12.31.

김영기, 산업기술보호를 위한 방첩 및 산업보안법제 개선방안, 국가정보학회, 국가정보연구 제7권제1호, 2014.6.30.

김영기, 산업 및 방산보안과 국가정보, 한국국가정보학회 2018 연례학술회의 논문집, 2018.12.14, pp.75-104.

김영기, 한국의 방산방첩 · 보안 · 기술보호등 방산안보기관 협력방안, 한국국가정보학회 2022 하계학술회의 논문집, 2022.6.30.

류연승, 김영기, 송은희, 방위산업 안보환경 변화에 따른 방산안보정책 검토, 한국국회학회 한국과 세계 제4권2호, 2022.3.

석금찬, 박계수, 남승호, 김영기, 규제혁파, 드론 촬영 자유구역 지정을 위한 선결조건 연구, 한국융합학회논문지 제11권제5호, 2020.11.5.

황재연, 고기훈, 성국현, 방위산업 관련 협력업체 보안관리 방안, 정보보호학회지 제28권 제6호, 2018.12.